中国地质大学(武汉)国家级一流本科专业建设规划教材
"勘查技术与工程专业卓越工程师培养改革"项目资助

U0169053

# 岩土钻掘设备

YANTU ZUANJUE SHEBEI

卢春华　主编

中国地质大学出版社
ZHONGGUO DIZHI DAXUE CHUBANSHE

### 内容简介

　　本教材系统介绍了岩土钻掘设备的类型、结构、工作原理及其性能和工作特性等方面的知识,具体包括钻机的总体构成,不同行业与不同类型典型钻机结构和工作原理,预制桩施工机械、灌注桩成孔机械、地基处理与加固机械、地下连续墙施工机械、非开挖施工机械与盾构机械的结构和工作原理,用于钻探的往复泵、离心泵与螺杆泵的结构和工作原理,空气压缩机的类型、特点及典型空气压缩机的结构和工作原理,钻塔及凿岩机等设备的结构和工作原理。本教材主要用于地质工程(岩土钻掘方向)专业和勘查技术与工程专业的本科生,亦可作为相近专业的选修教材及从事岩土钻掘工程施工专业技术人员的参考书。

## 图书在版编目(CIP)数据

　　岩土钻掘设备/卢春华主编. —武汉:中国地质大学出版社,2022.12

　　ISBN 978-7-5625-5462-2

　　Ⅰ.①岩… Ⅱ.①卢… Ⅲ.①挖掘机械 Ⅳ.①TU62

　　中国版本图书馆 CIP 数据核字(2022)第 229542 号

---

**岩土钻掘设备**　　　　　　　　　　　　　　　　　　　　　　卢春华　**主编**

责任编辑:谢媛华　　　　　　选题策划:江广长　谢媛华　　　　　责任校对:张咏梅　谢媛华

出版发行:中国地质大学出版社(武汉市洪山区鲁磨路 388 号)　　　　　　　　邮编:430074

电　　话:(027)67883511　　传　　真:(027)67883580　　E-mail:cbb@cug.edu.cn

经　　销:全国新华书店　　　　　　　　　　　　　　　　　　http://cugp.cug.edu.cn

开本:787 毫米×1092 毫米　1/16　　　　　　　　　　字数:359 千字　　印张:14

版次:2022 年 12 月第 1 版　　　　　　　　　　　　　　印次:2022 年 12 月第 1 次印刷

印刷:武汉市籍缘印刷厂

ISBN 978-7-5625-5462-2　　　　　　　　　　　　　　　　　　　　　定价:46.00 元

# 前　言

经济社会的发展离不开各种能源、资源的勘探开发,也离不开各类工程建设。开发利用地热资源、天然气水合物、油页岩及海洋油气资源,预防和治理滑坡、泥石流、崩塌等地质灾害,水利水电工程、公路铁路建设、隧道和跨江大桥建设、非开挖管线铺设和管道修复等各类基础工程建设都离不开先进的设备。

岩土钻掘设备是地质工程(岩土钻掘方向)专业和勘查技术与工程专业本科生的一门专业必修课,课程任务是研究用于岩土钻掘施工的机械设备和装置,主要包括钻机、岩土工程施工机械、泥浆泵、空气压缩机和钻塔等。本教材系统介绍了钻机的总体构成,包括钻机的基本组成、总体设计依据、传动方式选择、总体布局、机械传动基础和液压传动基础;不同行业和不同类型的典型代表性钻机,包括 XY-4 型立轴式岩芯钻机、SPC-300H 型水文水井转盘钻机、Diamec Smart 8 型全液压岩芯钻机、ROCK-800 型全液压便携式钻机、ZDY12000LD 煤矿井下用坑道钻机、ZJ50/3150-ZDB 型石油转盘式钻机和 CZ-22 型冲击钻机的结构和工作原理;预制桩施工机械、灌注桩成孔机械(旋转钻机)、地基处理加固机械(XL-50 型高压旋喷钻机)、地下连续墙施工机械、非开挖施工机械(水平定向钻机)和盾构机械的结构和工作原理;往复泵、离心泵与螺杆泵的结构和工作原理;空气压缩机的结构和工作原理;钻塔、凿岩机、风镐和预应力钢筋张拉机械设备的结构和工作原理。

本教材全面介绍了岩土钻掘设备的结构和工作原理,使读者能够系统掌握岩土钻掘设备的结构特点、工作原理和适用范围,达到举一反三的目的。学习本课程需要提前掌握工程力学、流体力学、液压传动技术、机械设计基础等相关基础课及岩土钻掘工艺学等专业课内容。全书共分 6 章,编写过程中参考了中国地质大学(武汉)、中南大学等院校出版的多部教材,如赵大军主编出版的《岩土钻掘设备》(中南大学出版社),唐经世等编著的《掘进机与盾构机》(中国铁道出版社)等。同时,本教材的编著还得到了安百拓贸易有限公司、四川诺克钻探机械有限公司、中煤科工集团西安研究院有限公司、河北永明地质工程机械有限公司、徐工基础工程机械有限公司、陕西西探地质装备有限公司的大力支持;研究生乔梦迪做了大量的编辑工作。在此,编者一并表示衷心的感谢! 由于编者水平有限,书中难免有错漏之处,恳请读者批评指正。

编　者

2022 年 5 月

# 目　录

# 第一章 钻机的结构与传动

钻机是进行岩土钻掘和地基处理工作的主要设备,它的功能一般包括两个方面:带动钻具向地层钻进;通过升降机构起下钻具。不同用途的钻机结构各不相同,但总体来说,钻机包括的主要部件(机构)基本相同。本章主要介绍钻机的结构及机械、液压传动基础。

## 第一节 钻机的基本组成

要保证一台钻机能正常进行钻孔作业,钻机应包括以下几个组成部分:①主要工作机构。包括回转机构(冲击钻机除外)、给进机构、升降机构及液压系统等。②辅助工作机构。包括钻具夹持与拧卸机构、分动与变速机构、行走移位机构、起落钻塔机构、支腿机构及底盘等。③动力系统。为钻机工作的动力机。④操纵装置。包括操纵台、各种控制按钮、手柄、指示仪表等。钻机的主要工作机构介绍如下。

### 1. 回转机构

回转机构即回转器,按结构分 3 种型式:立轴式、转盘式和移动回转器式(动力头)。回转器是钻机的主要工作机构之一,它的主要功能是带动钻具回转,为钻头有效破碎岩石提供合理的转速及扭矩,其性能直接影响钻进效率和质量。

钻进过程中,由于所钻地层、钻孔直径、钻进方法等不同,钻头所需的转速和扭矩也各不相同,因此要求回转器有一定的调速范围,并可在调速范围之内无级调节,通孔要能通过使用的钻具,且回转器工作要平稳,振动要小。

### 2. 给进机构

给进机构的主要作用是向钻具施加轴向力、平衡钻具重量(减压)、提升与悬挂钻具、强力起拔钻具、给进和提升等。钻机设计时,要求给进机构能根据地层性质、钻进方法、钻头类型和直径,无级调节轴向压力和给进速度,若孔内情况不变,应保持恒定压力。由于孔深与钻进条件的变化,给进机构应同时具备加压钻进和减压钻进功能,且能无级地、均匀地调节给进速度,最好能根据地层情况做到自动调节。给进速度应与不同钻进条件下的机械钻速相适应,并具有快速提升和一定的起拔能力,孔内异常时能将钻具迅速提离孔底,如遇卡夹钻具可强力起拔钻具。

**3. 升降机构**

升降机构中的主要工作部件是卷扬机,卷扬机可以起下钻具和套管、提取岩芯、悬挂钻具、快速扫孔钻进。在钻孔过程中,升降工序时间占整个钻孔工作时间的比例随孔深的增加而增加,一般占整个钻孔工作时间的 1/3～1/2。因此,卷扬机的提升速度、提升力等参数要满足升降工艺的要求,尽量降低升降工序的机动时间,充分利用动力机功率。此外,卷扬机应具有一定的超载能力,处理事故时可以强力起拔钻具。

**4. 液压系统**

在机械传动液压给进式钻机中,液压系统主要用于钻机的给进系统、卡夹与拧卸系统、移机机构等。在全液压钻机中,液压系统则用于钻机的所有工作机构中。

## 第二节　钻机总体设计依据

在进行钻机总体设计之前,应进行大量深入、细致的调查研究工作,收集同类钻机设计和使用方面的资料,听取用户的反映和意见,了解所设计钻机的应用条件和使用范围,掌握目前有关科学技术发展状况和有关材料、加工、修配等情况,以及国家及有关部门制定的标准和规定。在此基础上,对收集到的资料、意见和情况进行综合分析研究,制订设计的目标和计划,然后依据下述条件和要求进行设计。

(1)地层条件。地层条件决定了钻进方法和钻进工艺的选择,不同的地层应采用不同的钻进方法和钻进工艺。只有采用的钻进方法和钻进工艺与地层相适应,才能获得较高的钻进效率。

(2)钻进方法和钻进工艺。不同的钻进方法和钻进工艺对钻机的结构要求差异较大,它们是影响钻机总体设计的重要因素。实际上,钻进方法和钻进工艺是决定钻机类型的依据。

(3)使用条件和要求。使用条件和要求包括的内容非常广泛,其中有钻机的用途、应用范围、生产效率、操作条件、安全要求、运输、拆装、维修、环保、使用环境等。

(4)制造条件。包括材料、加工、热处理、技术测量、装配、标准化等方面的要求。设计时,既要考虑结构的先进性,又要做到易于加工和降低成本。

(5)现有同类型钻机结构。对现有同类钻机的结构进行分析,设计时尽可能吸收其优点,优化其不足。

## 第三节　钻机传动方式选择

不同的传动方式不仅会造成钻机总体结构型式的差异,更重要的是它关系到钻机性能好坏、制造难易、成本高低、使用及维修保养的方便程度等。设计钻机时,应根据各种传动方式的特点,考虑钻机用途、性能、使用、制造、维修等方面的要求和科学技术发展状况。目前,钻机中常用的传动方式有机械传动、液压传动和气压传动。

（1）机械传动。机械传动具有结构简单、传动可靠、传动效率高、易于加工制造、成本低、便于大功率传递等优点。但也存在体积和质量大、不便于远距离传动、布置不如液压传动和气压传动灵活、传动中的振动和冲击较大等问题。

（2）液压传动。液压传动结构紧凑，体积小、重量轻，传动平稳，布局灵活，可无级调速，便于实现顺序动作和远距离控制与操作。但液压件加工和装配精度要求高，造成加工、装配困难，成本相应提高，且密封要求高，易引起内、外泄漏。液压传动与机械传动相比，传动效率较低。

（3）气压传动。气压传动采用空气作动力介质，无介质费用，不存在供应困难问题；传动压力损失小，便于集中供应和远距离输送；气压压力较低，可适当降低元件加工精度；传动介质清洁、污染少，可在高温、腐蚀、震动、易爆等恶劣的环境中工作；传动易于集中控制、程序控制，可实现工序自动化。但由于空气的可压缩性，气压传动工作速度不易稳定，外载对速度影响较大，难以准确控制与调节工作速度，且工作压力低，结构尺寸较大。

# 第四节 钻机总体布局

钻机的总体布局是钻机总体设计的重要内容，直接影响钻机的性能和质量。总体布局与各部件的结构和传动系统的确定密切相关。设计时，要对各部件的结构、传动方案、相对位置关系、连接固定方式进行综合分析和多方案对比，从中选择理想的总体布局方案。

**1. 让开孔口的方式**

对于一些小通孔回转器的钻机，提下钻和进行其他作业必须考虑回转器让开孔口的问题。目前，让开孔口的方式有两种，即后移式和开合式。

（1）后移式。后移式让开孔口方式用于立轴式钻机，一般多采用整机后移，即除钻机底座外，钻机其他部分连同钻机的动力机一起向后移动。此种让开孔口方式的主要特点是后移距离较大，孔口作业方便；后移动作迅速，所用时间短；操作省力。但钻机需要增加移动机构以及定位、固定或压紧装置，这使得钻机结构更复杂、质量更大，不利于升降机排绳。

（2）开合式。开合式回转器通过活动销轴和合箱螺栓与机体相连，松开合箱螺栓，回转器绕活动销轴旋转一定的角度，便可让开孔口。让开孔口的操作多采用手动，少数深孔钻机采用摆动式开合油缸。手动开合式结构的主要特点是结构简单、稳定性好，用于升降机纵向布置的钻机，在提下钻具时，由于钻机不移动，不会增加提升钢丝绳的偏角，有利于排绳。但开合式孔口工作范围较小，回转器开箱后箱内易污染，从而影响传动齿轮及轴承的寿命。

**2. 回转器的变角方式**

很多钻机要考虑回转器的变角，以适应不同倾角的钻孔。钻机回转器的变角受钻机布局的限制，一般立轴式回转器变角范围为 $0°\sim360°$，移动式回转器变角范围为 $0°\sim90°$，转盘式回转器变角范围为 $75°\sim90°$。

**3. 装载形式**

钻机的装载形式分为散装式、机架组装式、拖拉式及自行式。

(1)散装式。钻机组装成几个独立的部分,安装时按固定的关系组装在一起,搬运时各部分又分解为独立的部分。这类钻机的解体性好,便于拆卸和运输,某些散装式钻机对场地的适应性也较好。

(2)机架组装式。将钻机各部件组装在平板拖车上或可拖拉的轮架上,构成一个整体,多采用整机搬运,必要时也可拆零搬迁。这类钻机的机架底部采用滑橇式结构,以适应用滚杠进行短距离移位。

(3)拖拉式。将钻机各部件组装在平板拖车上或可拖拉的轮架上,搬运时可用人力或机动车(汽车、拖拉机等)牵引。

(4)自行式。将钻机组装在拖拉机或汽车的底盘上。这类钻机拆迁、安装方便,省力省时,特别适用于施工周期短、施工区交通条件好的水井钻机和工程钻机。

根据车辆类型的不同,整机车装有以下两种不同的情况:①汽车装载,自行迁移。全部设备组装在载重汽车上,汽车发动机既是运输动力,也用作钻探动力,当然也可以配备钻探专用动力机。②拖拉机装载,自行迁移。钻探设备安装在拖拉机底盘上,多数采用轮式拖拉机,少数采用履带式拖拉机。拖拉机动力同时用作钻探动力,也可单独配备专用动力机。

在已确定的车型上进行钻机布局时,要遵循以下原则:①设备组件一般都布置在汽车底盘以上,尽量避免改动汽车底盘,以减小改装的工作量,同时不影响汽车的通过能力;②钻探设备在车上的布局,既要满足钻探工作需要和机械传动中的相互关系,又要保证中心线两侧重力的均衡,而前后重量分布则要与车前后桥的承载能力相适应;③钻探设备、部件应在底盘上平面展开,尽量避免在垂直方向上叠加。这样可保证钻车重心低、工作平衡、行车安全,且应严格控制最大外廓尺寸,不得超长、超高、超宽。

# 第五节  钻机机械传动基础

## 一、机械传动系统的功用

钻机的机械传动系统是指采用机械传动的方式完成由动力机到钻机各工作机构间动力传递,各传动零部件按一定的关系和规律组合起来的一套完整机械体系。机械传动系统主要由油泵、离合器、变速箱、分动箱、升降机、回转器及各工作机构组成(图1-1)。钻机的机械传动系统是为解决动力机输出的机械特性与钻机各工作结构工作特性间的矛盾而设置的。它的主要功用如下:

(1)完成动力机到钻机各工作结构的动力传递,而且能在动力机不停机的条件下,迅速而彻底地切断钻机的动力。

(2)为满足钻机各工作机构对转速和转矩的不同要求,能够变速变矩。

(3)能够合理地分配动力,并根据工作机构的不同需要改变运动形式和运动方向,使钻机各工作机构按照钻探工序和钻进工艺的要求协调不紊地工作。

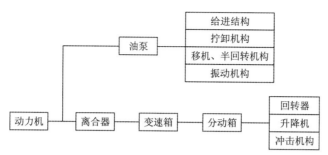

图 1-1　机械传动式钻机总传动系统组成示意图

（4）能够实现柔性传动和过载保护等。

## 二、确定钻机机械传动系统的原则

（1）选择驱动钻机的动力机时，动力机应有足够的功率，其转速应尽可能接近工作机构的转速，以便简化机械传动系统，并尽可能选择与工作机构工作特性相近的动力机。另外，考虑到使用方便和获得较高经济效益，应在不同地区采用不同类型的动力机，例如在有电的地区使用电动机，在无电的地区使用柴油机。

（2）将总传动比分解为分传动比时，应根据传动副"前多后少"、传动比"前小后大"的原则分配。即尽可能按照动力从输入到输出的次序排列，遵循 $i_1 < i_2 < i_3 < \cdots < i_n$ 的原则，亦即将大的传动比放在后面的变速组中，以免过早地加大变速组构件尺寸，因为当传动功率一定时，转速越高，传动转矩越小，各传动件的尺寸和质量将随转矩的降低而减小。传动副较多的变速组转速高、传动比较小，更有利于使结构紧凑，从而减轻重量，应处于传动链的前面。

（3）在满足传动要求的条件下，应尽可能较多地采用公用齿轮，尽可能减少传动轴和传动副（尤其是锥齿轮传动副）的数目，以缩短传动链长度，简化传动系统结构，提高传动效率。工作机构的速度挡数也不宜过多，以免造成变速机构复杂。

（4）为保证钻机停机时液压系统能正常工作，油泵传动链应设在钻机主离合器的前面。

## 三、钻机动力机

根据工作机械的要求，在选择动力机时主要考虑的因素包括动力机外特性对工作机械的适应性，单位功率的重量，维护和使用的方便性以及经济性。

钻探设备流动性较大，钻场是个独立的生产单位，因此钻场对动力机械的要求是使用和维修方便、经济，单位功率重量小，便于搬迁。从这些条件出发，钻探设备一般采用交流电动机和柴油机，但这两种动力机的外特性对工作机械的适应性不够理想，它们的机械特性（扭矩和转速）常不能直接满足卷扬机、回转器、泥浆泵等工作转矩与调速范围的要求。例如柴油机转速高、调速范围窄、输出转矩较小，而卷扬机则要求提升载荷重、输入转矩大。在卷扬机输入功率不变时，应在荷载大时用低速，载荷小时用高速，因此一般需在柴油机和卷扬机之间加上增矩减速，即变矩变速的液压传动装置，形成动力机＋液压传动＋工作机构系统。

**1. 钻机负载特性及其对动力机的要求**

(1)回转器工作的负载特性。回转器带动钻具回转并克取岩石所需功率的大小不仅随孔深变化,而且即使一个回次中在钻进规程参数不变的情况下,钻具在孔内所遇到的阻力也是不断变化的。图 1-2 为回转钻机工作时回转器功率-时间历程的实测波形图,可以看出其功率围绕某一值脉动变化情况。不仅如此,钻杆柱为一弹性体,在某些特定情况下可能出现负值。回转器负载特性要求驱动动力机具有良好的调速性能及一定的超载能力。

(2)升降机工作时的负载特性。起下钻作业时升降机提升的钻杆柱重量,不仅会在成孔过程中从开孔时的最小值变化到终孔时的最大值,而且每一回次起下钻过程中,随立根数的增减负荷会呈阶梯状变化。如果要求 100%地利用驱动功率,则相应于不同的载荷,应无级地调节提升速度,即

$$Q_{dg} \cdot V_{dg} = \text{const}(常数) \tag{1-1}$$

式中:$Q_{dg}$ 为升降机提升钻具的载荷(N);$V_{dg}$ 为升降机提升钻具的速度(m/s)。

如图 1-3 所示,折线是每提出一根立根变速一次的理想工作曲线,圆弧曲线是完全利用功率时的理想曲线,显然,只有无级调速才能实现这种调节。

上述分析说明,升降机工作时要求动力机有一定的超载能力和调速性能。

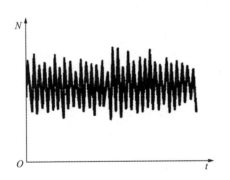

图 1-2 回转器工作时功率-时间历程实测波形图

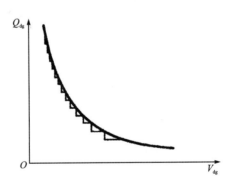

图 1-3 升降机工作时等功率工作曲线图

**2. 三相异步电动机的工作特性**

三相异步电动机的电磁转矩 $M$ 与转速 $n$ 的关系如图 1-4 所示。由图可见,当 $n = n_{1j}$ 时,转矩达最大值 $M_{max}$,$n_{1j}$ 称为临界转速。在额定转速 $n_e$ 下,额定转矩为 $M_e$。曲线若以临界转速 $n_{1j}$ 为界,可分为两个区域:在 $0 \sim n_{1j}$ 转速范围内,转矩随转速的增大而增加;在 $n_{1j} \sim n_1$ 转速范围内,转矩随转速的增大而减小。

假设电动机运行于 $n_{1j} \sim n_1$ 区域,例如 $a$ 点,若电动机的电磁转矩 $M$ 与工作负载的反转矩大小相

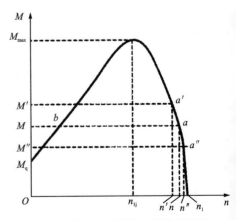

图 1-4 异步电动机输出特性曲线图

等,双方处于暂时的平衡状态,电动机便以某一转速 $n$ 匀速转动。当工作负载的反转矩出现波动,若增大时,反转矩便大于电磁转矩,导致转子转速下降,工作点移至 $a'$。此时,电磁转矩随转速的下降而增加。直至电磁转矩与反转矩相等,电动机又处于新的平衡状态并以较低的转速匀速转动。反之,当负载减小时,电动机转速的变化过程则与上述情况相反,工作点移至 $a''$ 点。由此可见,当负载转矩变化时,由于转速的变化,电动机的电磁转矩总是调节得与负载转矩相适应。也就是说,异步电动机在 $n_{1j} \sim n_1$ 区域的运行状态是稳定的,$n_{1j} \sim n_1$ 是稳定区。

假设电动机运行于 $0 \sim n_{1j}$ 区域,例如 $b$ 点,显然它也具有相同的电磁转矩 $M$,但当负载增大引起转速下降时,电磁转矩反而减小了,从而引起转速的再度下降。由此继续下去,电动机必然停下来。反之,若负载转矩变小,由于转速的升高,电磁转矩增大,从而使电动机转速进一步升高,直到转速超过临界转速 $n_{1j}$ 后,工作点进入稳定区为止。由此可见,$0 \sim n_{1j}$ 区域是不稳定区。

由上述分析可知,电动机正常工作于 $n_{1j} \sim n_1$ 曲线段之间,其最低运行转速为 $n_{1j}$,也即异步电动机转速变化范围是很小的,而与之相应的电磁转矩的变化却较大,转矩的超载系数 ($\beta = M_{max}/M_e$) 也较大,通常其超载系数可达 $1.8 \sim 2.2$,即异步电动机具有硬的机械特性。

对应于图中 $n = 0$ 时的转矩 $M_q$,称为电动机的起动转矩。连通电源后,如起动转矩 $M_q$ 大于负载反抗转矩 $M_f$,转子便转动起来,并不断提高转速,最后进入稳定区运行。相反,若负载的反抗转矩大于起动转矩,则电动机不能起动。过大的起动电流长时间流经定子绕组会烧毁定子。因此,电动机使用过程中必须空载起动,以确保安全。

**3. 柴油机的驱动特性**

柴油机的工作特性如图 1-5 所示。柴油机的调速范围 $R$ 较大,一般为 $1.3 \sim 1.8$。高速柴油机(转速范围为 $1500 \sim 2500r/min$)的调速范围偏小,低速柴油机(转速范围为 $500 \sim 750r/min$)的调速范围偏大。

柴油机的超载系数不大,中速柴油机为 $1.05 \sim 1.1$,输出功率与转速成正比,降低转速将使功率降低,不能产生增大扭矩的效果。因此,超载时柴油机往往灭火。显然,柴油机的工作特性对钻机的适应性较差。为适应钻机的工作特性,大型柴油机往往配备液力偶合器或液力变矩器以改善输出特性。

低速柴油机的工作耐久性好,但它的单位功率重量大,搬运不便;高速柴油机较轻,但它的使用寿命短($6000 \sim 8000h$ 后需大修)。综合考虑,一般还是选用中高速柴油机。

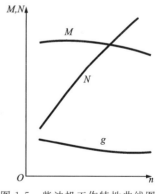

图 1-5 柴油机工作特性曲线图
$M$-输出扭矩;$N$-输出功率;
$g$-每千瓦·小时耗油量

## 四、钻机的摩擦离合器

### (一)摩擦离合器的功用和要求

摩擦离合器虽然结构复杂,但具有离合平稳、结构紧凑、使用灵便等特点,故被机械传动

钻机广泛采用。

摩擦离合器的功用：

(1)依照工作的需要使钻机接通或切断动力。

(2)可保证动力机空载启动，并使钻机平稳进入工作状态。

(3)钻机换挡或完成孔内特殊工序(如套取岩芯、扭断岩芯等)时，由离合器进行微动操作。

(4)孔内情况异常，利用摩擦片打滑限制转矩，具有过载保护作用。

摩擦离合器的设计要求：

(1)依照钻进工艺的要求传递足够的转矩。

(2)接合平稳，分离迅速彻底。

(3)尽量减小从动件的转动惯量，以缩短换挡时间和换挡时齿轮的冲击。

(4)要有良好的散热条件，保证不因热量的积累和瞬时剧烈发热而影响离合器工作性能或烧伤摩擦片工作面。

(5)摩擦零件耐磨性能好，磨损后易于调整和更换。

(6)结构简单，操纵轻便。

### (二)摩擦离合器的结构类型

目前钻机采用的主离合器绝大多数为片式摩擦离合器。一个完整的离合器部件，通常包括主动部分、从动部分、压紧调整机构和操纵机构4个组成部分。

#### 1.摩擦片工作条件

摩擦离合器按工作条件分干式与湿式两种，比较如下：

(1)干式摩擦离合器。摩擦片为压制石棉板，工作于空气中，散热条件好；摩擦片的摩擦系数大，片数少(一般小于3片)；结构简单，调整方便。但摩擦面许用比压较小，结构尺寸较大，一般用于轻便或低功率钻机上。

(2)湿式摩擦离合器。摩擦片工作于油浴中，为铜片，摩擦系数稳定，结合平稳，动载荷小；工作条件好，磨损小，寿命为干式的5～6倍。但摩擦系数只有干式摩擦片的1/4～1/3，且由于摩擦片数多，摩擦面许用比压大，扭矩相同时，结构尺寸小。由于工作条件要求高，结构复杂，调整不便，这种摩擦离合器常用于深孔或大功率钻机上。

#### 2.摩擦片数(干式)

摩擦离合器按摩擦片数(干式)分为单片、双片和多片式。片数多少的利弊比较如下：

(1)单片式脱开时易获得保证彻底分离所需的间隙，多片式分离彻底性较差。

(2)单片式散热性好，多片式夹在中间的摩擦面散热条件较差，容易产生过热现象。

(3)多片式具有较小的径向结构尺寸，但轴向结构相对复杂。

(4)多片式启动比单片式平稳。

### 3.压紧机构类型

摩擦离合器按结构原理分为常闭式(弹簧压紧式)和常开式(杠杆压紧式)。

### (三)摩擦离合器的工作原理

此处着重阐述弹簧压紧式摩擦离合器和杠杆压紧式摩擦离合器的工作原理。

### 1.弹簧压紧式摩擦离合器工作原理

弹簧压紧式摩擦离合器的工作原理如图 1-6 所示。

(1)工作状态[图 1-6（a）]。通过操作机构使滑套右移,杠杆 $A$、$B$ 端放松,在弹簧张力作用下,压力盘和主动盘将从动盘压紧,动力接通。

(2)离开状态[图 1-6(b)]。通过操纵机构使滑套左移,带动杠杆 $A$ 端以 $O$ 为铰支顺时针旋转,杠杆 $B$ 端将螺栓右推,使主动盘、从动盘与压力盘之间松开,摩擦面间出现间隙,切断动力,此时弹簧处于压缩状态。

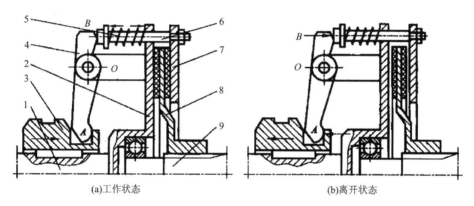

(a)工作状态　　　　　　　　　　　(b)离开状态

图 1-6　弹簧压紧式摩擦离合器工作原理图

1-输入轴;2-主动盘;3-滑套;4-杠杆;5-弹簧;6-螺栓;7-压力盘;8-从动盘;9-输出轴

### 2.杠杆压紧式摩擦离合器工作原理

杠杆压紧式摩擦离合器的工作原理如图 1-7 所示。

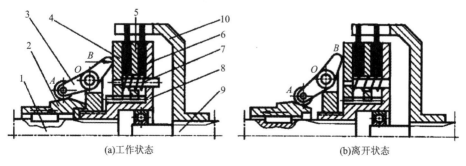

(a)工作状态　　　　　　　　　　　(b)离开状态

图 1-7　杠杆压紧式摩擦离合器工作原理图

1-输入轴;2-压紧滑块;3-杠杆;4-压紧盘;5-主动摩擦盘;6-从动摩擦盘;7-弹簧;8-主动盘;9-输出轴;10-槽圈

(1)工作状态[图 1-7(a)]。使用操纵装置使压紧滑块右移,滑块锥面迫使杠杆 A 端绕铰支顺时针方向转动,越过锥峰进入锁紧状态;同时,杠杆 B 端右移,通过压紧盘将各盘压紧,接通动力,动力经输入轴—主动盘—从动摩擦盘—槽圈传至输出轴。

(2)离开状态[图 1-7(b)]。滑块右移,松开杠杆 A 端及 B 端压紧力,在弹簧张力作用下推开压力盘,各盘复位,摩擦面出现间隙,切断动力。

**3. 接合与分离过程分析**

分析上述工作原理不难看出,弹簧压紧式摩擦离合器和杠杆压紧式摩擦离合器工作时都存在相同的 3 个阶段,即结合阶段、运动稳定阶段和离开阶段。

(1)结合阶段。从动件从静止状态逐渐加速到主动件的转速,工作不稳定。由于从动盘的角速度低于主动盘的角速度,盘间存在相对滑动,磨损摩擦片,伴有发热现象。

(2)运动稳定阶段。盘片间贴合紧密,主、从动盘角速度相等,盘片间没有相对滑动。此时,摩擦离合器可作为传递一定扭矩的固定构件,只要外阻力矩不大于离合器的额定扭矩,盘片间不会相对滑动。若外阻力矩超过离合器额定扭矩,盘片间存在相对滑动限制扭矩,此时离合器又进入不稳定工作状态。但是这种情况不会经常出现,一旦出现外阻力矩减小,离合器又自动进入运动稳定阶段。

(3)离开阶段。从动件从稳定回转逐渐减速到完全静止,处于不稳定状态。此时,从动件角速度又逐渐低于主动件角速度,盘片间出现相对滑动,摩擦片磨损,发热程度较结合阶段稍轻。钻进工艺要求摩擦离合器经常离合,因此合理操纵不稳定阶段十分重要。特殊工序,如需使用半结合状态,必须控制使用时间,不宜太长。

**4. 两类摩擦离合器的比较**

弹簧压紧式摩擦离合器特点如下:

(1)轴向压紧力来源于弹簧张力,摩擦力矩能有效地控制在设计范围内,可以稳定地限制扭矩,起过载保护作用。

(2)摩擦片磨损造成间隙的微略增量,可由弹簧伸长补偿,摩擦力矩减小不多,因此工作时无须经常调整间隙。

(3)操纵装置较复杂,为了满足离合可靠不跑挡,必须安装安全定位销。

(4)离开时,要压缩弹簧,操作费力,难以平稳;结合时,操作手柄上存在很大的弹力,可能伤人。

杠杆压紧式摩擦离合器特点如下:

(1)结构简单,离合平稳,操作省力。

(2)轴向压紧力来源于杠杆施加的压力,扭矩不够稳定。

(3)摩擦片磨损后,要经常调整摩擦面间隙,以便恢复所传扭矩。

(四)摩擦离合器参数及传动力矩的计算

摩擦离合器所需传递的最大扭矩 $M_{max}$ 为

$$M_{max} = 9550 \frac{\beta N_e}{n_e} \tag{1-2}$$

式中：$N_e$ 为动力机的额定功率(kW)；$n_e$ 为动力机的额定转速(r/min)；$\beta$ 为储备系数，取值范围为 $1.25 \sim 2.5$。

根据图 1-8 计算摩擦力矩，摩擦离合器的摩擦力矩 $M_m$ 为

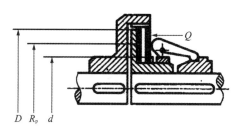

图 1-8 摩擦力矩计算示意图

$$M_m = QfmR_p \tag{1-3}$$

其中，$R_p$ 为平均摩擦半径，计算公式如下：

$$R_p = \frac{1}{3} \frac{D^3 - d^3}{D^2 - d^2} \tag{1-4}$$

式中：$Q$ 为轴向压紧力(N)；$f$ 为材料的摩擦系数；$m$ 为摩擦面数；$D$ 为摩擦面有效外径(m)；$d$ 为摩擦面有效内径(m)。

设计时，应使

$$M_m = (1.5 \sim 2.0)M_e \tag{1-5}$$

式中，$M_e$ 为动力机的额定扭矩(N·m)。

所需的轴向压紧力 $Q$ 为

$$Q = \frac{\beta M_e}{fmR_p} \tag{1-6}$$

摩擦片的主要参数如下：

(1)单位压力 $q$。应使摩擦面上所受单位压力小于许用单位压力 $[q]$，即

$$q = Q/F \leqslant [q] \tag{1-7}$$

式中，$F$ 为摩擦面面积(m²)。各种摩擦材料在不同工作条件下的 $[q]$ 值参见表 1-1，摩擦系数 $f$ 取决于摩擦材料组合和工作条件，参见表 1-1。

表 1-1 不同材料之间摩擦系数一览表

| 摩擦片组合 | 干式 | | 湿式 | |
|---|---|---|---|---|
| | 摩擦系数 $f$ | 许用压力 $[q]$/MPa | 摩擦系数 $f$ | 许用压力 $[q]$/MPa |
| 钢对钢(铸造铁) | $0.15 \sim 0.20$ | $0.20 \sim 0.40$ | $0.05 \sim 0.07$ | $0.60 \sim 0.80$ |
| 钢对模造石棉 | $0.25 \sim 0.35$ | $0.10 \sim 0.25$ | $0.07 \sim 0.15$ | — |
| 钢对胶压石棉 | $0.40 \sim 0.50$ | $0.10 \sim 0.25$ | $0.07 \sim 0.17$ | — |
| 钢对烧结合金 | $0.40 \sim 0.55$ | $0.40 \sim 0.60$ | $0.09 \sim 0.12$ | — |

（2）摩擦面有效内外径。

（3）摩擦面数：一般取 2～6 面，即 1～3 片摩擦片。

## 五、钻机的变速箱和分动箱

### 1. 变速箱和分动箱的功用

在钻探机械中，变速箱和分动箱是机械传动的核心部分，它的性能直接决定钻机工作机构的性能。它们的主要功用有：①变更回转器与升降机等的转速与转矩；②为回转器提供反转；③分配动力，将动力输送给回转器或升降机等，或使两者同时动作。

### 2. 对变速箱和分动箱的要求

（1）变速箱的转速系列应符合回转器、升降机及其他工作机构的工作要求，使钻机具有良好的经济性和较高的生产效率。

（2）分动箱应根据钻进工艺情况实现工作机构的分动或联动，对于中高速钻机，可以在分动箱内实行变速和扩大速度挡数，以满足钻进工艺要求。

（3）为处理事故或拧卸钻杆，应在变速箱或分动箱内设置倒挡。

（4）工作可靠，结构紧凑，操作平稳，制造与维修方便。

（5）可拆性好，寿命较长，传动效率高。

### 3. 变速箱的结构型式

机械传动式钻机几乎全部采用齿轮变速箱。按速度挡数，有三速、四速、五速变速箱。按结构型式，基本可分为两种类型：①简单的两轴一级传动变速箱；②三轴两级传动跨轮机构变速箱。这两种类型中，有的增设倒挡，有的不设。两轴一级传动变速箱（图1-9）结构简单、零件少，轻便型浅孔钻机多采用该型式变速箱。中深孔钻机多采用三轴两级传动跨轮机构变速箱。

跨轮机构变速箱的特点如下：

（1）输入轴与输出轴同在一条轴线上，输入轴的动力经中间轴Ⅱ后，再折回到输出轴Ⅲ上，见图1-10。在同样两根轴线的空间内，安排了两个变速组构成两级传动，能取得较大的降速比和调速范围，减轻了后续传动的降速任务，有利于从总体上减轻钻机的尺寸与重量。

（2）输出轴可获得一个直接由输入轴传入的转速。

（3）变速箱结构紧凑，尺寸小。

（4）由于跨轮变速机构的输入（或输出）轴支撑在输出（或输入）轴端头的齿轮内，其结构与受力情况要复杂一些。

三轴两级传动跨轮变速机构变速箱用于立轴式钻机的有三速、四速和五速3种。

（1）三速变速箱（图1-10）。此种变速箱只有一个双联滑动齿轮，变更滑动齿轮的位置可以获得两个降速传动和一个直接传动。由于只要变换一个滑动齿轮的位置，因此只需要一个拨动机构和定位装置，无须设互锁装置。

（2）四速变速箱(图 1-11)。这种变速箱的输出轴和输入轴在同一轴线上，在变速箱输出轴上有两个滑动齿轮，设有两根拨叉，因此必须设定位装置和互锁装置。副轴Ⅱ′上的双联滑动齿轮是变反挡用的，也需要一根拨叉拨动。此拨叉与前两根拨叉由一套互锁机构与一根变速手柄操纵。四速变速箱多用于中深孔钻机，如 XY-4 型、XY-5 型钻机。

（3）五速变速箱。YL-10 型钻机采用的五速变速箱虽然也是三轴两级传动，但能变 5 个正挡和 1 个反挡。

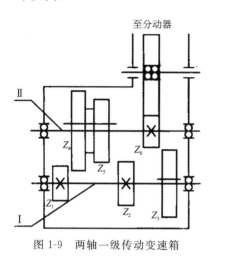
图 1-9 两轴一级传动变速箱

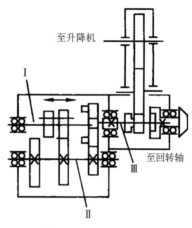
图 1-10 三速变速箱

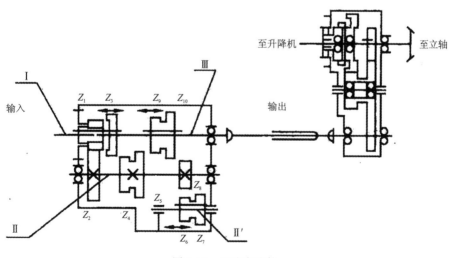
图 1-11 四速变速箱

### 4.变速箱的参数

（1）最高转速 $n_{max}$。影响变速箱最高转速的因素有：①动力机的转速；②输入传动方式及降速比；③变速箱的结构型式。高转速钻机变速箱输入端通常用联轴器直接与动力机相连，动力机的额定转速即为变速箱的最高转速，一般情况下不在变速箱中增速。如需提高最高转速,则需提高零部件的加工精度,钻机制造成本相应提高。

(2)最低转速 $n_{min}$。变速箱的最低转速 $n_{min}$ 取决于:①工作机构的最低转速;②工作机构的传动比;③分动箱的结构与传动比;④总传动比的分配情况。

(3)调速范围 $R$。调速范围 $R$ 是指变速箱的最高转速 $n_{max}$ 与最低转速 $n_{min}$ 的比值,即 $R = n_{max}/n_{min}$。

(4)挡数与速比。变速箱挡数的确定依据有两点:①工作机构所需的挡数;②副变速箱或分动箱的速度挡数。通常,变速箱的挡数只取 3~5 挡。中间速度大小的确定,即邻速比的确定,有 3 种排级方式:①按等比级数(或双等比级数)排级;②按等差级数排级;③按不规则转速数列排级,任意相邻两转速的速比不同。适合于硬质合金与钻粒钻进的 3~4 挡钻机,大多数采用等比级数排列,排列出的各挡转速值较为合理,但是在六速以上的钻机中未能获得满意的转速数列。公比值过大,低速部分较为合理,高速部分转速间隔太大;公比值过小,高速转速数列较合理,低速过密;公比适中,低速、高速部分转速值分配较为合理,中间转速数列太密。采用等差级数排列变速箱转速的钻机较少。国内外不少钻机采取无规则排列转速数列的做法,可获得较满意的结果。

**5.分动箱结构**

分动箱与变速箱的总体结构关系如下:

(1)变速箱与分动箱合成一个整体。采用这种结构的有 XY-1 型(图 1-10)、XY-2 型、XY-5 型等钻机。这种结构型式的刚度、稳定性和整体性好,结构紧凑,传动件较少,但是拆卸安装不方便。

(2)变速箱与分动箱各自独立(图 1-11)。变速箱与分动箱之间用万向轴连接。这种型式的解体性好,便于拆装,但是传动件多,其他性能不如前者。

分动部位如下:

(1)上方分动。回转器与升降机在同一轴线上,分动装置远离变速箱输出轴,装在分动箱的上方。这种分动方式有利于分动箱内增设变速组,扩大调速范围,增加速度挡数。

(2)下方分动。升降机传动从分动箱上方引出,回转器传动直接或间接从变速箱输出轴端引出(图 1-10)。这种分动方式回转器部位较低,能使钻机重心降低,操纵手柄更为集中,但失去了在分动箱内变速的有利条件,为增加速度挡数,需在变速箱前增设副变速箱。

## 六、钻机的回转器

### (一)回转器的功用及钻进工艺对回转器的要求

回转和给进钻具是实现孔底钻头连续破碎岩石和延深钻孔的必要条件。钻机回转器的主要功能就是将回转钻进所需的转矩和转速传给钻具,驱动钻具回转运动。此外,还可以与其他装置配合,完成钻杆的拧卸工作。回转器的结构和性能必须满足钻进工艺的下列要求:

(1)回转器的转速和转矩应满足钻进工艺的需要。由于钻进过程中,钻头所需的转速和转矩是根据所钻岩层的性质、钻头直径、钻进方法和规程而变化的,因此要求回转器的转速和转矩可调节,且调节的范围应与钻机所采用的钻进工艺相适应。

(2)回转器应具备1~2挡反转速度,以满足处理事故及特殊辅助工作的需要。

(3)回转器应能改变输出轴的轴线方向,并具有良好的定向和导向性能,以适应在不同方向上钻孔。

(4)回转器的通孔直径应符合所需通过的机上钻杆、取芯器及粗径钻具的直径要求。

(5)回转器应回转平稳,振动小,噪声小。

(二)回转器的类型及特点

钻机的回转器按结构特点可分为3种类型:立轴式、转盘式和移动式(又称动力头式)。

**1. 立轴式回转器**

立轴式回转器具有一根较长的立轴,钻机的回转和给进运动在立轴上合成后通过与立轴相连的卡盘传给钻具。这种回转器通常是回转和给进机构在一起构成一个独立的机构,多以悬臂方式安装。立轴式回转器的结构型式决定其具有如下特点:

(1)传动部件结构紧凑,加工、安装定位精度高,润滑及密封条件好,主动钻杆与回转器输出轴的同心度好,可以高速旋转。

(2)立轴式回转器变角范围大,导向性能好,适于钻进各种倾角的钻孔。

(3)采用悬臂安装,结构尺寸受到一定限制,回转器通孔直径较小,不能通过粗径钻具,提下钻具时回转器需要让开孔口。

(4)回转器不能兼做拧卸工具,需另配拧管机。

(5)很难实现跟套管钻进。

**2. 转盘式回转器**

转盘式回转器是通过一个转动盘带动主动钻杆回转的装置,它与给进机构相互独立,不能传递轴向运动。转盘式回转器(简称转盘)具有如下特点:

(1)结构尺寸不受安装方式的限制,可以获得较大的通孔径,一般不需移开就可以通过粗径钻具。

(2)可兼做拧卸工具。

(3)直接放置在机座上,重心低,比较稳定,适合大转矩、低转速回转钻进。

(4)导向性能差,变角范围小,适于打垂直孔。

(5)无法实现跟套管钻进。

(6)密封性能较差,多用于水文水井钻机、石油钻机和基础施工工程钻机等大口径钻机上。

**3. 移动式回转器**

移动式回转器是指可以由给进机构带动,沿导向装置移动的回转机构,其上带有卡盘或水龙头,因此可以与给进系统配合完成回转、给进和升降作业。移动式回转器具有如下特点:

（1）导向性好，且减小了机上钻杆的摆动，可实现全方位钻进（如斜孔、水平孔、仰孔等）。

（2）采用液压马达驱动的移动式回转器可以实现无级调速。

（3）与孔口夹持器配合，可以实现拧卸管机构化和自动化。

（4）具有较长的给进行程，可实现连续钻进（如不倒杆连续钻进、长螺旋钻进）。

（5）可实现跟套管钻进。

（6）在动力头上安装振动、冲击装置，可以实现复合式多功能钻进。

（三）回转器结构分析与特性参数的选择

**1. 立轴式回转器**

1）立轴式回转器结构分析

立轴式回转器由箱体、横轴、立轴及卡盘等主要零（部）件组成（图1-12）。其中，立轴与卡盘除传递回转运动和转矩外，还通过液压缸、活塞与横梁的作用带动钻具上下运动，传递给进力和上顶力。由回转器的功能和钻进工艺对回转器的要求可知，立轴式回转器在结构上必须满足：①向给定的方向传递转矩，即完成定向的回转运动。这就要求回转器能在一定范围内改变输出轴角度，即在结构上有变角装置。②立轴式回转通孔直径较小，不能通过粗径钻具，因而在起下钻时回转器需要让开孔口。设计时，应根据需要选择让开孔口的方式和设计具体的让开孔口装置的结构。③给进运动和回转运动通过立轴和卡盘变为钻具的复合运动。因而在立轴式回转上要解决运动的合成，即通过轴承实现转动件立轴与轴向移动件（给进横梁）的结合。各种型号的立轴式钻机回转器都要满足上述要求，但在结构设计上采用了不同的方式。

（1）连接与变角方式。常见的回转器箱体与分动箱的连接和变角方式有以下3种：①半圆压板式（图1-13）。用紧固螺钉和两块半圆形压板将回转器箱壳的凸缘紧紧地压在分动箱体的定位面上，拧松紧固螺钉就可以根据钻孔设计角度转动回转器箱体，调整立轴角度。为保证回转器与分动箱拆卸后再次装配时的同心度，在连接处采用了止口定位方式。②"T"形槽式（图1-14）。在分动箱体上加工有"T"形槽，将螺栓自"T"形槽开口处放入槽内，螺栓在槽内只能沿槽滑动，不能转动。用螺母将穿过回转器箱体上螺孔的螺栓拧紧，便可将回转器箱体与分动箱固定在一起，当变角时，只需拧松螺母，搬动回转器箱体即可。③楔面环箍式（图1-15）。分动箱与回转器箱体两对连接部分均为圆形法兰盘。法兰盘的一侧为斜面。连接环是内侧带有锥形环的两个半环。用连接环将分动箱和回转器的结合法兰盘箍在一起，再用螺栓将两个半环连接起来，利用斜面的楔紧作用，使两箱体紧紧地连接在一起。

（2）导管与立轴。导管上下用滚动轴承固定在回转器箱壳上，其断面有多种形式，主要取决于与从动锥齿轮及立轴的关系（图1-16）。导管的作用与要求是：①外装从动锥齿轮，并可调整锥齿轮副的啮合间隙；②传递扭矩，带动立轴回转，并具有足够的强度和刚度；③不约束立轴上下运动，并能导正立轴方向，减轻立轴承受的弯矩。

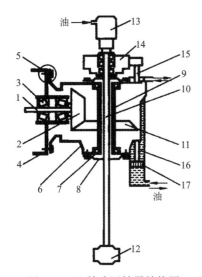

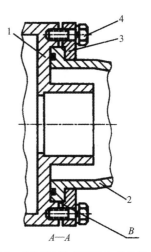

图 1-12　立轴式回转器结构图

1-横轴(或半轴);2-主动伞齿轮;3-轴承;4-变速箱外壳;5-变角
装置;6-回转器外壳;7-轴承;8-下压盖;9-立轴导管;10-立轴;
11-从动伞齿轮;12-下卡盘;13-上卡盘;14-横梁;15-活塞杆;
16-液压缸;17-活塞

图 1-13　半圆压板式固定与变角装置图

1-分动箱壳体;2-回转器壳体;
3-半圆压板;4-固定螺钉

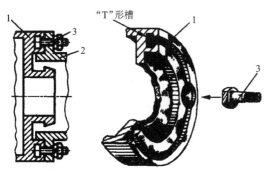

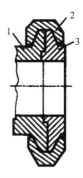

图 1-14　"T"形槽式固定与变角装置

1-分动箱壳体;2-回转器壳体;3-固定螺钉

图 1-15　楔面环箍式固定与变角装置图

1-分动箱;2-楔面环;3-回转器

(a)　　　　(b)　　　　(c)　　　　(d)　　　　(e)　　　　(f)

图 1-16　立轴导管和立轴断面

(a)(b)(c).导管断面;(d)(e)(f).立轴断面

　　常见的导管与从动锥齿轮及立轴的装配关系有 3 种形式:①从动锥齿轮与导管外圆之间
以花键装合,导管内孔与立轴以六方滑动配合[图 1-16(a)]。这种装配形式同心度与受力情
况都较好。②从动锥齿轮与导管外圆之间用两条平键装合,内圆与立轴用六方滑动配合[图

1-16(b)],其同心度和承载能力均不如前者。③从动锥齿轮以平键装于导管外圆,导管与立轴以对劲滑键配合[图 1-16(c)],常用于浅孔钻机。

立轴常见断面形状如图 1-16(d)(e)(f)所示。一般认为,由于回转器径向尺寸的限制,立轴通孔直径不可能做得太大,但根据经验,加大六方轴内外径虽然会增加回转器的尺寸和质量,却有许多优点。如增加了立轴与导管的接触面积,降低了连接应力,改善了摩擦条件,有助于克服立轴与导管早期磨损或严重"咬死"的现象;立轴的强度与刚度有所提高,并由于使用六面定心,改善了高转速钻进的稳定性;立轴外径加大,增大了横梁轴承尺寸与承载能力,有效地解决了高转速钻进的轴承发热问题。

2)立轴式回转器特性参数的选择

回转系统的特性参数包括回转器转速、回转器转角、回转器通孔直径及让开孔口距离。

(1)回转器转速。包括最高转速、最低转速、调速范围、速度级数、中间速度和反转速度。

①最高转速 $n_{max}$。在钻头极限圆周速度范围内,常规的回转钻进方法钻进速度均随回转转速的增加而提高,几乎近似成正比关系。回转器最高转速的确定,取决于钻头的实用最高转速及钻杆、钻机、钻进工艺水平与发展趋势。目前,不同钻头的实用最高转速如下:硬合金钻进,400~500r/min;钻粒钻进,400r/min 左右;金刚石钻进,850~1200r/min;潜孔锤钻进,20~40r/min。

②最低转速 $n_{min}$。最低转速根据开孔钻进、复杂地层钻进、扫孔与处理事故的需要确定。硬合金钻进、钻粒钻进的最低转速一般为 100~500r/min,冲击回转钻进要求最低转速约为 20r/min,表镶金刚石钻头的最低转速为 50~150r/min。深孔钻机取小值,浅孔钻机取大值。

③调速范围 $R$。最高转速与最低转速的比值称为调速范围,用 $R$ 表示。硬质合金与钻粒钻进钻机调速范围取 3~5;金刚石钻机调速范围为 4~12,少数可达 15。$R$ 过大,当 $n_{max}$ 一定,即意味着 $n_{min}$ 减小,回转器扭矩增加,钻机尺寸与重量也相应增大;如果 $n_{min}$ 一定,表示 $n_{max}$ 增大,则钻机精度要求提高。此外,过大的调速范围使变箱结构复杂,重量加大。

④速度级数 $m$。速度级数亦称速度挡数。最高和最低转速范围内应设适当的中间速度,以便于根据不同地层、钻头与钻进方法,合理选用转速,满足工艺要求。机械传动式岩芯钻机速度级数一般取 3~8 级;硬合金与钻粒钻进的岩芯钻机,速度级数一般取 3~5 级;金刚石钻机调速范围大,速度级数一般取 6~8 级。深孔钻机级数可以多些,浅孔钻机级数则不宜过多,潜孔锤钻机一般取 2~3 级。采用液力变矩器时,由于液力变矩器在一定范围内具有无级调速性能,速度级数可减少;全液压钻机可以实现无级调速,但为了扩大调速范围及获得低速大扭矩,往往还配有 2~3 级齿轮变速箱。

⑤中间速度。设置原则:根据钻探生产中实用转速状况,在充分提高钻进效率和降低成本的前提下,用数理统计和最优选择方法确定中间速度的转速,采用无规则或某种级数排列中间速度。尽量符合机械设计原则,选择适当的公比,按等比级数排列中间速度。

⑥反转转速(反挡)。为了处理孔内事故,克服钻孔弯曲,拧卸钻具,钻机通常应配 1~2 级反挡,反转转速一般较低。

(2)回转器转角。为了能钻进不同方向的钻孔,回转器应能变更倾角。由立轴式回转器变角装置的结构可知,立轴式钻机回转器转角变化范围为 0°~360°。

（3）回转器通孔直径及让开孔口距离。立轴式钻机回转器通孔直径指的是立轴通孔直径，它取决于所配机上钻杆的外圆直径，一般比机上钻杆外圆直径大 2～3mm。由于立轴通孔直径较小，不能通过粗径钻具，因此起下钻时回转器要让开孔口。让开孔口的方式有后移式与开合式两种。后移式让开孔口的后移距离为 300～450mm，后移距离太小，不便操作，容易碰撞提引器；后移距离过大，钢绳与天车垂线夹角增大，不利于卷筒排齐钢绳。一般情况下，深孔钻机后移距离可以大些，浅孔钻机则不宜太大。开合式让开孔口转动角度通常为140°～180°。

## 2. 转盘式回转器

转盘被广泛用作水文水井、工程钻机的回转器。水文水井、工程钻探中钻井直径大，而且大多数是在松软地层中全面钻进，要求较低的转速和较大的转矩，而转盘正是一种低速大转矩的回转器。其次，松软地层钻进要求较大的给进速度和给进行程，转盘采用主动钻杆给进，一次行程可达数米。水文水井、工程钻探多采用大规格钻具，直径大、重量大、拧卸力矩大。转盘式回转器不仅可以不让开孔口通过一般的粗径钻具，而且是很好的拧管机，可以方便地实现拧卸工作机械化。除了水文水井和工程钻机上使用转盘外，不少轻便的工程地质勘察钻机也使用小转盘作为回转器。

1）转盘的结构分析

转盘的结构型式随用途、传动方案的不同有多种形式，但各种转盘有共同的基本组成部分（图 1-17），即动力输入、角传动副、箱体和转台。转盘的分类如下：

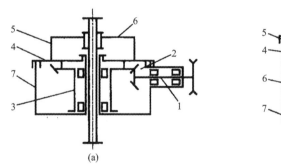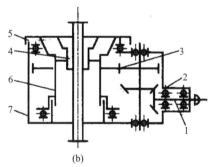

图 1-17 转盘结构型式示意图

（a）芯管定位式转盘示意图：1-横轴；2-锥齿轮副；3-芯管；4-转台；5-回转梁；6-卡筒；7-箱体。

（b）壳体定位式转盘示意图：1-横轴；2-锥齿轮副；3-减速齿轮；4-补心；5-转台；6-转筒；7-箱壳

（1）按照转速高低分类，转盘可分为高速转盘（又称小转盘）和低速转盘（大转盘）两种。高速转盘多用于岩芯钻机，低速转盘用于水文水井、工程钻机和石油钻机。

（2）按照转台的定位方式分类，转盘可分为芯管定位式（外转式）转盘和壳体定位式（内转式）转盘两种。芯管定位式转盘的转台与传动锥齿轮连接，并通过轴承支撑在芯管上。转盘的通孔即为芯管的内孔，拧卸钻具时钻杆下垫叉可放在芯管上，操作方便。此种类型适用于较小口径的高速转盘式岩芯钻机及小口径工程钻机。壳体定位式转盘是支撑转台的轴承装在转盘壳体上，在与芯管定位的转盘转台尺寸相同的情况下，轴承尺寸较大，承载能力大，转

盘通孔不受芯管尺寸限制。但在拧卸钻具时，因没有芯管支撑垫叉，需另设支撑装置。此种方式适用于低速大口径转盘。

(3)按照传动级数分类，转盘可分为一级传动转盘和二级传动转盘两种。

(4)按照驱动钻杆方式分类，转盘可分为补心式转盘和回转梁式转盘两种。

2)转盘式回转器特性参数的选择

(1)通孔直径。指的是转盘内通孔直径，它影响转盘的尺寸和重量，对于固定式转盘，还限制了下入井内钻具的最大外径。转盘的通孔直径通常略大于钻机的最大钻孔直径，工程地质勘察钻机转盘通孔直径一般为 150～160mm；水文、水井钻机转盘通孔直径一般为 400～500mm，个别达 600mm；工程施工钻机的通孔直径一般都超过 600mm。为避免过大地增大转盘的尺寸和重量，有的钻机采取移动转盘让出孔口的方式来通过大直径钻具。

(2)转速。转盘的回转速度在各类钻机中是最低的，其正转速度低速为 20～50r/min，高速为 200～300r/min，反转速度为 30～100r/min。工程地质勘察、水文地质勘察钻机取上限值，大直径水井钻机取下限值。工程施工钻机由于井径大，其转速更低，一般不超过 60r/min。

(3)扭矩。工程地质勘察钻机的小转盘输出扭矩小，一般为 0.45～5.2kN·m，个别钻机可达 7kN·m；水井钻机的扭矩较大。水井钻机标准系列（草案）中建议 150～3000m 水井钻机的转盘输出扭矩为 5.39～19.6kN·m。国内水井钻机转盘的实际扭矩为 4.9～16.7kN·m（钻机的钻井深度相应为 150～2000m），工程施工钻机转盘的扭矩值最大，一般都超过 10kN·m，最大值可达 50kN·m。

### 3. 移动式回转器

移动式回转器分类如下：

(1)按回转器动力驱动方式有液压驱动式、机械驱动式。

(2)按驱动动力形式有液压马达驱动式、电机驱动式、内燃机驱动式。

(3)按回转器变速方式有变量马达调速式、变量马达加变速箱变速式。

(4)按回转器个数有单回转器、双回转器，双回转器可单独回转与给进，有利于跟管钻进。

移动式回转器结构特点如下：

(1)液压驱动式。由液压马达、传动箱或变速传动箱、主轴及卡盘等构件组成（图 1-18～图 1-20）。单马达传动箱驱动式（图 1-18）总体结构简单，负荷特性取决于液压回路，马达一般为变量式。单马达变速箱驱动式（图 1-19）总体结构要复杂一些，但是由于增设了变速箱，改善了回转器主轴的输出特性，增大了调速范围。双马达传动箱驱动（图 1-20）回转器的输出扭矩大。

(2)机械驱动式。由传动轴、传动箱、主轴及卡盘组成（图 1-21），负载-调速特性由机械传动系统（主要是变速机构）和动力机的特点决定。由于传动轴转速高，传动轴不可能做得太长，因此回转器行程较短，多用于浅孔钻机。

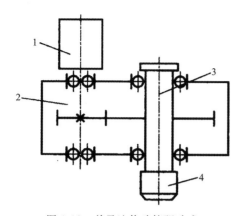

图 1-18　单马达传动箱驱动式

1-马达;2-传动箱;3-主轴;4-卡盘

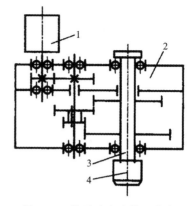

图 1-19　单马达变速箱驱动式

1-马达;2-变速箱;3-主轴;4-卡盘

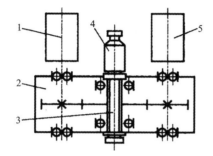

图 1-20　双马达传动箱驱动式

1-马达;2-传动箱;3-主轴;4-卡盘;5-马达

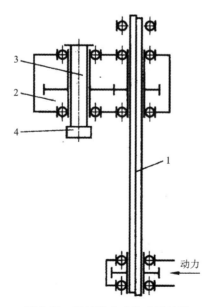

图 1-21　机械驱动式移动回转器

1-传动轴;2-传动箱;3-主轴;4-卡盘

移动式回转器特性参数如下：

(1)通孔直径。指移动式回转器主轴内通孔直径。多功能复合钻机及双动力头钻机动力头的通孔直径影响内管钻具的直径,动力头式工程地质勘察钻机的回转器多具有大的通孔结构,一般通孔直径为 65~150mm。

(2)转速。移动式回转器的转速范围较大,液压驱动式动力头转速范围为 0~2000r/min,且一般为无级调速;机械驱动式回转速度较低,一般为 25~450r/min,多为机械变速。

(3)扭矩。岩芯钻机、工程地质勘察钻机用动力头输出扭矩,扭矩一般较小,为 0.15~0.34kN·m;锚杆钻机动力头输出扭矩相对大些,一般为 1~3.5kN·m;水井施工及工程施工用钻机动力头输出扭矩较大,一般在 10kN·m 以上,最大可达 60kN·m。

## 第六节　钻机液压传动基础

液压传动以液体在密闭容积内所形成的压力能来传递动力和运动,传动中的工作介质在受控制、受调节的状态下进行工作。液压传动系统中的能量转换和传递情况如图 1-22 所示,这种能量的转换能够满足生产中的需要。

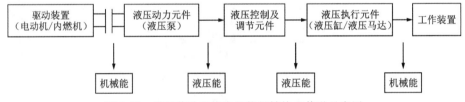

图 1-22　液压传动系统中的能量转换和传递示意图

液压系统主要由以下 4 个部分组成：

(1)能源装置。是将电机输入的机械能转换为油液的压力能(压力和流量)输出的能量转换装置,一般最常见的形式是液压泵。

(2)执行元件。是将油液的压力能转换成直线式或回转式机械能输出的能量转换装置,可以是做直线运动的液压缸,也可以是做回转运动的液压马达。

(3)调节控制元件。是控制液压系统中油液的流量、压力和流动方向的装置,为控制液体流量的节流阀(流量阀)、控制液体压力的溢流阀(压力阀)及控制液流方向的换向阀、开停阀(方向阀)等液压元件的总称。

(4)辅助元件。是除上述 3 项以外的其他装置,如油箱、滤油器、油管、管接头等。这些元件对保证液压系统可靠、稳定、持久的工作起重要作用。

液压传动与机械、电力等传动方式相比,有以下优点：

(1)能方便地进行无级调速,调速范围大。

(2)体积小、重量轻、功率大,即功率质量比大。一方面,在相同输出功率的前提下,其体积小、重量轻、惯性小、动作灵敏,这对于液压自动控制系统具有重要意义;另一方面,在体积或重量相近的情况下,其输出功率大,能传递较大的扭矩或推力。

（3）控制和调节简单，方便、省力，易实现自动化控制和过载保护。

（4）可实现无间隙传动，运动平稳。

（5）因传动介质为油液，故液压元件有自我润滑作用，使用寿命长。

（6）液压元件实现了标准化、系列化、通用化，便于设计、制造和推广使用。

（7）可以采用大推力的液压缸和大扭矩的液压马达直接带动负载，从而省去了中间的减速装置，简化了传动。

液压传动的主要缺点如下：

（1）漏液。由于作为传动介质的液体是在一定的压力下（有时是在较高的压力下）工作的，因此在有相对运动的表面间不可避免地会产生泄漏。同时，由于油液并不是绝对不可以压缩的，油管等也会产生弹性变形，因此液压传动不宜用在传动比要求严格的场合。

（2）振动。液压传动中的液压冲击和空穴现象会产生强烈的振动和较大的噪声。

（3）发热。在能量转换和传递过程中，由于存在机械摩擦、压力损失、泄漏损失，易使油液发热，总效率降低，故液压传动不宜用于远距离传动。

（4）液压传动性能对温度比较敏感，故不易在高温和低温下工作。液压传动装置对油液的污染亦较敏感，故要求有良好的过滤设施。

（5）液压元件加工精度要求高，一般情况下又要求有独立的能源（如液压泵站），这些可能使产品成本提高。

（6）液压系统出现故障时不易追查原因，不易迅速排除故障。

总的来说，由于液压传动具有诸多优点，液压元件已标准化、系列化和通用化，便于系统的设计、制造和推广应用。因此，液压传动在现代化生产中有着广阔的发展和应用前景。

# 一、液压动力元件

液压动力元件（即液压泵）是液压系统中的动力源，它将原动机（电动机、内燃机等）输出的机械能（转矩、转速）转换成油液的液压能，以压力、流量的形式输送到液压系统中，为液压系统提供动力，驱动液压执行元件对外做功，是系统不可缺少的核心元件。液压泵的工作原理是通过运动使泵腔容积发生变化，它必须具备的条件是泵腔有密封容积变化，因此液压泵是容积式泵。典型液压泵有齿轮泵、叶片泵、柱塞泵、螺杆泵。本节主要介绍齿轮泵的结构和工作原理。

在现代液压技术中，齿轮泵是产量和使用量最大的泵类元件，它是通过一对齿轮在密封壳体内进行啮合运动而工作的。齿轮泵在结构上可分为外啮合式和内啮合式两类，它的主要性能指标如下：

（1）排量。在液压工程中，齿轮泵排量范围非常广泛，一般为 $0.05\sim800.00\text{mL/r}$，常用范围为 $2.5\sim250.0\text{mL/r}$。

（2）压力。目前具有良好轴向和径向补偿措施的中小排量齿轮泵的最高工作压力均超过了 25MPa，最高达 32MPa。大排量齿轮泵的许用压力亦可达到 $16\sim20\text{MPa}$。

（3）转速。微型齿轮泵的最高转速可达 20 000r/min 以上，常用转速为 1000～3000r/min。齿轮泵的工作转速也有下限，一般为 300～500r/min。

（4）寿命。低压齿轮泵的寿命为 3000～5000h，高压外齿轮泵额定压力下的寿命一般只有几百小时，高压内齿轮泵的寿命可达 2000～3000h。

如图 1-23 所示为外啮合齿轮泵的工作原理。在泵的壳体内装有一对齿数和模数完全相同的外啮合齿轮，齿轮两侧由端盖盖住。由于齿轮和壳体内表面以及端盖的接触间隙很小，因此这对齿轮的接触线将图 1-23 中的齿轮泵分成两个密封的容积。当齿轮按照图 1-23 所示方向旋转时，右侧吸油腔由于相互啮合的轮齿逐渐脱开，密封工作腔容积逐渐增大，形成部分真空，油箱中的油液被吸进来。在压油腔一侧，由于轮齿逐渐进入啮合，密封工作腔容积不断减小，油液便被挤出去。随着齿轮的连续转动，齿轮泵同时连续不断地吸油和压油，以上就是齿轮泵的工作原理。同理，改变传动方向，齿轮泵的吸油和压油的方向也将随之改变。

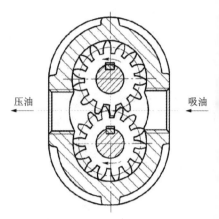

图 1-23　外啮合齿轮泵工作原理图

## 二、液压执行装置

液压执行装置的功能是把液压泵输出油液所具有的液压能转变成机械能输出，驱动外部工作部件。液压执行装置分为两大类，即实现直线往复运动或摆动的液压缸和实现回转运动的液压马达。液压执行装置的优点是单位质量和单位体积的功率很大，机械刚性好，动态响应快，结构简单，工作可靠。因此，液压执行装置被广泛应用于精密机床、工程机械、航空和航天等领域。

### 1.液压马达

液压马达（图 1-24）是输出连续回转运动的执行元件，它将输入的液压能（$p$、$q$）转变为机械能（$T$、$\omega$）输出。液压马达的工作原理与液压泵相同，均利用密闭空间的容积变化来工作，因此，从原理上讲泵和马达是可以互换使用的。但由于两者工作状况不同，在结构上有一定差异，一般不能通用。

按不同分类方式，液压马达有如下类型：

图 1-24　液压马达实物图

（1）按排量是否可以调节，液压马达可分为定量马达和变量马达。定量马达包括齿轮马达、双作用叶片马达、螺杆马达和某些径向柱塞马达；变量马达包括单作用叶片马达、轴向柱塞马达和某些径向柱塞马达。轴向柱塞马达中也有定量马达。

（2）按输油方式，液压马达可分为单向液压马达和双向液压马达。

（3）按结构类型，液压马达可分为齿轮式马达、叶片式马达和柱塞式马达等。

（4）按额定转速，液压马达可分为高速和低速两大类，高速马达的额定转速高于 500r/min，低速马达的额定转速低于 500r/min。

液压马达的图形符号如图 1-25 所示。

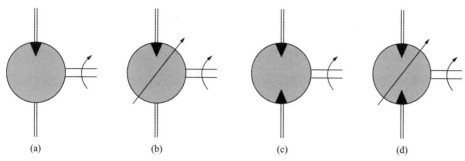

(a)　　　　　　(b)　　　　　　(c)　　　　　　(d)

图 1-25　液压马达的图形符号

(a)单向定量液压马达;(b)单向变量液压马达;(c)双向定量液压马达;(d)双向变量液压马达

在选定液压马达时,要考虑液压系统的使用要求、工作压力、转速范围、运行扭矩、总效率、寿命等机械性能,同时还要考虑液压马达在机械设备上的安装条件、外形尺寸及工作环境等因素。不同种类的液压马达特性不同,应针对具体用途合理选用工作机构。速度高、负载小时,宜选用齿轮液压马达或叶片液压马达;速度平稳性要求高时,宜选用双作用叶片液压马达;负载较大时,则宜选用轴向柱塞液压马达。若工作机构速度低、负载大,则有两种方案可供选择:一是选用高速小扭矩液压马达,配合减速装置来驱动工作机构;二是选用低速大扭矩液压马达直接驱动工作机构。到底选用哪种方案,要经过技术、经济比较才能确定。常用液压马达的性能对比如表 1-2 所示。

表 1-2　常用液压马达性能对比表

| 类型 | 压力 | 排量 | 转速 | 扭矩 | 性能及适用工况 |
|---|---|---|---|---|---|
| 齿轮液压马达 | 中低 | 小 | 高 | 小 | 结构简单、价格低、抗污染性能好、效率低,适用于负载扭矩不大、速度平稳性要求不高、噪点限制不大及环境粉尘较大的场合 |
| 叶片液压马达 | 中 | 小 | 高 | 小 | 结构简单、脉动小,适用于负载扭矩不大、速度平稳性和噪声要求较高的场合 |
| 轴向柱塞液压马达 | 高 | 小 | 高 | 较大 | 结构复杂、价格高、抗污染性能好、效率高、可变流量,适用于高速运转、负载较大、速度平稳性要求较高的场合 |
| 曲柄连杆径向柱塞液压马达 | 高 | 大 | 低 | 大 | 结构复杂、价格高、低速稳定较好,适用于负载扭矩大、速度低(5~10r/min)、对运动平稳性要求不高的场合 |
| 部力平衡液压马达 | 高 | 大 | 低 | 大 | 结构复杂、价格高,但尺寸比曲柄连杆径向柱塞液压马达小,适用于负载扭矩大、速度低(5~10r/min)、对运动平稳性要求不高的场合 |
| 内曲线径向柱塞液压马达 | 高 | 大 | 低 | 大 | 结构复杂、价格高、径向尺寸较大,但低速稳定性和启动性能好,适用于负载扭矩大、速度低(0~40r/min)、对运动平稳性要求较高的场合 |

液压马达的基本参数较多,以下简要介绍压力、排量、流量和调速范围。

(1)压力。与液压马达压力相关的参数包括进口压力 $P_{mi}$、出口压力 $P_{mo}$、压差 $\Delta P_m$ 和额定压力 $P_{me}$。进口压力 $P_{mi}$ 是指输入液压马达的油液实际压力,也称液压马达的工作压力,其大小取决于液压马达的负载。出口压力 $P_{mo}$ 是指流出液压马达的油液实际压力,也称液压马达的背压,其大小取决于液压马达出口处的连接情况。压差 $\Delta P_m$ 是指液压马达的进口压力与出口压力的差值。额定压力 $P_{me}$ 是指在正常工作条件下,按试验标准规定能连续运转的最高压力。

(2)排量。在不考虑泄漏的情况下,液压马达输出轴每转动一周,按几何尺寸计算所需进入马达的油液体积称为液压马达的排量 $V_m$,也称为几何排量或理论排量。

(3)流量。与液压马达流量相关的参数,分为理论流量 $q_{mt}$、实际流量 $q_m$ 和泄漏流量 $\Delta q_m$。

(4)调速范围。为最高转速 $n_{max}$ 与最低稳定转速 $n_{min}$ 之比,用字母 $i$ 表示。

### 2. 液压缸

液压缸也是液压传动系统的执行元件之一,它是将油液的压力能转换为机械能,实现往复直线运动或摆动的能量转换装置。按运动形式,液压缸可分为直线液压缸和摆动液压缸。其中,直线液压缸可以分为活塞缸和柱塞缸两类。直线液压缸输入压力和流量,输出推力和线速度;摆动液压缸输入压力和流量,输出扭矩和角速度。

(1)活塞式液压缸。活塞式液压缸可分为单杆式和双杆式两种,安装方式有缸体固定和活塞杆固定两种。

图 1-26 所示为单活塞杆式液压缸,仅一端有活塞杆,两腔的有效作用面积不相等,当向液压缸两腔分别供油,且压力和流量都不变时,活塞在两个方向上的运动速度和推力都不相等。设缸筒的内径为 $D$,活塞杆的直径为 $d$,则液压缸无杆腔和有杆腔有效作用面积 $A_1$、$A_2$ 分别为

$$A_1 = \frac{\pi D^2}{4} \tag{1-8}$$

$$A_2 = \frac{\pi(D^2 - d^2)}{4} \tag{1-9}$$

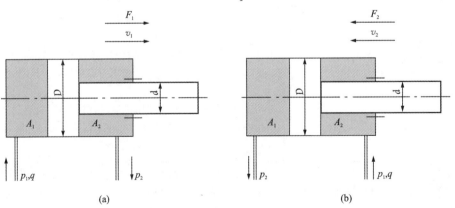

图 1-26　单活塞杆式液压缸

(a)活塞向右运动;(b)活塞向左运动

如图 1-26(a)所示,当无杆腔进油、有杆腔回油时,活塞向右运动,其推力 $F_1$(假设回油压力为 0)和运动速度 $v_1$ 分别为

$$F_1 = p_1 A_1 = \frac{\pi D^2}{4} p_1 \tag{1-10}$$

$$v_1 = \frac{q}{A_1} = \frac{4q}{\pi D^2} \tag{1-11}$$

此时,活塞的运动速度较慢,能克服的负载较大,常用于实现机床的工作进给。

如图 1-26(b)所示,当有杆腔进油、无杆腔回油时,活塞向左运动,其推力 $F_2$(假设回油压力为 0)和运动速度 $v_2$ 分别为

$$F_2 = p_1 A_2 = p_1 \frac{\pi}{4} (D^2 - d^2) \tag{1-12}$$

$$v_2 = \frac{q}{A_2} = \frac{4q}{(D^2 - d^2)} \tag{1-13}$$

式中:$p_1$ 为供油压力($N/m^2$);$q$ 为供油流量($m^3/s$)。

此时,活塞的运动速度较快,能克服的负载较小,常用于实现机床的快速退回。

如图 1-27 所示,当单活塞杆式液压缸两腔同时进压力油时,由于无杆腔的有效作用面积大于有杆腔的有效作用面积,活塞向右的作用力大于向左的作用力,因此,活塞向右运动,活塞杆向外伸出。与此同时,又将有杆腔的油液挤出,使其流进无杆腔,从而加快了活塞杆的伸出速度,形成差动连接。

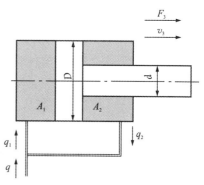

图 1-27 差动连接示意图

差动连接时,活塞推力 $F_3$ 为

$$F_3 = p A_1 - p A_2 = p A_3 = \frac{\pi}{4} d^2 p \tag{1-14}$$

若差动连接时活塞的运动速度为 $v_3$,则无杆腔的进油量 $q_i = v_3 A_1$,有杆腔的出油量 $q_2 = v_3 A_2$,因为

$$q_1 = q + q_2 \tag{1-15}$$

即

$$v_3 A_1 = q + v_3 A_2 \tag{1-16}$$

所以,活塞的运动速度 $v_3$ 为

$$v_3 = \frac{q}{A_1 - A_2} = \frac{q}{A_3} = \frac{4q}{\pi d^2} \tag{1-17}$$

此时,活塞可以获得较大的运动速度,常用于实现机床的快速进给。

单活塞杆式液压缸可以固定缸体,也可以固定活塞杆,工作台的移动范围都是活塞或缸体有效行程的两倍。

## 3. 液压控制阀

液压控制阀主要是用来控制液压系统中油液的流动方向或调节压力和流量的元件,因此

岩土钻掘设备 YANTU ZUANJUE SHEBEI

它可以分为方向阀、压力阀和流量阀三大类。一个形状相同的阀,会因作用机制的不同而具有不同的功能。压力阀和流量阀利用通流截面的节流作用控制系统的压力和流量,而方向阀则利用流道的更换控制油液的流动方向。尽管液压控制阀存在多种不同的类型,但都具有以下一些基本的共同特点:

(1)在结构上,所有的阀都由阀体、阀芯(座阀或滑阀)和驱动阀芯动作的元部件(如弹簧、电磁铁)组成。

(2)在工作原理上,所有阀的开口大小,阀进、出口件的压差以及流过阀的流量之间都符合孔口流量公式,仅是各种阀控制的参数各不相同而已。

液压控制阀的分类方法很多,同一种阀在不同的场合因用途不同而有不同的名称,表1-3列出了工程中液压控制阀常用的分类方法。

表1-3　工程中液压控制阀常用分类方法

| 分类方法 | 种类 | 详细分类 |
|---|---|---|
| 按机能分类 | 压力控制阀 | 溢流阀、减压阀、顺序阀、卸荷阀、平衡阀、比例压力控制阀、缓冲阀、截止阀、限压切断阀、压力继电器等 |
| | 流量控制阀 | 节流阀、单向节流阀、调速阀、分流阀、集流阀、比例流量控制阀等 |
| | 方向控制阀 | 单向阀、液控单向阀、换向阀、行程减速阀、充液阀、梭阀、比例方向控制阀等 |
| 按结构分类 | 滑阀 | 圆柱滑阀、旋转阀、平板滑阀 |
| | 座阀 | 锥阀、球阀 |
| | 射流管阀 | — |
| | 喷嘴挡板阀 | 单喷嘴挡板阀,双喷嘴挡板阀 |
| 按操纵方式分类 | 手动阀 | 手把及手轮、踏板、杠杆 |
| | 机/液/气动阀 | 挡块及碰块、弹簧、液压、气动 |
| | 电动阀 | 普通、比例电磁铁控制,力马达、力矩马达、步进电动机、伺服电动机控制 |
| 按控制方式分类 | 比例控制阀 | 电液比例压力阀、电液比例流量阀、电液比例换向阀、电液比例复合阀、电液比例多路阀 |
| | 伺服控制阀 | 单、两级(喷嘴挡板式、动圈式)电液流量伺服阀,三级电液流量伺服阀 |
| | 数字控制阀 | 数字控制压力阀、数字控制流量阀与方向阀 |
| 按其他方式分类 | 开关或定值控制阀 | 压力控制阀、流量控制阀、方向控制阀 |

#### 4.液压辅助装置

液压辅助装置主要包括油箱、蓄能器、过滤器、管件和密封件等。此处主要介绍储能器和密封件。

1）蓄能器

蓄能器是能量储存装置，其内部存储油液的压力能可在适当的时候将液压系统中的压力能储存起来，再在需要的时候再将内部的压力能释放出来，使能量利用更合理，它的作用与拖拉机中的飞轮相同。蓄能器在液压系统中常用于以下几种情况：

（1）作辅助动力源。如图 1-28 所示，在间歇工作或实现周期性动作循环的液压系统中，应用蓄能器补充峰值流量，可节省动力消耗。蓄能器在液压缸停止运动期间充油储能，在液压缸动作时，蓄能器和液压泵共同供油，这样可以选用容量较小的液压泵，从而减小电动机的功率损耗，并降低液压系统的温升。

（2）作应急动力源。如图 1-29 所示，工作时，液压泵输出的压力油推动液控二通阀，压力油流入蓄能器，蓄能器充油蓄能。当液压泵发生故障或突然停电时，由蓄能器向系统短时供油，避免停电或系统故障等原因造成的油源突然中断损坏机件。

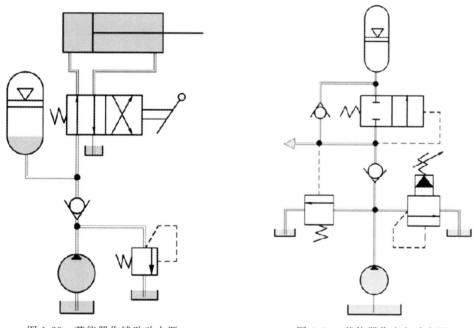

图 1-28　蓄能器作辅助动力源　　　　图 1-29　蓄能器作应急动力源

（3）吸收液压冲击。如图 1-30 所示，因换向阀突然关闭或突然换向、液压阀突然关闭或开启、液压泵突然启动或停止、外负载突然运动或停止等原因，油液速度或方向会急剧变化，从而产生液压冲击，此时应用蓄能器可吸收液压冲击。

（4）降低压力脉动。如图 1-31 所示，液压泵的流量脉动会引起负载运动速度的不均匀，还会引起压力脉动，如对负载运动速度平稳性要求较高，则应在液压泵的出口处安装蓄能器。

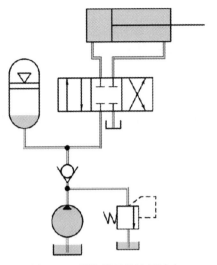

图 1-30　蓄能器吸收液压冲击

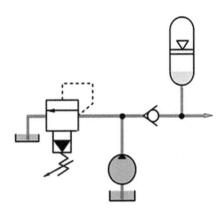

图 1-31　蓄能器降低压力脉动

2）密封件

在液压传动系统中，密封装置作用是防止工作介质泄漏及外界尘埃和异物侵入，密封件指的是设置于密封装置中起密封作用的元件。

（1）密封件的作用。在液压系统中必然存在泄漏，因为系统及元件的容腔内流动或暂存的工作介质，由于压力、间隙和黏度等因素的变化，少量会越过容腔边界，由高压腔向低压腔或外界流出。泄漏分为内泄漏和外泄漏两类。在系统或元件内部，工作介质由高压腔向低压腔泄漏的称为内泄漏，由系统或元件内部向外界泄漏的称为外泄漏。内泄漏会导致系统容积效率急剧下降，达不到所需的工作压力，设备无法正常运作；外泄漏会导致工作介质浪费和环境污染，甚至引发设备操作失灵和人身安全事故。因此，液压系统中必须使用密封装置。

（2）密封的分类。密封有多种分类方法，根据被密封部位的耦合面在设备运转时有无相对运动，可将密封分为静密封和动密封两大类。静密封为使用密封件的密封方式，动密封可以是使用密封件，也可以是间隙密封。造成泄漏的主要原因是密封面上有间隙或密封部位两侧存在较大压力差，针对这两个原因，可采用以下几种途径进行密封：①切断泄漏通道；②增加泄漏通道中的阻力；③封住接合面的间隙；④设置做功元件，对泄漏介质施加压力，以抵消或平衡泄漏通道的压力差。

其实，所有密封装置都是基于上述几种途径进行工作的。一般的密封方式都使用密封件，按照密封件的工作压力、制作材料、结构形式和密封原理等，密封方式还可进一步细分，具体分类如表 1-4 所示。常用的密封件"O"形密封圈和"V"形密封圈介绍如下。

（1）"O"形密封圈。如图 1-32 所示，"O"形密封圈整体为一个圆环形，而横截面为实心圆形，其材料主要为丁腈橡胶或氟橡胶，是液压与气压传动系统中使用最广泛的一种密封件。用于静密封时，当工作压力大于 32MPa 时应加设挡圈；用于动密封时，当工作压力大于 10MPa 时应加设挡圈，使用速度范围一般为 0.005～0.300m/s；旋转密封用得较少，仅限于低速时使用。"O"形密封圈的优点是密封性能好，静密封可达到近似理想的零泄漏，结构简单，

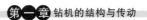

表 1-4　密封的分类

| 分类 | | | 主要密封件 |
|---|---|---|---|
| 静密封 | 非金属静密封 | | "O"形橡胶密封圈 |
| | | | 橡胶垫片 |
| | | | 聚四氟乙烯生料带 |
| | 橡胶-金属复合静密封 | | 组合密封垫圈 |
| | 金属静密封 | | 金属垫圈 |
| | | | 空心金属"O"形密封圈 |
| | 液态密封垫 | | 密封胶 |
| 动密封 | 非接触式密封,间隙密封 | | 利用间隙、迷宫、阻尼等 |
| | 接触式密封 | 自封式压紧型密封 | "O"形橡胶密封圈 |
| | | | 同轴密封圈 |
| | | | 异形密封圈 |
| | | | 其他 |
| | | 自封式自紧型密封<br>（唇形密封） | "Y"形密封圈 |
| | | | "V"形密封圈 |
| | | | 组合式"U"形密封圈 |
| | | | 星形和复式唇密封圈 |
| | | | 带支撑环组合双向密封圈 |
| | | | 其他 |
| | | 活塞环 | 金属活塞环 |
| | | 旋转轴油封 | 油封 |
| | | 液压缸导向支撑件 | 导向支撑环 |
| | | 液压缸防尘圈 | 防尘圈 |
| | | 其他 | 其他 |

拆装方便,动摩擦阻力较小。单件"O"形密封圈可起到双向密封效果,密封可靠,动、静密封均可使用,寿命长,价格低廉,缺点是做动密封时,如设备闲置过久再次启动,密封圈的摩擦阻力会因与密封副耦合面的黏附而陡增,启动摩擦阻力较大,并出现蠕动现象,不适合高速运动,尤其是高速旋转运动的密封。

（2）"V"形密封圈。"V"形密封圈的截面呈"V"形,是一种唇形密封圈。根据制作的材料不同,可分为纯橡胶"V"形密封圈和夹织物（夹布橡胶）"V"形密封圈等。由压环、"V"形密封圈和支撑环三部分组成"V"形密封装置,如图 1-33 所示。"V"形密封圈主要用于液压缸活塞和活塞杆的往复动密封,其运动摩擦阻力较"Y"形密封圈大,但使用寿命长、密封性能可靠。

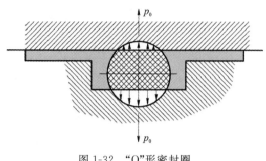

图 1-32　"O"形密封圈　　　　　　　图 1-33　"V"形密封装置

1-支撑环;2-"V"形密封圈;3-压环

当发生泄漏时,无须更换密封圈,只需调整压环或填片。它的最高工作压力大于 60MPa,适用工作温度为 $-30\sim80℃$,采用腈橡胶制作时的工作速度为 $0.02\sim0.30m/s$,采用夹布橡胶制作时的工作速度为 $0.005\sim0.500m/s$。"V"形密封圈的特点:①根据使用压力的高低,可以合理地选择密封圈的数量以满足密封要求,并可调整压紧力以获得最佳密封效果。②根据密封装置不同的使用要求,可以交替安装不同材质的密封圈,以获得不同的密封特性和最佳综合效果。③维修和更换方便。④密封装置的轴向尺寸大,摩擦阻力大。⑤耐压性能好,使用寿命长。

# 第二章 典型钻机结构原理分析

## 第一节 XY-4型立轴式岩芯钻机

立轴钻机种类很多,国内应用较为广泛的是XY系列立轴钻机,其中XY-4型钻机是目前结构最为典型、应用最为广泛的岩芯钻机,它是一种机械传动、液压给进的立轴式岩芯钻机,主要适用于使用金刚石或硬质合金钻进的固体矿床勘探,也可用于工程地质勘察与浅层石油、天然气、地下水钻探,还可用于堤坝灌浆和坑道通风、排水等工程孔的钻进。为了能更好地满足不同施工对立轴式钻机的要求,以扩大其使用范围,一些厂家还对钻机进行了改型设计。

### 一、XY-4型立轴式钻机特点

XY-4型立轴式钻机特点如下:

(1)钻机具有较高的立轴转速,最高可达1588r/min,且转速调节范围广,有8挡正转速度和2挡反转速度。

(2)钻机质量轻(1500kg,不包括动力机),可拆性较好(最大部件质量为218kg),便于搬迁。

(3)结构简单,布局合理,手柄集中,操作灵活可靠。

(4)机架坚固,重心低,高转速时稳定性好。

(5)采用单独驱动,动力可根据需要选配电动机(30kW)或高速柴油机(2000r/min)。

(6)改进后的钻机还安装了水刹车,使得下降钻具平稳、安全可靠,有利于延长抱闸使用寿命。

该钻机也存在一些缺点,如高速挡少,低速挡多且密,这显然与钻机以金刚石钻进为主的使用条件不完全适应。液压系统采用单个定量泵供油,用调压溢流阀来控制减压钻进的钻压,在需要给进力大但给进速度较慢时,由泵排出的压力油大部分做无用功,油温升高很快,因此,有的厂家已改用双联齿轮泵供油来解决此问题,使钻机的结构更趋合理。

### 二、XY-4型立轴式钻机的组成及机械传动系统

XY-4型立轴式钻机主要由以下几个部分组成:动力机、摩擦离合器、变速箱、万向轴、分动箱、回转器、升降机、机座、液压传动系统。此钻机机械传动系统如图2-1所示。

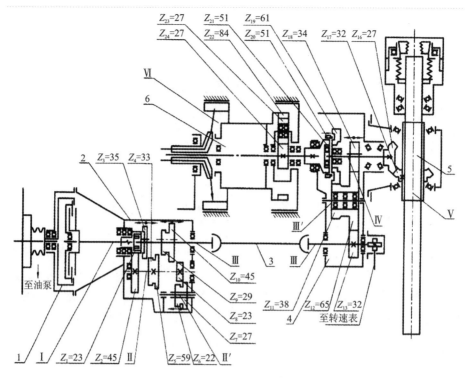

图 2-1　XY-4 型立轴式钻机机械传动系统

1-摩擦离合器；2-变速箱；3-万向轴；4-分动箱；5-回转器；6-升降机

## 1. 摩擦离合器

摩擦离合器设置在动力机（或减速箱）与变速箱之间，用于接通和切断钻机的动力。在钻机变速和分动操作或在完成套取与扭断岩芯等特殊操作时，利用摩擦离合器进行微动操作；当钻机超载时，利用摩擦片打滑起过载保护作用。

XY-4 型立轴式钻机摩擦离合器的结构见图 2-2。该摩擦离合器是一种常开式单片干式摩擦离合器。离合器的输入端通过半弹性联轴器 1 与动力机相连，半弹性联轴器上的双槽三角皮带轮，通过皮带传动带动液压系统的油泵工作。离合器的输出端通过变速箱的轴齿轮将动力输入变速器。离合器由主动件、从动件、压紧分离机构、操纵机构及调隙机构组成。

（1）主动件包括主动轴 3 和主动摩擦盘 10。主动轴由两个深沟球轴承 2 支承在箱体上，其左端与半弹性联轴器 1 用花键连接，并用圆螺母 4 及止动垫圈使联轴器轴向固定；其右端为带有 6 个槽口的轮状凸缘；两侧铆有石棉板的主动摩擦盘用凸台与主动轴的槽相嵌合并，可轴向移动；轴心处由带防尘盖的深沟球轴承 5 与变速箱输入轴左端装合。动力机的动力通过半弹性联轴器、主动轴传给主动摩擦盘。

（2）从动件包括从动摩擦盘 9 和压力盘 11，从动摩擦盘轴向不能移动，又称为静盘，而压力盘通过操纵机构可以轴向移动，又称为动盘。静盘轴套部分用平键与变速箱动力输入轴装合，轴套上分两段加工成齿状，其外段轮齿表面还加工有螺纹。里段的齿轮与动盘内齿装合。

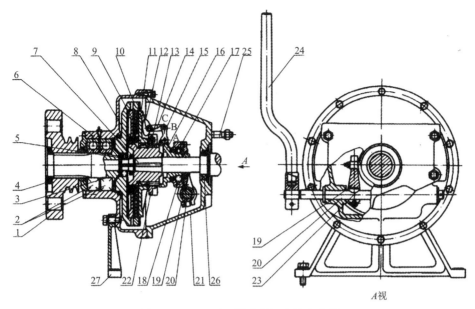

图 2-2　XY-4 型立轴式钻机摩擦离合器

1-半弹性联轴器；2-深沟球轴承；3-主动轴；4-圆螺母；5-深沟球轴承；6-壳体；7-从动轴；8-弹簧；
9-从动摩擦盘(静盘)；10-主动摩擦盘；11-压力盘(动盘)；12-弹簧；13-保险片；14-压脚；15-连杆；
16-滑套；17-松紧滑套；18-轴承；19-拨叉；20-拨叉轴；21-罩壳；22-调整螺母；23-半圆键；24-操纵
手柄；25-双头螺栓；26-橡胶密封；27-浮动支架

故动盘可随静盘一起转动并可在其轴向上移动。外段螺纹上拧有调整螺母 22。静盘和动盘分别安装在主动盘两侧,其间还装有 4 个弹簧 8。变速箱的输入轴一端通过轴承支撑在主动摩擦盘的内孔,另一端通过轴承支撑在箱体上。

(3)压紧分离机构由弹簧 12、压脚 14、连杆 15、滑套 16 等组成。连杆及压脚共 3 副。连杆压脚与弹簧结构见图 2-3,连杆一端用销子装在滑套上,另一端与压脚以销子相联;而压脚的另一端又以销子装在动盘上。当滑套轴向移动时,就带动连杆、连杆压脚使动盘轴向移动。

(4)操纵机构由轴承 18、轴承盒、松紧滑套 17、操纵手柄 24、半圆键 23、拨叉 19、拨叉轴 20 等组成。轴承装在滑套、轴承盒和压盖中间并用弹性挡圈卡住。当扳动操纵手柄时,通过拨叉轴、拨叉、轴承盒、压盖和轴承可带动滑套轴向移动。

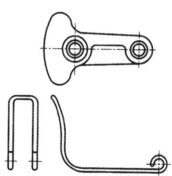

图 2-3　连杆压脚与弹簧

(5)调隙机构由调整螺母 22、保险片 13 等组成。保险片(即定位齿片)用螺钉装在调整螺母的边缘(图 2-4)。当调整螺母装到静盘上时,保险片恰与静盘轮齿呈啮合状态。当旋转调整螺母时,它可沿静盘轴套作轴向移动,从而改变动盘轴向移动的间隙。

摩擦离合器的外壳由罩壳 21 和壳体 6 组成,其间用 10 个螺栓连接。罩壳用 4 个双头螺栓 25 连接在变速箱壳上,并用浮动支架 27 与变速箱一起以螺栓紧固于钻机的后机架上。

摩擦离合器的接合与分离是通过扳动操纵手柄24来实现的。将手柄向左扳动,转动拨叉,带动轴承盒、滑套、连杆与压脚,推动动盘向左压紧(弹簧8被压缩),使主动摩擦盘10与静盘9、动盘11紧密地贴合在一起,靠摩擦力所造成的力矩来传递动力,此时旋转着的摩擦盘带动动盘、静盘、压紧分离机械和变速箱输入轴一起转动,这就是摩擦离合器的接合工况。将操纵手柄向右扳动,弹簧8的张力使动盘、静盘与主动摩擦盘出现间隙,各片迅速分开,动力被切断。摩擦离合器的压紧分离机械是一种连杆机构,它还起"自锁"作用,以保证摩擦离合器能保持其状态而不自行变换。

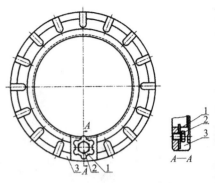

图 2-4  调整螺母与保险片
1-保险片;2-螺钉;3-调整螺母

当摩擦片磨损后,必须通过调隙机构及时调整摩擦片之间的间隙。调整时(图2-4)先将六角头螺钉2拧松,将调整螺母3顺时针方向旋转,摩擦片间隙变小,离合器则紧;逆时针方向旋转,摩擦片间隙变大,离合器则松。摩擦片间隙调好后,应将六角螺钉拧紧,保险片一端深入齿轮齿之间用于防松定位作用,防止调整螺母自行松动。

### 2. 变速箱

XY-4型立轴式钻机变速箱的结构见图2-5。它是一种典型的三轴二级传动跨轮变速箱,设有反挡机构,可将输入的速度分别变成4个正转速度和1个反转速度输出,由工作机构和换挡操纵机构两大部分组成。

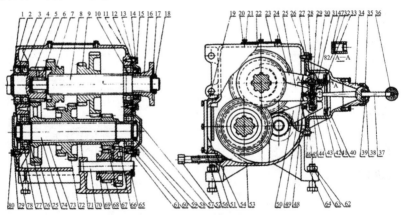

图 2-5  XY-4型立轴式钻机变速箱装配图

1-轴用弹性挡圈;2-纸垫;3、4-深沟球轴承;5-轴齿轮;6-滚子轴承;7-二四挡齿轮;8-输出轴;9-三挡齿轮;10-轴承;11-油封;12-纸垫;13-轴承端盖;14-弹簧垫圈;15-螺栓;16-万向节;17-止退垫片;18-螺母;19-油针;20-弹簧垫圈;21-螺栓;22-盖板;23、26-纸垫;24、25-拨叉;27-拨叉轴;28-封盖;29-止动销;30-拨叉轴;31-钢球;32-封盖;33-弹簧;34-侧箱盖上盖;35-盖;36-手把球;37-变速手把;38-球形盖;39-弹簧;40-侧箱盖;41-限位板;42-螺栓;43-钢球;44-反挡拨叉轴;45-柱销;46-拨叉轴;47-沉头螺钉;48-止动螺栓;49-螺钉;50-倒挡拨叉;51-油管;52-螺帽;53-变速箱壳;54、57-纸垫;56-盖;58-圆螺母;59-止退垫圈;60-轴承;61-端盖;62-螺栓;63-螺母;64-垫圈;65-止动片;66-轴套;67-小齿轮;68-倒挡齿轮;69-铜套;70-倒挡轴;71-轴套;72-双联齿轮;73-挡圈;74-中间轴;75-齿轮;76-轴承;77-轴承;78-纸垫;79-端盖;80-螺栓

1）工作机构

工作机构的基本组成有 4 根轴及 5 对齿轮。

输入轴 5 为一齿轮轴，由两盘深沟球轴承 3、4 支承在变速箱壳的左侧，输入轴左端与离合器相联输入动力，右端碗形齿轮内孔用滚子轴承 6 支承输出轴 8 的左端。齿轮的一段与齿轮 75 呈常啮合状态；另一段在四速时与二四挡齿轮 7 的内齿啮合。

输出轴 8 是花键轴，与输入轴处在同一轴线上，其右端用一盘深沟球轴承 10 支承在箱壳右侧，伸出箱壳部分由花键与万向轴的法兰盘装合，并用圆螺母及止退垫圈固定。该轴上装有二四挡齿轮 7 和三挡齿轮 9。

中间轴 74 也是花键轴，左右端各用一盘深沟球轴承支承在箱壳上，并用圆螺母 58 轴向固定；中部自左至右装有齿轮 75、双联齿轮 72、小齿轮 67。轴上各齿轮之间以及齿轮与轴承之间均用轴套隔离。因此，中间轴上的各齿轮均不会轴向移动。

心轴 70 是一根倒挡轴，用止动片作轴向和周向固定。双联倒挡滑动齿轮 68 用滑动轴承（铜套嵌在齿轮轴孔里）套装在心轴上，借助拨叉拨动，能在轴上左右移动。当倒挡齿轮 68 与小齿轮 67 及三挡齿轮 9 的右端大齿轮啮合时，变速箱实现反挡输出。

2）换挡操纵机构

变速箱换挡操纵机构的作用是拨动滑动齿轮、改变齿轮副的啮合情况进行变速，变速操纵机构如图 2-6 所示。XY-4 型立轴式钻机变速箱换挡操纵机构为三轴互锁、单手柄集中操纵机构，装在变速箱壳的侧面，由操纵手柄、拨叉轴、拨叉等组成。为使工作安全可靠，防止跑挡和乱挡，其机构内还设有定位装置及互锁装置。

3 个拨叉 25、24、50 分别插入滑动齿轮 7、9、68 的拨槽中。拨叉用螺钉 49 固定在拨叉轴 27、46、44 上，3 根拨叉轴能在支架轴孔内前后滑动。拨叉顶有通槽，变速手柄 37 的球头可分别进入 3 个拨叉的通槽内，拨动拨叉及拨叉轴移位，手柄中部以球铰形式支承在侧箱盖 40 上。变速手柄穿过装在侧箱盖上的限位板 41 的槽孔，引导手柄移动方向和位置。变速箱的滑动齿轮均处于空挡时，3 个拨叉的通槽对正，上下扳动变速手柄可使其球头进入所需拨动的拨叉通槽里，再左右扳动就可使球头进入那个拨叉移动，使该拨叉空载的滑动齿轮挂挡，进入工作位。如需再次换挡，必须使已挂挡的齿轮回到空挡位置。

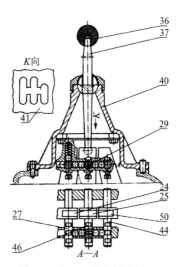

图 2-6　XY-4 型立轴式钻机
变速操纵机构

图中各数字所指示的部件名称与
图 2-5 相同

定位装置的作用是保持啮合齿轮的工作位置，防止自动分离或啮合。该变速箱采用的是弹簧-钢球定位装置，弹簧及钢球装入支架孔内，弹簧的张力将钢球压入拨叉轴的定位槽内，限制拨叉轴向位移，防止跑挡。

互锁机构是一种使几个拨叉轴相互位置互相制约的安全装置。XY-4 型立轴式钻机变速箱操纵机构采用的是钢球-柱销式互锁机构，实现了 3 根拨叉轴间的互锁。止动销 29 装在中间一根拨叉轴的径向通孔内。4 个互锁钢球两两分别装在支架上相应的孔内。3 根拨叉轴上相应的挡位处加工有互锁球窝。当3个拨叉轴均处在空挡位时,4个互锁钢球的球心及互锁销的轴心线在一条直线上,因为4个钢球和互锁销子的总长度比边上两根拨叉轴上两球窝底间的距离少1个球窝的深度,此时3根拨叉轴均为锁定,允许任一根拨叉轴滑动。当某一根拨叉轴移动到工作挡位时,该拨叉轴就会迫使互锁球分别嵌入另两根拨叉轴的球窝内,阻止它们移动。这两根拨叉轴所控制的滑动齿轮被锁定在空挡位。再次换挡时,必须将原处在挂挡位的拨叉轴移回到空挡位,才能变换其他挡位。

### 3. 万向轴

变速箱输出轴与分动箱之间采用万向轴传动,其原因首先是为了降低变速箱和分动箱装配时对中的精确度要求;其次是拆卸变速箱时,由于两个万向节之间为花键连接,可以使变速箱整体向后退出前机架。XY-4型立轴式钻机万向轴由解放牌汽车的万向轴改制而成,结构如图2-7所示。

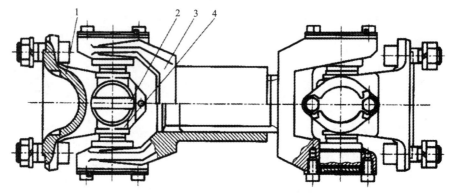

图2-7 XY-4型立轴式钻机万向轴

1、3-万向节叉;2-轴承盖;4-十字轴

### 4. 分动箱

XY-4型立轴式钻机分动箱(图2-8)除了将动力分配给回转器和升降机外,对于升降机来说,分动箱还起着减速器的作用,对于回转器来说,分动箱则还是一个两速变速箱,经过分动箱后回转器可获得8个正速度和2个反转速度。

分动箱输入轴16两端各用一盘深沟球轴承18支承在壳体1的下部,左端用花键固定连接万向轴法兰盘,再与万向轴相连,右侧轴装有转速表组件17。轴的中段用花键固定齿轮19($Z_{13}$),光轴部分套装甩油盘组件22,甩油盘随输入轴16一起转动,将润滑油溅甩到分动箱上部空间润滑齿轮及轴承。轴23为心轴,用止动片24将其轴向和径向固定。双联齿轮14($Z_{11}$、$Z_{12}$)用4盘深沟球轴承支承在心轴23上,齿轮$Z_{12}$与齿轮$Z_{13}$啮合,齿轮$Z_{11}$与齿轮$Z_{19}$啮合。轴齿轮26($Z_{21}$)由两盘单列向心球轴承支承在箱体上,与升降机轴由花键连接。轴齿轮是啮合器的组成部分。横轴11右端由两盘单列圆锥滚子轴承9支承在箱体上,左端由深沟球轴承支承在轴齿轮$Z_{21}$的内孔中。轴右端装有小弧齿锥齿轮10($Z_{16}$),通过花键连接,并用轴端挡圈固定;轴中段花键部分装有滑动齿轮6($Z_{18}$);左端光轴部分用两盘深沟球轴承支承

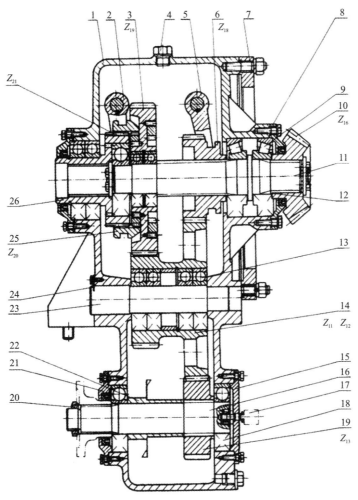

图 2-8  XY-4 型立轴式钻机分动箱

1-壳体;2、5-拨叉;3-齿轮组件;4-透气塞;6-滑动齿轮;7-压紧圈;8-压盖;9-单列向心球轴承;10-小弧齿锥齿轮;11-横轴;12-调整片;13-轴承;14-双联齿轮;15-压盖;16-输入轴;17-转速表组件;18-深沟球轴承;19-齿轮;20-锁母;21-压盖;22-甩油盘组件;23-心轴;24-止动片;25-离合齿圈;26-轴齿轮

齿轮组件 $3(Z_{19})$,组件由齿轮 $Z_{19}$ 及其辐板两侧的内外齿圈构成。与相应的滑动齿轮 $6(Z_{18})$、离合齿圈 $25(Z_{20})$ 啮合时,可同时向回转器、升降机传递动力。利用两个半圆合成的压紧圈 7 及 10 个双头螺栓固定回转器和调整回转器立轴的角度。回转器以分动箱对回转器动力输出轴为中心旋转。

操纵机构包括两套分动手柄、拨叉轴、拨叉及定位钉等。通过拨叉 2 拨动啮合套(内齿圈 $Z_{20}$)来控制升降机的动力传送,当啮合套右移与齿轮组件 3 左侧的外齿轮啮合时,动力传到升降机轴上,当啮合套左移离开外齿轮时,就切断了升降机的动力。拨叉 5 拨动滑动齿轮 6 $(Z_{18})$,当齿轮 $Z_{18}$ 处于空挡位置时,切断回转器动力;当齿轮 $Z_{18}$ 与双联齿轮 14 的大齿轮 $Z_{12}$ 啮合时,回转器获得高速组转速;当齿轮 $Z_{18}$ 与齿轮组件 3 右侧的内齿轮啮合时,回转器获得低速组转速。

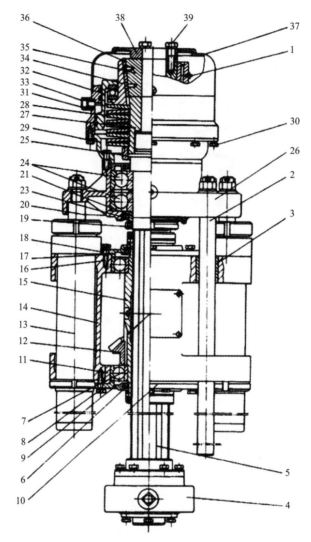

图 2-9   XY-4 型立轴式钻机回转器

1-油嘴;2-导向杆;3-导向杆铜套;4-下卡盘组件;5-立轴;6-骨架式橡胶密封;7-滚球轴承;8、16-六角螺栓;9-下压盖;10-纸垫;11-袖承套;12-大弧形锥齿轮;13-液压缸组件;14-回转器体;15-立轴导管;17-垫;18-上压盖;19-圆螺母;20-止退垫片;21-间隔环;23-骨架式橡胶油封;24-向心推力轴承;25-防松螺帽;26-横梁;27-卡瓦座;28-碟形弹簧;29-卡盘下壳;30、39-螺钉;31-卡盘上壳;32-活塞;33-油管接头;34-卡圈;35-卡瓦;36-压板;37-防护罩;38-顶盖

## 5. 回转器

XY-4 型立轴式钻机回转器结构见图 2-9。该回转器是一种立轴式回转器,包括回转装置、给进装置和卡盘。

1)回转装置

回转装置的功用是将分动箱水平布置的输出轴动力和运动传递给垂直布置的立轴,再通过卡盘将动力和运动传递给钻杆柱,并通过立轴在立轴导管内的滑移为钻杆提供导向。

回转装置由与分动箱动力输出轴上安装的小弧齿锥齿轮 $Z_{16}$（图 2-8）相啮合的大弧齿锥齿轮 12、立轴导管 15、立轴 5、滚球轴承 7、回转器体 14 以及有关零件组成。回转器的角传动采用大锥齿轮下置式弧齿锥齿轮传动。立轴导管两端各用一盘滚球轴承 7 支承在回转器箱体的镗孔中,立轴导管内孔与立轴间以六方截面作滑动配合,因而立轴既可随导管转动,又可在导管内上下滑动;立轴通过卡盘将穿过其内孔的机上钻杆夹紧固定,故钻具与立轴做相同的运动。导管承受一定的径向力,并起导向作用,因此要有相应的长度和足够的刚度。通过调换上、下压盖与箱体间的垫片厚度,可以调整锥齿轮副的啮合间隙。立轴通过轴肩与两盘向心推力球轴承座装在横梁 26 上,立轴上端有左旋方螺纹,与液压卡盘的瓦座相连接;立轴下端安装有手动下卡盘作辅助卡盘用。

2）给进装置

给进装置的任务是给钻杆传递轴向作用力,以实现加压、减压、强力起拔钻具、钻具称重等。

回转器体两侧对称装置两个给进液压缸组件 13。液压缸用圆螺母固定,活塞杆与横梁 26 固定。在横梁与立轴之间装有两盘向心推力轴承 24,轴承内座圈上部顶在立轴凸台处,下部用间隔环 21 及圆螺母 19 固紧;轴承的外座圈由螺栓、卡盘下壳 29 的凸缘、油封套等固定在横梁 26 上。角接触球轴承是向心推力型,能承受较大的轴向载荷,因成对反向装置,故能承受双向轴向载荷。因此,给进液压缸的活塞和活塞杆在液压的驱动下作上下运动时,通过横梁即可带动立轴上下运动,以实现给进、倒杆或提升运动,同时又不会影响立轴的回转运动。为了增加立轴与卡盘回转的稳定性,横梁上对称固定有两根导向杆 2,由回转器箱体上的导向杆铜套 3 支承和导向;左导向杆上刻有以厘米（cm）为单位的给进标尺,用以观察给进速度。

3）卡盘

卡盘的功用是夹持机上钻杆,将回转装置的回转运动和扭矩、给进装置的轴向运动和给进力（或上顶力）传递给钻杆柱。

（1）液压卡盘。XY-4 型立轴式钻机液压卡盘是弹簧夹紧、液压松开的三卡瓦自定心式液压卡盘,也称常闭型卡盘。卡盘由卡盘上壳（即液压缸）31、卡盘下壳 29、活塞 32、碟形弹簧 28、卡圈 34、卡瓦 35、卡瓦座 27 等组成。卡盘下壳用螺钉固定在横梁上,液压缸用螺钉连接在卡盘下壳上;活塞 32 装在液压缸内,构成单作用液压缸。卡瓦座 27 以内左旋螺纹与立轴上端连接;卡瓦座外右旋螺纹拧有防松螺帽 25,通过立轴轴肩,将立轴与卡瓦座固紧,形成能承受正反扭矩的螺纹连接结构。卡瓦座的结构见图 2-10,中部为与主动钻杆滑动配合的六方孔,以便松开卡盘后仍可传递转矩;上部有三等分对应于六方孔平面上的长方槽,3 块卡瓦装在槽内,可作径向移动。卡瓦背面是 6° 斜面,用沉头螺钉拧接压板 36,压板装在卡圈 34 的"T"形斜槽中,卡圈可做轴向移动。9 片碟形弹簧 28 套座在卡瓦座外圆上,卡

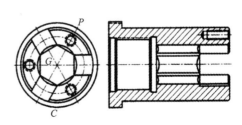

图 2-10　卡瓦座结构

圈 34 套座在其上,在卡圈凸缘处装有单向推力球轴承。卡瓦座上端用螺钉固定有顶盖 38。当卡盘液压缸泄油时,碟形弹簧伸张推动卡圈上移,卡圈的斜槽推动压板及 3 块卡瓦向中心移动,夹紧机上钻杆。碟形弹簧的工作压力约 65kN。当进入环状液压缸压力油的作用力超过碟形弹簧的张力时,活塞 32 通过轴承推动卡圈下行(此时碟形弹簧被压缩),由于"T"形槽的作用,卡圈将 3 块卡瓦向外拉出,松开钻杆。两片碟形弹簧之间装有垫圈,以防止碟形弹簧永久变形而失效。当液压卡盘内无钻杆时,碟形弹簧的张力将卡圈上推至顶盖台阶,使螺钉 39 承受较大的轴向载荷,因此 3 个螺钉要用 40Cr 钢特制。

(2)手动下卡盘。XY-4 型立轴式钻机的下卡盘为普通三卡瓦手动卡盘,结构见图 2-11,由六方套 1、卡盘体 5、顶丝 6、卡瓦 9 等组成。手动下卡盘用六方套、半圆卡环 3 套装在六方立轴的下端,通常在深孔钻进或强力起拔钻具时使用。

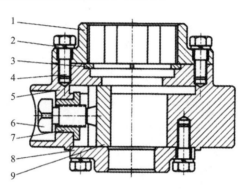

图 2-11  XY-4 型立轴式钻机手动下卡盘

1-六方套;2-垫圈;3-半圆卡环;4-紧定螺栓;5-卡盘体;6-顶丝;7-顶丝套;8-保护套;9-卡瓦

### 6.升降机

升降机主要用于升降钻具,同时还用于升降套管,处理事故时进行强力起拔,以及在某些条件下利用升降系统悬挂钻具,进行快速扫孔等工作。因此,升降机是钻机的主要执行机构之一。

1)升降机的结构

XY-4 型立轴式钻机的升降机属于定轴轮系提升型行星式升降机,结构见图 2-12。

升降机由卷筒、行星传动机构及水冷装置三部分组成。

(1)升降机的卷筒用两盘 313 型轴承 16、单列向心球 36 支承在升降机轴 19 上,其左端外侧设有制动抱闸 1,中间直径小的部分用于缠绕钢丝绳,右端通过行星齿轮机构传递动力带动其旋转。

(2)行星传动机构由中心齿轮 24、行星齿轮 32、内齿圈 20 等构成。中心齿轮以花键连接装在升降机轴 19 的右侧。行星齿轮用两盘 207 型轴承 30 装在行星轮轴 29 上,行星齿轮共 3 组,均分布安装在左右行星轮轴支架 27 上,行星轮轴的左右支架分别用一盘单列向心球轴承 36 和两盘轴承 26 支承在升降机轴上;右行星轮轴支架 27 外侧用平键 28 与提升制动盘 34 连接,并用螺钉将端盖 23 固紧在支架右侧,防止提升制动盘外串,两个支架用 3 个均布的螺栓

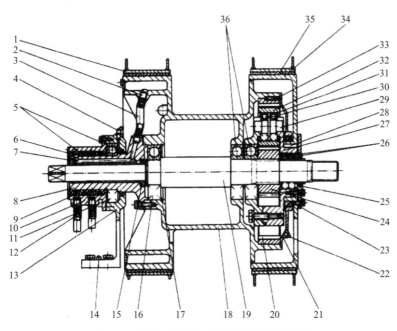

图 2-12　XY-4 型立轴式钻机升降机结构图

1-制动抱闸；2-水管接头；3-水管；4-接头式压注油杯；5-骨架橡胶密封圈；6-挡板；7-丝堵；8-水套轴；9-引水环；
10-压盖；11-深沟球轴承；12-水管接头；13-支架；14-内螺纹圆柱销；15-骨架式橡胶油封；16-313 型轴承；17-孔用
弹性挡圈；18-卷筒；19-升降机轴；20-内齿圈；21-密封盖；22-油嘴；23-端盖；24-中心齿轮；25-毡封油圈；26-轴承；
27-行星轮轴支架；28-平键；29-行星轮轴；30-207 型轴承；31-孔用弹性挡圈；32-行星齿轮；33-骑缝螺钉；34-提升
制动盘；35-提升抱闸；36-单列向心球轴承

连接成一体。内齿圈 20 用 3 个骑缝螺钉 33 固定在卷筒右侧的凸缘内。内齿圈 20 外侧装有密封盖 21 与油封，以防止行星轮系的润滑脂甩出。

（3）水冷装置由水套轴 8、引水环 9、压盖 10、水管 3 及制动盘水套等组成。水套轴用螺栓固定在卷筒上，沿其轴向有两个通水孔，其右端由两根水管 3 与卷筒制动盘水套连接，另一端经引水环 9、压盖 10 与引水胶管接头相通。引水环为环形水槽，水套轴转动时不影响冷却水流通。为防止冷却循环水泄漏，压盖与水套轴之间装有几副骨架橡胶密封圈 5。长时间下放钻具时，为防止下降抱闸及下降制圈过热，就要接通水冷装置。

2）抱闸

升降机制动盘上装有提升抱闸 35，卷筒制动盘上装有制动抱闸 1，使两个抱闸处于不同的工作状态，就能使升降机实现提升、下降及制动钻具等不同工况。这两种抱闸除制动抱闸有棘爪装置外，其他结构完全相同。

XY-4 型立轴式钻机抱闸结构见图 2-13，它属于闸瓦式抱闸，由手柄 1、凸轮 2、闸瓦座 7、连杆 11、刹车带 13、支架 14 等构成。手柄、凸轮 2 用销轴 4 装在连杆 11 上端；上下闸瓦座的头部（制头）穿在连杆上，其上部安装有弹簧 8；连杆下端螺纹部分拧上螺母 9 与锁母 10。连杆下端支承在顶杆螺栓 12 上，顶杆螺栓 12 拧在机架上，并用螺母锁紧。闸瓦座尾部用销轴 17 穿在支架 14 上。闸瓦座内圆弧面上铆有石棉铜丝橡胶刹车带 13，上下刹车带的包角各为

143°。制动抱闸的凸轮上有棘齿，抱闸顶部装有棘爪 20，需要较长时间制动时，可用棘爪卡住棘齿。止动销 18 的作用是防止扳动手柄时，凸轮及手柄左右摆动。抱闸不工作时，弹簧 8 伸张，抱闸对制动盘不起作用。当向下扳动手柄时，凸轮转动，通过连杆 11 使上下闸块同时收拢，逐渐抱住制动盘，产生摩擦力矩。摩擦力矩大小由手柄控制，当摩擦力矩大于或等于制动盘转动力矩时，闸紧制动盘，制动盘被制动。

抱闸的间隙必须调整适中，如果间隙过大，在制动时动作迟缓，而且产生的制动力矩小，甚至会使抱闸失灵；间隙过小，则会造成抱闸与制动盘分离不彻底，引发其他事故。刹车带使用一段时间磨损后间隙变大，可用调整螺母 9 调整刹车带与制动盘之间的间隙。利用顶杆螺栓 12 调整连杆 11 的高低位置，可使上下闸瓦座同时起落，以保证与制动盘间隙均匀。此外，支架 14 的销轴孔是椭圆形的，使闸瓦座有"浮动"作用，在刹车带前后磨损时，仍能抱紧制动盘（图 2-12）。

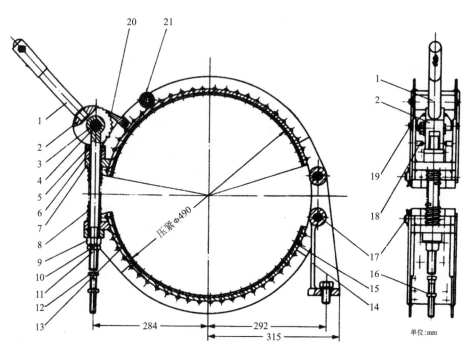

图 2-13　XY-4 型立轴式钻机升降机抱闸结构图

1-手柄；2-凸轮；3-铜套；4-销轴；5-铜垫；6-垫；7-闸瓦座；8-弹簧；9-调整螺母；10-防松螺母；11-连杆；
12-顶杆螺栓；13-石棉铜丝橡胶刹车带；14-支架；15-沉头铆钉；16-六角螺母；17-销轴；18-止动销；
19-销轴；20-棘爪；21-手柄托垫

操纵抱闸手柄，刹住提升制动盘，松开制动抱闸，提升钻具；反之，制动钻具。两抱闸都松开，钻具以自重下降。控制两个抱闸的压紧程度以产生不同的摩擦力矩时，可进行微动升降钻具操作，但是不允许同时刹住两个制动盘，以免损坏机件。

### 7. 机座

XY-4 型立轴式钻机的机座由底座 4、前机架 3、后机架 5、移动液压缸 7、压板 8 和挡板 1

等组成,结构见图2-14。动力机、钻机各部件和液压系统固定在前后机架上,联成一个整体;机架能在底座4前后移动,移动后能锁紧。机座为前后机架的移动提供导向及动力、承受钻机主体的重量及外载荷,并将这些载荷传递给基础。前机架3和后机架5用连接螺栓2连接成一体,并由压板贴在底座的平面滑道(导轨)上。移动液压缸7固定在后机架上,在移动液压缸的推动下,前后机架可沿滑道前后移动,行程为400mm。钻进后,移动液压缸将机架及其上各部件移动孔口,并用锁紧螺栓6(右侧为左旋、左侧为右旋螺纹)通过压板和挡板1,将钻机上部滑动部分紧固在底座上。机架分解为前后两节的目的是便于各部件的维护检修。松开连接螺栓2,可将后机架及其上的动力机、摩擦离合器、变速箱等用移动液压缸推向后面,从而方便现场检修。

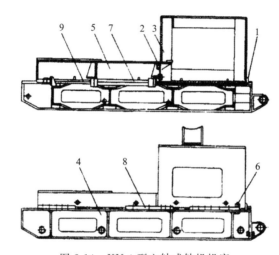

图 2-14 XY-4 型立轴式钻机机座

1-挡板;2-连接螺栓;3-前机架;4-底座;5-后机架;6-锁紧螺栓;7-移动液压缸;8-压板;9-活塞杆

### 8. 液压传动系统

XY-4 型立轴式钻机液压传动系统用于钻具称重、加压或减压给进钻具、倒杆、提动或悬挂钻具、强力起拔钻具、松紧卡盘、移动钻机等操作。当配有液压拧管机时,还可用于完成拧卸钻杆的操作。系统工作原理见图2-15。

## 第二节 SPC-300H 型水文水井转盘钻机

SPC-300H 型水文水井转盘钻机采用壳体定位的方式,中间输入动力,为一级齿轮传动的回转梁式转盘钻机。由于水源所在地层多为复杂的第四纪地层,为了保证钻孔钻进的正常进行,该钻机除可用转盘进行回转外,还可用冲击的方式进行辅助钻进。因此,准确地说,该钻机为复合型钻机,主要用于钻凿水井、工程勘察等施工。

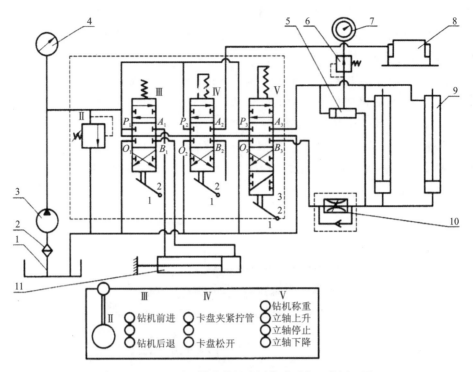

图 2-15　XY-4 型立轴式钻机液压传动系统工作原理图

1-油箱;2-滤油器;3-油泵;4-压力表;5-三通阀;6-限压切断阀;7-孔底压力指示器;8-卡盘;9-给进油缸;10-给进控制阀;11-钻机移动油缸;Ⅱ-调压溢流阀;Ⅲ-钻机移动操纵阀;Ⅳ-卡盘操纵阀;Ⅴ-给进油缸操纵阀

# 一、钻机的结构特点

(1)钻机除以转盘回转钻进为主要方式外,还附有冲击钻进机构,可在黏土、砂、卵砾石层及各种基岩地层中钻进,适应性强。当进行浅孔钻进时,使用加压机构;当进行深孔钻进时,采用主升降机控制,实现减压钻进。

(2)钻机配备有 1 个主升降机和 2 个副升降机。主升降机用于升降钻具、下井管、减压钻进及冲击钻进;副升降机一个用于带动冲击取土器或捞砂筒,以提取土样或井内捞砂,另一个则用于升降活动工具台及其他工具。

(3)在转盘上配备有卸管油缸,在提升井内钻具时,用于拧卸钻杆接头的第一扣(即将接头螺纹拧松)。

(4)钻机的所有部件均安装于黄河牌载重汽车上,用汽车发动机作动力,整体性强,运输搬迁机动性好。钻机的主传动为机械传动,其操纵机构中一部分为液压操纵,一部分为机械操纵。

# 二、钻机的组成

该钻机由钻机主体、桅杆 2 和泥浆泵 13 三大部分组成(图 2-16)。钻机主体包括传动箱 14、变速箱 11、转盘 3、主升降机 9、副升降机 7、冲击机构 6、导向加压机构及液压系统等部件。

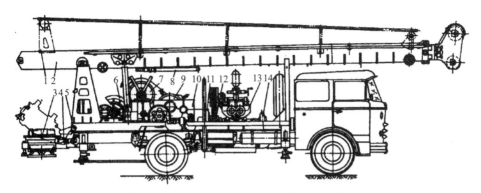

图 2-16　SPC-300H 型水文水井转盘钻机外观

1-导向架；2-桅杆；3-转盘；4-卸管油缸；5-洗车底盘；6-冲击机构；7-副升降机；8-加压油缸；

9-主升降机；10-减速箱；11-变速箱；12-泥浆泵减速箱；13-泥浆泵；14-传动箱

## 三、机械传动系统

SPC-300H 型水文水井转盘钻机的机械传动系统如图 2-17 所示，汽车发动机的动力经离合器、变速器的第二轴输入传动箱 2，经传动箱的滑动双联齿轮，可将动力分别输入汽车后桥驱动轴 13 和变速箱 4。变速箱的动力经万向轴输入转盘 8。经变速箱变速后转盘可以获得 3 个正转速度和 1 个反转速度。在变速箱的轴Ⅱ上装有转盘离合器 11；在轴Ⅲ上装设有转盘制动轮 12，当离合器切断动力时，制动轮制动，转盘立即停止转动。通过变速箱的轴Ⅶ经锥齿轮副，将动力输入减速箱 5。经过减速箱可将动力输入主升降机 10，主升降机可以获得 3 个不同的转速。主升降机的另一端装有齿状离合器，操纵齿状离合器，经链条传动，可将动力输入 2 个副升降机，即抽筒升降机 9 和工具升降机 6。在减速箱中安装有徘徊齿轮，其轴端固定安装有链轮，经链条传动，以驱动冲击机构 7。在变速箱动力输入轴的端部安装有三角胶带轮，经齿状离合器的操纵，可将动力传至 BW600/30 泥浆泵 3。在传动箱 2 中间轴的端部安装有浮动离合器，以此传递动力驱动油泵 1。

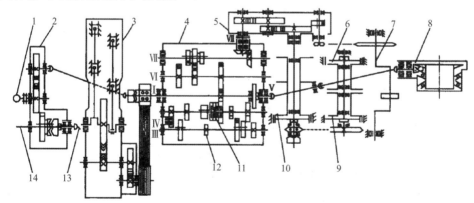

图 2-17　SPC-300H 型水文水井转盘钻机机械传动系统

1-油泵；2-传动箱；3-BW600/30 泥浆泵；4-变速箱；5-减速箱；6-工具升降机；7-冲击机构；8-转盘；9-抽筒升降机；

10-主升降机；11-转盘离合器；12-转盘制动器；13-汽车后桥驱动轴；14-发动机动力输出轴

## 四、主要部件结构

### 1. 传动箱

SPC-300H型水文水井转盘钻机传动箱是一个汽车动力分配箱,结构如图2-18所示。汽车动力经传动箱可分别传至汽车驱动桥、钻机各工作机构、泥浆泵和液压泵。箱体4用螺栓固定安装于汽车变速器上,并与汽车底盘采用弹性连接。花键套6安装在汽车变速器的第二轴上,通过滑动的双联齿轮5,将动力传递给带有内齿轮的花键轴3,作为驱动汽车的动力输出,或经中间齿轮7和齿轮1作为钻机的动力输出,动力还可以通过中间轴2的浮动联轴器,用于驱动油泵。

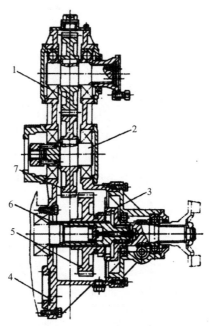

图 2-18　SPC-300H型水文水井转盘钻机传动箱结构图
1-齿轮;2-中间轴;3-带有内齿轮的花键轴;4-箱体;5-双联齿轮;6-花键套;7-中间齿轮

### 2. 变速箱

SPC-300H型水文水井转盘钻机变速箱是由8根轴、20个齿轮组成的2个互不干扰的变速组,分别实现转盘、升降机和冲击机构不同转速的动力传递,结构如图2-19所示。动力由轴Ⅰ输入,经齿轮6同时传至轴Ⅱ和轴Ⅵ,在轴Ⅱ上安装有滑动齿轮13、双联滑动齿轮9及齿轮8。滑动齿轮13和双联滑动齿轮9由拨叉12操纵,分别与轴Ⅱ上的有关齿轮啮合,再经齿轮8、7,使轴Ⅴ获得3种不同速度,经万向轴将动力输入转盘。若动力经惰轮14和滑动齿轮13,可使转盘获得一个反转速度。在轴Ⅱ上安装有湿式摩擦离合器10,用于控制转盘的工作。在轴Ⅲ上设有制动轮11,当离合器切断动力时,与拨叉轴相联动的制带即可刹住制动轮,迫使轴Ⅲ停止转动,从而克服转盘的惯性而停止工作。轴Ⅵ上安装有三联齿轮1、2,通过拨叉3的操纵,可分别与轴Ⅵ上的3个定位齿轮啮合,接受轴Ⅰ上齿轮6的动力而获得3个不同的转速,再经一对锥齿轮副,由轴Ⅷ输出动力。这样,升降机或冲击机构便可获得3种不同速度。轴Ⅱ上所安装的湿式摩擦离合器结构及工作原理与XY-5型钻机上的摩擦离合器相同。此外,在轴上的输入端安装有三角胶带轮,经齿状离合器的操纵,可将动力输入泥浆泵。

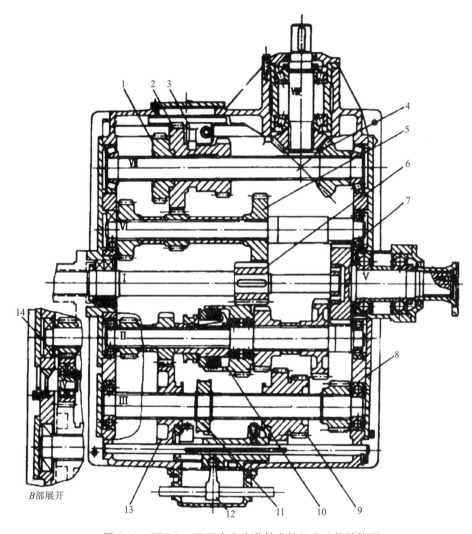

图 2-19  SPC-300H 型水文水井转盘钻机变速箱结构图

1、2、5、6、7、8-齿轮;3、12-拨叉;4-锥齿轮;9-双联滑动齿轮;10-湿式摩擦离合器;
11-制动轮;13-滑动齿轮;14-惰轮

## 3. 转盘

SPC-300H 型水文水井转盘钻机的转盘为壳体定心式,如图 2-20 所示,动力经万向轴输入横轴7。横轴端部为花键,安装小锥齿轮6。转盘的大锥齿轮5用平键和螺钉固定连接于转台2上,并与小锥齿轮啮合。在转台上也用平键和螺钉固定安装2个拨柱4,以带动拨杆3回转。拨杆3的中心部分为方形孔,相应的方形断面主动钻杆插于其中,从而驱动钻具回转。

转台 2 由上、下两盘球轴承支承于壳体 1 上,并用螺母 9 锁紧。为了防止螺母 9 松动,采用螺钉固定于底座 11 上。当转盘使用后,出现轴承间隙增大时,可先拧掉固定螺钉,再拧动螺母 9,以调节轴承间隙。在转盘底座 11 上装有 2 个油缸 10,用于控制 2 块井口板的开合。井口板的作用是支承钻具。底座 11 上还安装有支承转盘的千斤顶 12,以增加转盘工作的稳定性。转台的外圆铣有棘齿,通过油缸活塞上的棘爪推动,用于拧卸钻杆接头时脱扣。转盘体与汽车后架用轴销 8 连接,便于在搬迁运输时,将转盘悬挂起来。

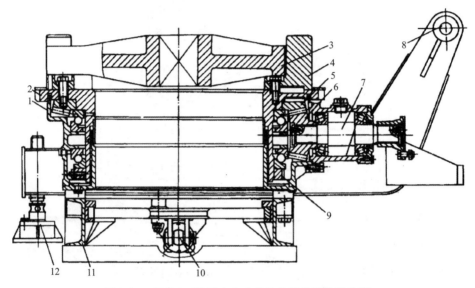

图 2-20　SPC-300H 型水文水井转盘钻机转盘结构图

1-壳体;2-转台;3-拔杆;4-拔柱;5-大锥齿轮;6-小锥齿轮;7-横轴;8-轴销;9-螺母;10-油缸;11-底座;12-千斤顶

### 4. 升降机

SPC-300H 型水文水井转盘钻机设有 3 种升降机,即主升降机、抽筒升降机和工具升降机。3 种升降机在装置上各自独立操作而互不干扰,在结构上则基本相同。以下仅介绍主升降机。

主升降机为涨闸式升降机,即采用液压操纵的涨闸离合器控制动力,结构如图 2-21 所示。卷筒 7 两端用球轴承安于主轴 11 上,卷筒的左端为闸圈,外圆部位安装有闸瓦式制带 6,而闸圈内圆部位安装有涨闸装置。涨闸 9 用键安装于主轴 11 上,涨闸的外圆为涨闸带,涨闸带工作时与卷筒闸内圆接触,靠摩擦力矩传递动力,驱动卷筒旋转。

涨闸离合器的结构如图 2-22 所示,它是由液压系统操纵,当压力油输入涨闸油缸 1 时,推动活塞 2 上行,顶起顶杆 5,由于杠杆作用,支臂 7 推动涨闸带 11 涨开,与卷筒闸圈内圆压紧,靠其接触表面所产生的摩擦力矩,驱动卷筒旋转,实现提升动作。当涨闸油缸卸荷时,弹簧 3 使活塞返回,涨闸带也在弹簧 8 的作用下缩回复位,脱开卷筒闸圈,切断动力。卷筒需要制动时,可操作制带 6,将卷筒闸圈刹住即可。若涨闸带和卷筒闸带均松开则可实现钻具自重下放。

涨闸带间隙的调整松开锁紧螺母 4,旋动顶杆 5 即可,亦可旋动分布在涨闸带支架上的 6 个限位螺钉 10,即可调整涨闸带与卷筒内圈的间隙。

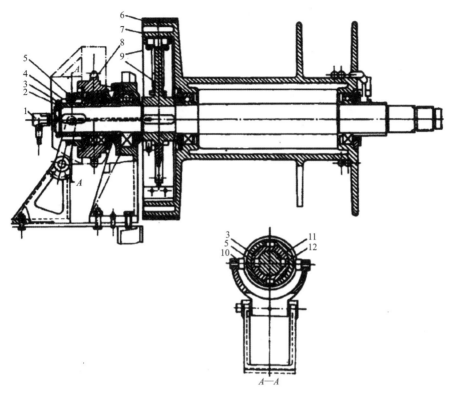

图 2-21　SPC-300H 型水文水井转盘钻机主升降机结构图

1-油管接头；2-锁母；3-轴套；4、12-键；5-小齿轮；6-制带；7-卷筒；8-链轮；9-涨闸；10-拨叉；11-主轴

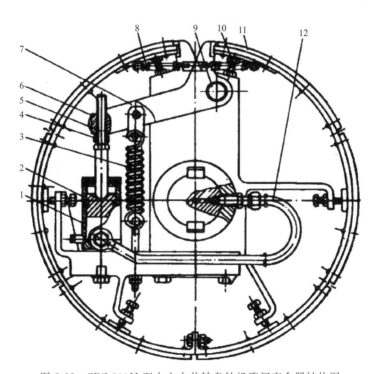

图 2-22　SPC-300H 型水文水井转盘钻机涨闸离合器结构图

1-涨闸油缸；2-活塞；3、8-弹簧；4-锁紧螺母；5-顶杆；6-十字头；7-支臂；9-销轴；10-限位螺钉；11-涨闸带；12-油管

涨闸油缸的压力油是从升降机主轴端部输入,轴端采用防转的油管接头。这种靠涨闸离合动力的卷扬机结构简单,零件外露,便于检修,由液压驱动,省力并便于远距离操纵。如图2-21所示,升降机左端安装有链轮8,左侧制有内齿圈的链轮,采用双列向心球轴承安装于升降机的轴套上。轴套3用两个平键安装于轴上,小齿轮5亦用两个平键安装于轴套上。小齿轮5可以沿平键做轴向移动。操纵拨叉使小齿轮5右移可与链轮的内齿啮合,动力通过链条传动输入至副升降机。

**5. 冲击机构**

如图2-23所示,SPC-300H型水文水井转盘钻机冲击机构是由大链轮4、定向超越离合器、曲轴3、绳轮2等组成。冲击机构是靠钢丝绳悬挂钻具,使之上下运动对孔底进行冲击钻进的。在冲击器与主升降机之间安装一绳轮2,钢丝绳可以从其上部或下部绕过,从而可得到大、小两种冲程。钢丝绳从导绳轮2的上部绕过时为大冲程,从下部绕过时(虚线)为小冲程,如图2-24所示。

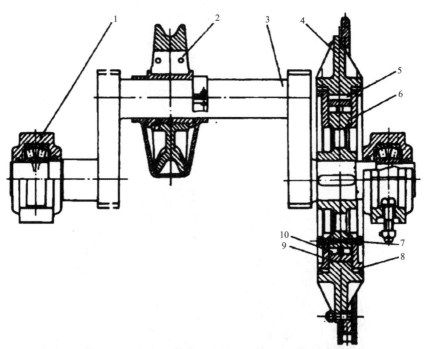

图 2-23　SPC-300H型水文水井转盘钻机冲击机构图

1-轴承座;2-绳轮;3-曲轴;4-大链轮;5-键;6-爪轮;7-螺栓;8-连接压板;9-套筒;10-滚柱

为了使冲击钻进获得较大的冲击能量,在钻机的冲击机构中采用滚柱式定向超越离合器,如图2-25所示。该离合器由爪轮1、套筒2、滚柱3及弹簧顶销4组成。超越离合器的工作原理如下:当套筒2(即链轮)作逆时针方向旋转时,滚柱3在弹簧顶销4的推动及与套筒接触面的摩擦力作用下,卡紧于套筒与爪轮1间的斜槽楔角内,从而靠摩擦力矩带动爪轮及主轴(即曲轴)旋转。当主轴旋转的角速度大于套筒的角速度时,爪轮借摩擦力将滚柱推向斜槽宽处空间,顶销弹簧压缩,爪轮即行摆脱套筒的约束力。

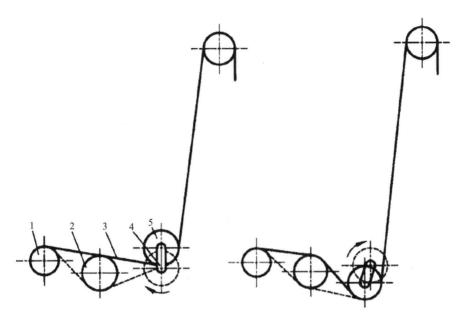

图 2-24 SPC-300H 型水文水井转盘钻机冲击钻进钢丝绳缠绕系统

1-主升降机卷筒;2-导绳轮;3-钢丝绳;4-曲轴;5-冲击绳轮

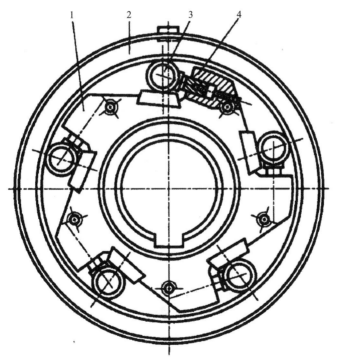

图 2-25 SPC-300H 型水文水井转盘钻机定向超越离合器结构图

1-爪轮;2-套筒;3-滚柱;4-弹簧顶销

从上述可知,冲击机构的工作原理是:动力从大链轮输入,带动套筒旋转,使滚柱楔紧于套筒与爪轮之间,靠摩擦力矩驱动曲轴转动。由于曲轴转动,压绳轮逼迫钢丝绳将钻具提离孔底;当大链轮带动曲轴转动使钻具提引达最大高度位置之后,在钻具自重作用下开始下落,而且下落的速度越来越大,致使爪轮的瞬时转速超过大链轮的转速,从而使爪轮迅速摆脱大链轮的控制(即离合器呈分离状态),使钻具近似于自由落体的速度下落,以较大的加速度向孔底冲击,获得大的冲击功,以破碎岩石。冲击钻进就是依此反复地进行工作。

### 6.导向加压机构

SPC-300H 型水文水井转盘钻机钻机的导向加压机构如图 2-26 所示。该机构由加压拉手 1、加压油缸 2、加压架 4、导向滑轮 8 和钢丝绳等组成,分导向和加压两部分。导向部分是依靠加压架 4 的滚轮,沿着桅杆 7 上的导向架上、下运动,对加压部件起着扶正作用。在桅杆和导向架的两侧设有 2 根专用的加压钢丝绳 5、6。钢丝绳绕过导向轮,两端分别连接于加压架 4 的上、下钩环上。加压架 4 由钢板焊件用螺钉连接而成,安装时卡夹于提引水接头 3 上端的卡梁上,它的上端连接游动滑车。加压拉手 1 的上部与加压油缸 2 的活塞杆相连接,两侧安装有液压夹绳器。加压油缸固定在桅杆架上。

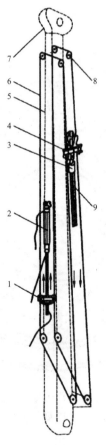

图 2-26　SPC-300H 型水文水井转盘钻机导向加压机构图

1-加压拉手;2-加压油缸;3-提引水接头;4-加压架;5、6-加压钢丝绳;7-桅杆;8-导向滑轮;9-主动钻杆加压拉手为一种液控夹绳器,其结构如图 2-27 所示,架体 4 用螺钉连接于立柱 7 上,立柱上端与加压油缸的活塞杆相连接。立轴下部设有辅助油缸 10,活塞杆 8 与活塞 9 为浮动相接,可以摆动。活塞杆 8 的顶部用轴销与左右两侧的拉手 5 相连接。架体的两侧各设有杠杆 3、夹板 2 组成连杆—夹板的四边形夹绳机构。两侧的杠杆 3 下端通过轴销与拉手 5 相连接,并装有复位弹簧 6。加压拉手的工作原理是:当压力油进入辅助油缸 10 后,活塞推动拉手 5 向上运动,由于杠杆 3 和夹板 2 所组成的四边形机构为矩形,夹板松开钢丝绳,这时复位弹簧 6 为伸张状态,当油缸卸荷后,复位弹簧 6 收缩,使杠杆和夹板组成的四边形呈菱形状,夹板夹紧钢丝绳。显然,此种机构为常闭式夹持器。

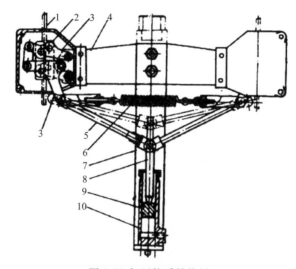

图 2-27 加压拉手结构图

1-钢丝绳;2-夹板;3-杠杆;4-架体;5-拉手;6-复位弹簧;7-立柱;8-活塞杆;9-活塞;10-辅助油缸

### 7. 桅杆

SPC-300H 型水文水井转盘钻机桅杆是由钢板焊接而成的箱式结构,它包括桅杆座、支座、桅杆体、工作台、冲击缓冲胶圈、天车和起塔油缸等组件。为了在同一井位进行回转钻进和冲击钻进施工,桅杆的支座上安装有调节桅杆倾斜度的偏心块,其结构如图 2-28 所示,桅杆体 1 靠偏心块 3 安装于支座 4 上,并用锁紧螺钉 5 锁紧。桅杆靠起塔油缸竖立,在立起桅杆前必须先调准偏心块在支座上的位置。回转钻进时,偏心块小端朝里,桅杆前倾角 3°,冲击钻进时,偏心块大端朝里。调节偏心块的目的是保证使用回转钻进和冲击钻进时,有同一钻孔中心。

当使用冲击钻进时,为了减少振动,在桅杆上部安装有一组缓冲胶垫,如图 2-29 所示,胶垫 4 用一根长螺杆 5 串接起来,并安于滑车座 1 和桅杆支承座 6 之间。滑车座 1 用销轴 8 与桅杆体 3 连接。冲击钻进时,拔出销轴 8,滑车座 1 由缓冲胶垫 4 支承,因此缓冲胶垫在冲击钻进时起着减振作用。滚轮 2 对滑车座起导向作用。桅杆顶部安装有 3 个直径不同的滑轮,供升降钻具和悬挂活动工作台用。活动工作台可沿设在桅杆体上的滑道上下移动,并设有止动销,可使工作台停留于桅杆上任一高度,便于作业。工作台由工具升降机控制。

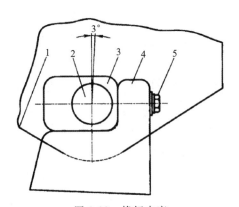

图 2-28  桅杆支座

1-桅杆体；2-转轴；3-偏心块；4-支座；5-锁紧螺钉

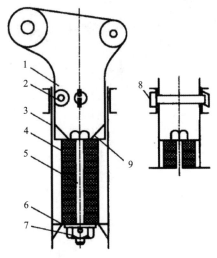

图 2-29  缓冲胶垫

1-滑车座；2-滚轮；3-桅杆体；4-缓冲胶垫；5-长螺杆；6-支承座；7-螺母；8-销轴；9-加强钢板

## 五、液压系统

钻机液压系统的主要功能是控制钻进加压、起塔、移动孔口板、卸管及主副升降机、涨闸离合器的操作。SPC-300H 型水文水井转盘钻机的液压系统如图 2-30 所示。该系统分两大部分：一是多路换向阀直接控制系统，二是带有蓄能器的保压系统。系统额定压力为 7MPa，最大压力为 10MPa。

### 1. 多路换向阀直接控制的液压系统

此型号液压系统由数个换向回路组成，各回路均由多路换向阀直接控制。从图 2-30 可以看出，全系统共分 4 个回路，分别控制卸管、起塔、加压钻进和孔口板移动。

（1）第一路为控制卸管油缸的换向回路。换向阀的 A 口接油缸的无杆腔，B 口接油缸的有杆腔，并与蓄能器的油路相接。卸管时将换向阀阀芯拉出（处于左位），A 口进压力油，B 口

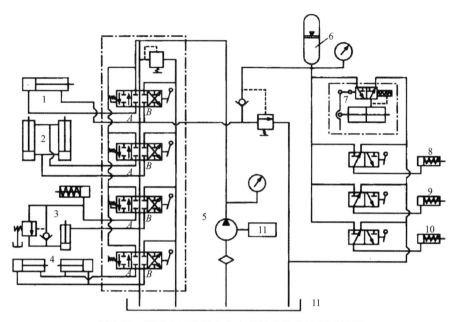

图 2-30  SPC-300H 型水文水井转盘钻机液压系统图

1-卸压油管;2-起油缸;3-加压油缸;4-孔口板移动油缸;5-油泵;6-蓄能器;7-液压助力器;

8-主升降机涨闸油缸;9-抽筒升降机涨闸油缸;10-工具升降机涨闸油缸;11-油箱

回油。因蓄能器的油路中安装有单向阀,卸管油缸的工作不影响其压力。将换向阀芯向里推(处于右位),$B$ 口进油,$A$ 口排油,油卸活塞返回。当活塞返回行程终了时,油路中压力油即对蓄能器充油。

（2）第二路为起塔油缸的换向回路。操纵换向阀阀芯处于右位或左位,便可实现桅杆的起落。

（3）第三路为控制加压机构的换向、顺序综合回路。该回路控制加压钻进的主油缸和夹绳器的辅助油缸。为使两个油缸工作协调,在油路上安装一个单向顺序阀。该回路的工作原理是:加压钻进时,换向阀向里推(右位),$A$ 口为低压油路。辅助油缸无杆腔卸荷,夹绳器在弹簧力的作用下夹紧钢绳,同时压力油从 $B$ 口进入主油缸的上腔,再使活塞杆缩回。主油缸下腔油液经单向阀流回油箱,活塞杆通过夹绳器及导向滑轮带动加压架向下运动,这就实现了加压钻进。给进行程终了需要倒杆时,将阀芯拉出(左位),压力油从 $A$ 口先进入辅助油缸,使夹绳器松绳,待辅助油缸活塞行程终了,油压上升打开顺序阀进入主油缸下腔,推动活塞上行(活塞杆伸长),恢复原来加压位置,又进行下一次工作循环。从上述可知,加压钻进的要求是:加压时,夹绳器夹紧,主油缸活塞缩回;倒杆时,先使夹绳器松绳,后使主油缸活塞伸长。加压钻进的压力大小可通过调压溢流阀的调节来控制,加压时最大作用力为 206kN。

（4）第四路为控制孔口板移动的换向回路。该回路设有两个相对运动的油缸 4,分别控制两个半块的孔口板。当操纵换向阀阀芯处于左位或右位,即可实现孔口板的开合。

**2. 带有蓄能器的保压系统**

带有蓄能器的保压系统主要用于主、副升降机的操纵。该系统采用蓄能器卸荷回路,系统中采用 3 个手动二位三通阀,分别控制 3 个升降机的涨闸离合器。执行元件采用常开式单作用油缸,即压力油进入油缸使涨闸传动动力,油缸卸荷时,靠弹簧使涨闸回缩复位,切断动力。在主升降机的制闸操纵机构中,安装有液压助力器,当操作制动把制动升降机卷筒时,助力油缸同时施加液压推力,以减轻操作者的劳动强度。

采用蓄能器的目的是保证升降机涨闸工作具有足够而稳定的压力,当动力机或油泵突然发生故障时,升降机能靠蓄能器使涨闸工作一段时间,并配合采用人力提升机构,将钻具提离孔底,避免孔内事故的发生。在正常钻进时,如不需要液压系统工作,多路换向阀均处于中位,使油泵卸荷,以降低油温和提高油泵的使用寿命。

## 第三节　Diamec Smart 8 全液压岩芯钻机

### 一、钻机的结构

Diamec Smart 8 全液压岩芯钻机是由安百拓贸易有限公司生产的一款全液压岩芯钻机,该钻机配有先进的钻机控制系统(RCS)和数据管理系统,在降低设备运行成本的同时,可显著提高生产率,并可对钻机运行数据进行分析,显著改善钻进工效和操作者的体验。该钻机的结构如图 2-31 所示,由主机、动力站和操控台三部分组成。

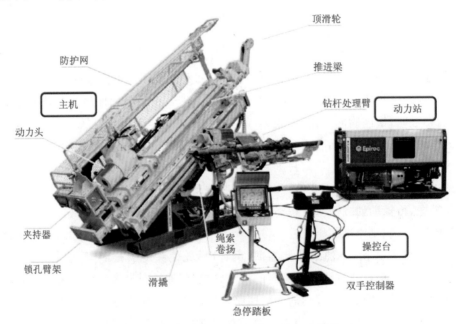

图 2-31　Diamec Smart 8 全液压岩芯钻机结构图

　　Diamec Smart 8 全液压岩芯钻机是 Diamec 系列中最为强大的一款钻机。该钻机设计紧凑,可覆盖-90°至+90°的钻进角度(图 2-32),配有先进的钻机控制系统(RCS,图 2-33),可以帮助机器自动完成一系列操作,所有钻进参数都可以在控制面板的触控屏进行设置和监控,每一轮完整的自动钻进均可保持钻速恒定。与手动操作相比,自动钻进的方式将钻头寿命提高了 4 倍以上,并且降低了岩芯堵塞和钻孔偏斜的风险。此钻机可通过选配钻杆处理系统来减轻操作人员的负担(图 2-34),避免钻进过程中的危险操作,如提拔内管,操作人员在安全距离外可通过易操作的控制面板来完成钻进操作,利用双手同步激活控制器来确认钻杆处理臂的操作,有效提高操作安全性。

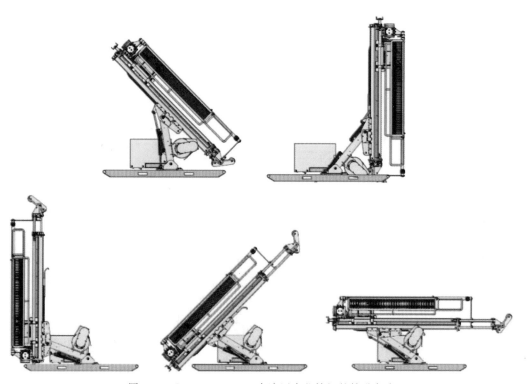

图 2-32　Diamec Smart 8 全液压岩芯钻机的钻进角度

图 2-33　Diamec Smart 8 全液压岩芯钻机
触屏式控制系统

图 2-34　Diamec Smart 8 全液压岩芯钻机
机械臂

Diamec Smart 8 全液压岩芯钻机配有数据记录和勘探管理员软件用来记录钻进参数。选配的数据记录功能,可以直接在钻机显示屏上记录设备活动,可以自动记录钻进时的关键功能,还可以为主要活动和警报创建日志文档。选配的勘探管理员软件可全面展示以上所有信息,并提供钻进过程的整体总结。这样用户可以轻松分析数据,发现改进之处并生成所需的各种报告。勘探管理员软件可有效提高生产力,降低设备运营成本,并且提供快速、专业的机群管理。

## 二、钻机的主要技术参数

Diamec Smart 8 全液压岩芯钻机的主要技术参数如表 2-1～表 2-9 所示。

表 2-1　Diamec Smart 8 全液压岩芯钻机钻探能力参数表　　　　单位:m

| 参数类型 | 垂直向下 | | 垂直向上 | |
| --- | --- | --- | --- | --- |
| | 公制 | 美制 | 公制 | 美制 |
| AO/AT | — | — | — | — |
| BO/BT | 2390 | 7842 | 1505 | 4938 |
| NO/NT | 1745 | 5725 | 1000 | 3281 |
| HO/HT | 1025 | 3363 | 585 | 1919 |

注:绳索卷扬容量为 2100m(5mm 钢绳)。

表 2-2　Diamec Smart 8 全液压岩芯 160CC B-H 钻机回转头参数表

| 参数类型 | 公制 | 美制 |
| --- | --- | --- |
| 钻杆尺寸 | B-H | |
| 最大转速 | 1400r/min | |
| 动力 | 液压马达 | |
| 最大扭矩 | 2425N·m | 1789ft lbf |
| 通径(内径) | 101mm | 4' |
| 卡盘轴向夹持力 | 150kN | 33 729lb |
| 重量 | 282kg | 622lb |

表 2-3　Diamec Smart 8 全液压岩芯 1800 型钻机给进梁参数表

| 参数类型 | 公制 | 美制 |
| --- | --- | --- |
| 给进行程 | 1800mm | 71' |
| 给进力/提拔力 | 133kN | 29 900lbf |
| 最大给进速度 | 0.8m/s | 26fps |

表 2-2　Diamec Smart 8 全液压岩芯钻机绳索卷扬参数表

| 参数类型 | 公制 | 美制 |
|---|---|---|
| 钢绳容量（5mm 钢绳） | 2000m | 6561′ |
| 最小拉力（满线鼓） | 3.3kN | 742lbf |
| 最大拉力（空线鼓） | 11.8kN | 2653lbf |
| 最小线速度（空线鼓） | 98m/min | 321ft/min |
| 最大线速度（满线鼓） | 346m/min | 1135ft/min |
| 重量（不含钢绳） | 213kg | 470lb |
| 绕绳器角度 | 可调节 | |

表 2-5　Diamec Smart 8 全液压岩芯钻机控制系统和操作界面参数表

| 控制系统类型 | 安百拓钻机控制系统（RCS） |
|---|---|
| 显示屏 | 12 英寸触控屏 |
| 控制方式 | 摇杆、旋钮和脚踏板 |
| 数据记录功能 | 内部存储器 |
| 数据导出 | USB 接口 |
| 控制单元重量 | 24kg（53lb） |

表 2-6　Diamec Smart 8 全液压岩芯钻机钻杆夹持器主要参数表

| 参数类型 | 公制 | 美制 |
|---|---|---|
| 最大钻杆尺寸 | 1175mm | 4.6′ |
| 通径（卸掉卡爪后） | 124mm | 4.9′ |
| 装有 TC 镶齿的轴向夹持力 | 133kN | 29 900lbf |

注：液压开启，氮气弹簧关闭。一旦液压系统压力丢失，夹持器立即关闭。

表 2-7　Diamec Smart 8 全液压岩芯 Trido 140 H 型钻机选配泥浆冲洗泵主要参数表

| 参数类型 | 公制 | 美制 |
|---|---|---|
| 流量 | 140L/min | 37gpm |
| 压力 | 7MPa | 1000psi |
| 重量 | 230kg | 507lb |

注：冲洗泵可用于泥浆冲洗和清水冲洗，其接线板可接入蓄压器，可调节稳流阀和其他备选设备。

表 2-8　**Diamec Smart 8 全液压岩芯钻机选配钻杆处理器主要参数表**

| | |
|---|---|
| 钻杆一体性 | 钻杆处理系统(RHS)集成在钻机上,与钻机控制系统(RCS)完美结合,以增强安全性和生产率 |
| 尺寸范围 | A. B. N 和 P 绳索取芯 |
| 钻杆处理长度能力 | 15m 和 3m 长的钻杆和钻具 |
| 夹爪 | 标准配置 N 规格夹爪,其他规格夹爪需另行购买 |

表 2-9　**Diamec Smart 8 全液压岩芯钻机动力站主要参数表**

| 参数类型 | 电动马达 | |
|---|---|---|
| | 公制 | 美制 |
| 功率 | 110kW | 149hp |
| 转速(50/60Hz) | 1487r/min,1789r/min | |
| 液压油箱容积 | 130L | 34.4gal |
| 冷却器 | 水冷式和风冷式液压油冷却器 | |
| 参数类型 | 主泵 | |
| | 公制 | 美制 |
| 最大流量 | 200L/min | 52.8gpm |
| 最大压力 | 31.5MPa | 4569psi |
| 副泵 | 公制 | 美制 |
| 最大流量 | 65L/min | 17.2gpm |
| 最大压力 | 240bar | 3481psi |
| 参数类型 | 辅助泵(冲洗泵) | |
| | 公制 | 美制 |
| 最大流量 | 65L/min | 17.2gpm |
| 最大压力 | 240bar | 3481psi |
| 参数类型 | 尺寸和重量 | |
| | 公制 | 美制 |
| A | 2260mm | 89′ |
| B | 1460mm | 57′ |
| C | 890mm | 35′ |
| 质量 | 1760kg | 3880lb |

注:双变量液压泵串联安装的电动动力站。

# 第四节　ROCK-800型全液压便携式钻机

## 一、钻机的特点和应用范围

ROCK-800型全液压便携式钻机是四川诺克钻探机械有限公司独立研制的一款全液压便携式动力头岩芯钻机,它主要以3台柴油发动机为动力,采用液压驱动、模块化设计,可在0°～90°范围内任意角度打钻,兼顾了水平钻机和竖直钻机的功能,使用范围很广。在各个模块中,机架及底座等均使用航空合金铝作为材料,重量轻、体积小,最重一个模块仅有180kg。各个模块之间采用快速接头连接,易于拆装和运输,搬运时不需要修筑专门的道路。该钻机工作时占用场地面积小,不破坏周围环境和林地草坪,特别适合在各种自然条件恶劣的环境中优质、高效、低成本地完成岩芯钻探工作,日进尺高达180m,在铁路工程勘察和地质找矿前期勘察中发挥了积极的作用。

## 二、钻机的性能参数

ROCK-800型全液压便携式钻机的性能参数如表2-10～表2-12所示。

表2-10　ROCK-800型全液压便携式钻机钻进能力参数表

| 适用钻杆 | 钻进深度/m |
|---|---|
| BTW/BQ | 900 |
| NTW/NQ | 600 |
| HT/HQ | 400 |
| HWT/PQ | 250 |

表2-11　ROCK-800型全液压便携式钻机系统参数表

| 发动机类型 | | 涡轮增压水冷柴油发动机 |
|---|---|---|
| 发动机额定功率(3台) | | 99kW（33kW×3） |
| 液压系统压力 | | 21MPa |
| 主油缸<br>（单根） | 最大推力 | 3.3t |
| | 最大起拔力 | 6.6t |
| | 行程 | 1.8m |
| 卷扬机 | 提升速度 | 4.5m/s |
| | 钢丝绳直径 | 6mm |
| 夹持器 | | 最大夹持直径127mm |

表 2-12　ROCK-800 型全液压便携式钻机外形尺寸及重量参数表

| 钻机全高 | 5.3m |
|---|---|
| 钻进角度 | 45°～90° |
| 裸机质量 | ≤1.5t |
| 最大部件重量 | 180kg |

## 三、钻机的结构和工作原理

### 1.钻机结构

ROCK-800 型全液压便携式钻机结构如图 2-35 所示。

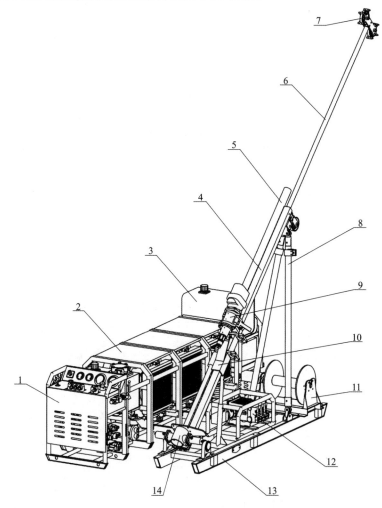

图 2-35　ROCK-800 型全液压岩芯便携式钻机结构图

1-操作台;2-发动机;3-柴油箱及电瓶箱;4-导轨;5-给进油缸;6-桅杆;7-滑轮;8-支撑腿;
9-动力头;10-滑套;11-卷扬机;12-泥浆泵;13-底座;14-夹持器

## 2. 液压系统工作原理

（1）为了减轻单件重量,通过 3 台发动机共同提供动力。

（2）优先流量阀是保证无论其他执行元件处于什么状态,泥浆泵及搅拌器均能正常工作,并且不受其余油路压力变化的影响。

（3）钻进过程中,通过调压节流阀调节回油背压,控制给进油缸工进速度,达到调节钻压的目的。

（4）给进系统及夹持系统采用背泵的方式提供能量,避免因为其他异常情况引起给进及夹持系统失效。

ROCK-800 型全液压便携式钻机液压系统工作原理如图 2-36 所示。

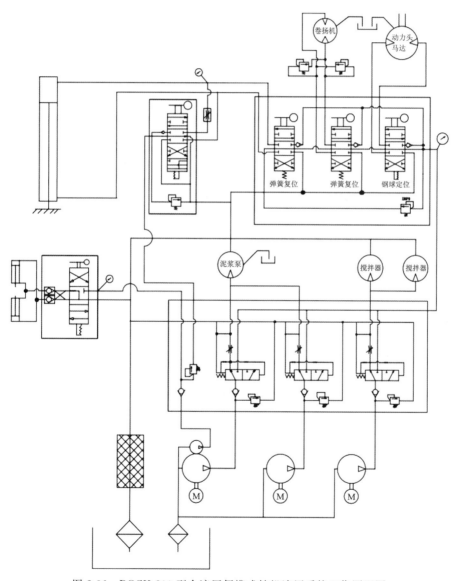

图 2-36 ROCK-800 型全液压便携式钻机液压系统工作原理图

## 四、配套钻具和施工工艺

### 1.配套钻具

ROCK-800 型全液压便携式钻机配套钻杆钻具清单如表 2-13 所示。

表 2-13　ROCK-800 型全液压便携式钻机配套钻杆钻具清单

| 序号 | 名称 | 规格 | 单位 | 数量 | 备注 |
|---|---|---|---|---|---|
| 1 | 108 套管 | 108 | 根 | 10 | 1.5m/根 |
| 2 | 套管靴 | 108 | 只 | 1 | |
| 3 | 钻杆变径 | BTW 母/108 公 | 只 | 1 | |
| 4 | 绳索钻杆 | HTW | 根 | 267 | 1.5m/根 |
| 5 | 钻杆变径 | BTW 母/HTW 公 | 只 | 1 | |
| 6 | 双管总成 | HTW | 套 | 1 | 1.5m |
| 7 | 打捞器 | HTW | 套 | 1 | |
| 8 | 金刚石钻头 | HTW | 只 | 1 | |
| 9 | 扩孔器 | HTW | 只 | 1 | |
| 10 | 管靴钻头 | HTW | 只 | 1 | 无内刃 |
| 11 | 绳索钻杆 | NTW | 根 | 400 | 1.5m/根 |
| 12 | 钻杆变径 | BTW 母/NTW 公 | 只 | 1 | |
| 13 | 双管总成 | NTW | 套 | 1 | 1.5m |
| 14 | 打捞器 | NTW | 套 | 1 | |
| 15 | 金刚石钻头 | NTW | 只 | 1 | |
| 16 | 扩孔器 | NTW | 只 | 1 | |
| 17 | 管靴钻头 | NTW | 只 | 1 | 无内刃 |
| 18 | 绳索钻杆 | BTW | 根 | 600 | 1.5m/根 |
| 19 | 钻杆变径 | BTW 母/BTW 公 | 只 | 1 | |
| 20 | 双管总成 | BTW | 套 | 1 | 1.5m |
| 21 | 打捞器 | BTW | 套 | 1 | |
| 22 | 金刚石钻头 | BTW | 只 | 1 | |
| 23 | 扩孔器 | BTW | 只 | 1 | |
| 24 | 钻具配件及耗材 | | | 若干 | |

　　为了达到较高的效率,应选择薄壁系列钻杆钻具,即 * TW 系列。薄壁系列钻头刃口更薄,切割效率较高,取芯直径相较于 Q 系列钻杆更大。薄壁系列钻杆参数如表 2-14 所示。

表 2-14 ROCK-800 型全液压便携式钻机薄壁系列钻杆参数

| 序号 | 钻杆型号 | 钻杆外径/mm | 钻杆内径/mm | 钻头外径/mm | 钻头内径（取芯直径/mm） |
|---|---|---|---|---|---|
| 1 | BTW | 57 | 48.5 | 59.6 | 42.1 |
| 2 | NTW | 73 | 63.9 | 75.3 | 56.1 |
| 3 | HTW | 93 | 82 | 95.7 | 71 |

**2. 施工工艺**

ROCK-800 型全液压便携式钻机施工工艺如下：

(1)踏勘，到达施工现场，了解地层以及环境情况，包括水源、营地选址等。

(2)了解施工需求，确定开孔及终孔口径，以便于确定所需物资，包括钻杆、钻具种类、数量以及其他(如泥浆材料等各种物资的数量)。

(3)确定孔位，按要求平整并搭建机台，机台面积不小于 4m×4m。

(4)所有准备工作完成后即可开钻，开孔时通常使用 HTW 钻杆进行取芯钻进，开孔时钻进速度不可太快，保持小于 0.05m/min 即可，否则可能会造成孔斜超标，严重时甚至会造成钻孔报废。

(5)当采用 HTW 钻杆钻进深度超过 6m 后，即可换 108 套管套在 HTW 钻杆外面钻进，钻孔深度视地层情况而定，一般不超过 3m，俗称"井口管"，防止孔口坍塌或杂物掉入孔内影响正常钻进。

(6)井口管固定好后，换 HTW 钻杆继续进行取芯钻进，钻孔深度通常在 400m 以内，如果使用的是 ROCK-1000 型或其他更大功率的机型时，钻孔深度可以达到 600m 或者更深。

(7)换径，将 HTW 钻杆、钻具全部提到地面，取下双管总成(内管总成及外管总成)及钻头、扩孔器，换成管靴钻头后，再下放到孔底作为套管护壁，然后再将 NTW 钻杆穿过 HTW 钻杆继续钻进。

(8)同理，当 NTW 钻到预定孔深后，换 BTW 继续钻进至终孔。

# 第五节 ZDY12000LD 煤矿井下用坑道钻机

煤矿井下用全液压钻机是进行钻孔施工的基本设备，广泛应用于煤矿井下施工近水平长距离瓦斯抽放钻孔，也可用于地面和坑道近水平工程钻孔的施工。钻机在钻探设备中处于核心地位，其他设备都是围绕钻机配备的。目前，国内主要有中煤科工集团西安研究院有限公司生产的 ZDY 系列(MK)、中煤科工集团重庆研究院有限公司生产的 ZYG 系列、江苏中煤矿山设备有限公司生产的 SGZ 系列钻机等。

中煤科工集团西安研究院有限公司作为国内最早开展坑道钻探装备研发生产的企业之一，依托国家、省部级等科研项目开展持续攻关，研发生产了系列化坑道钻机，一直保持着行业领先地位。以西安研究院负责起草的行业标准《煤矿井下坑道钻探用钻机》（MT/T 790—2006）实施为界限，以前的命名为 MK 系列钻机，之后的按照标准命名为 ZDY 系列钻机。ZDY 系列钻机逐渐成为了煤矿井下钻机升级换代的主力产品，是从事煤矿井下各种钻探施工必不可少的主要设备之一。以下就目前市场上对推广使用和技术先进性具有代表性的 ZDY12000LD 煤矿井下用坑道钻机为例，对 ZDY 系列钻机的结构和工作原理进行介绍。

## 一、ZDY12000LD 煤矿井下用坑道钻机型号含义

ZDY12000LD 煤矿井下用坑道钻机型号含义如图 2-37 所示。

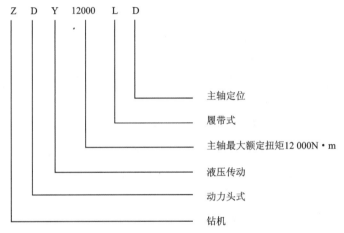

图 2-37　ZDY12000LD 煤矿井下用坑道钻机型号含义

## 二、适用范围

ZDY12000LD 煤矿井下用坑道钻机（图 2-38）属于履带自行式、低转速、大转矩类型，适用于孔底马达定向钻进和孔口回转钻进两种钻进施工方式，可用于煤矿瓦斯抽采钻孔施工，也可用于井下探放水、地质构造与煤层厚度探测、煤层注水、顶底板注浆、顶板高位钻孔等各类高精度定向钻孔的施工。该机是集主机、泵站、操作台、防爆笔记本、流量计等于一体的深孔定向钻机，具备 1500m 钻孔施工能力。

图 2-38　ZDY12000LD 煤矿井下用坑道钻机外形

# 三、技术参数

ZDY12000LD 煤矿井下用坑道钻机主要技术参数见表 2-15。

**表 2-15 ZDY12000LD 煤矿井下用坑道钻机主要技术参数表**

| 类别 | 参数名称 | | 参数值 |
|---|---|---|---|
| 回转器 | 额定转矩/N·m | | 12 000～3000 |
| | 额定转速/(r·min$^{-1}$) | | 50～150 |
| | 额定压力/MPa | | 28 |
| | 额定流量/(L·min$^{-1}$) | | 240 |
| | 主轴制动转矩/Nm | | 2000 |
| 给进装置 | 主轴倾角/° | | −10～20 |
| | 最大给进/起拔力/kN | | 250 |
| | 给进/起拔行程/mm | | 1200 |
| | 额定压力/MPa | | 21 |
| | 额定流量/(L·min$^{-1}$) | | 40 |
| 行走装置 | 最大行走速度/(km·h$^{-1}$) | | 2.2 |
| | 爬坡能力/(°) | | 15 |
| | 接地比压/MPa | | 0.09 |
| | 额定压力/MPa | | 26 |
| | 额定流量/(L/min) | | 120 |
| 液压泵站 | 油泵 | Ⅰ泵排量/(mL·r$^{-1}$) | 160 |
| | | Ⅱ泵排量/(mL·r$^{-1}$) | 71 |
| | | Ⅲ泵排量/(mL·r$^{-1}$) | 28 |
| | | Ⅰ泵额定压力/MPa | 28 |
| | | Ⅱ泵额定压力/MPa | 26 |
| | | Ⅲ泵额定压力/MPa | 21 |
| | 电动机 | 额定功率/kW | 132 |
| | | 额定转速/(r·min$^{-1}$) | 1480 |
| | 油箱有效容积/L | | 500 |
| 整机 | 钻车 | 配套钻杆直径/mm | 73/89 |
| | | 整机质量/kg | 9000 |
| | | 运输状态外形尺寸(长×宽×高)/mm | 4200×1600×1900 |

## 四、钻机结构原理

ZDY12000LD 煤矿井下用坑道钻机整体结构如图 2-39 所示。

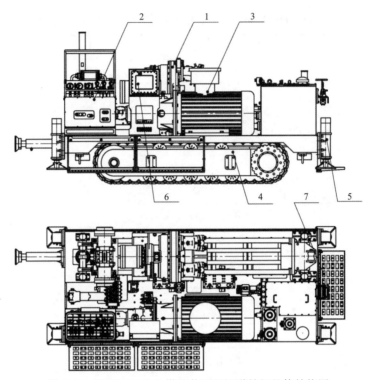

图 2-39　ZDY12000LD 煤矿井下用坑道钻机整体结构图

1-回转器;2-操作台;3-防爆电机;4-履带;5-稳固支撑油缸;6-防爆电脑;7-给进机身

### 1. 钻车

(1)主机。主机(图 2-40)由回转器、给进装置、夹持器和调角装置组成。

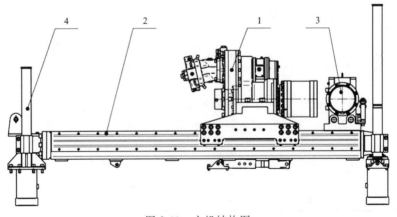

图 2-40　主机结构图

1-回转器;2-给进装置;3-夹持器;4-调角装置

（2）回转器。回转器（图 2-41）由液压马达、变速箱、液压卡盘和主轴制动装置等组成。

液压马达为 A6VM160HD1D 型液控变量斜轴式柱塞马达，通过齿轮减速带动主轴和液压卡盘回转，通过操纵台马达排量调节阀块可以调节马达输出转速，从而实现回转器的无极变速。变速箱采用行星齿轮和圆柱斜齿轮两级减速结构。抱紧装置为油压夹紧、弹簧松开的常开式结构，当采用孔底马达钻进工艺时通入高压油，使之抱紧回转器Ⅰ轴，防止钻杆转动，实现孔底马达定向钻进时的钻杆定位功能。液压卡盘为油压夹紧、弹簧松开的胶筒式结构，具有自动对中、卡紧力大等特点，其压力油经箱体上的滤油器、配油装置、主轴油道进入卡盘体。配油装置的泄漏油经变速箱后，回到滤油器进入油箱，这部分油既起到润滑齿轮和轴承的作用，又可以带走齿轮搅油产生的热量。

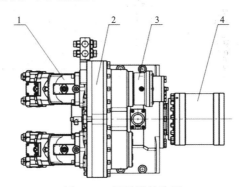

图 2-41　回转器结构图

1-液压马达；2-变速箱；3-制动装置；4-液压卡盘回转器结构

回转器采用卡槽式结构，卡装在给进装置的拖板上，给进油缸带动拖板沿机身导轨往复运动，实现钻具的给进或起拔。回转器主轴为通孔式结构，可使用不同长度的钻杆。

回转器特点：①液控 A6VM160 双马达驱动；②行星轮减速机构实现较大降速比，输出转矩和转速无极可调；③主轴通孔式结构，通孔直径 $\phi135mm$，可通过 $\phi73mm$、$\phi89mm$、$\phi102mm$、$\phi127mm$ 四种规格钻具；④常开式液压卡盘；⑤2000N·m 主轴制动功能。

（3）给进装置。给进装置（图 2-42）采用 V 型导轨，由两根并列的给进油缸、机身和拖板组成。给进油缸采用双杆双作用结构，活塞杆两端与机身的两端固定。缸体上的卡环卡在拖板的挡块之间，缸体在活塞杆上往复运动即可带动拖板沿机身导轨移动，进而带动回转器移动。

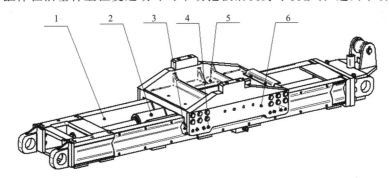

图 2-42　给进装置结构图

1-给进机身；2-给进油缸；3-V 型块；4-调整螺栓；5-托板；6-竖板

（4）夹持器。夹持器（图 2-43）固定在给进装置机身的前端，用于夹持孔内钻具及与回转器配合进行机械拧卸钻杆。利用卡瓦座和挡板固定卡瓦，将挡板取下即可取出卡瓦，扩大通孔。拧松上端螺母翻开上拉杆，可下放或取出粗径钻具。在夹持器与给进机身的连接处设有两组调整垫片，用于调整夹持器卡瓦组的中心高，使之与回转器主轴中心高相一致。

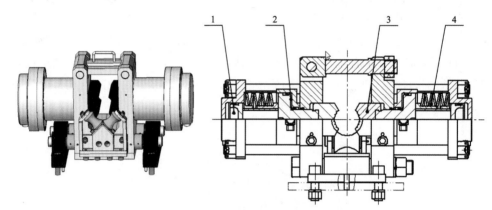

图 2-43　夹持器结构图

1-副油缸；2-主油缸；3-卡瓦；4-碟簧组

夹持器特点：①顶部开放式对称布局结构；②便于下方粗径钻具和螺杆马达；③夹紧力大，夹紧可靠；④可在底座上左右浮动，实现钻进过程中的自动对中，减少钻杆磨损。

（5）调角装置。调角装置（图 2-44）主要由两个调角多级油缸、横梁、立柱、中撑杆和斜撑等部件组成。当需要进行仰角调整时，首先拧松斜撑上和中撑杆上的螺钉，然后通过操纵台上操作手把来控制给进装置前部的多级调角油缸的伸缩，从而调整机仰身的调整；当需要进行俯角调整时，首先拧松横梁上和中撑杆上的螺钉，然后通过主操纵台上操作手把来控制给进装置尾部的多级调角油缸的伸缩，从而调整机俯身的调整。

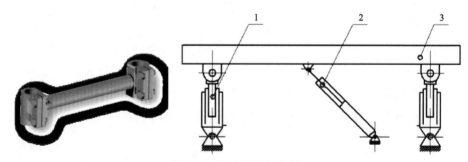

图 2-44　调角装置结构图

1-多级油缸；2-辅助稳固支撑；3-给进机身

### 2. 钻车操纵台

钻车操纵台（图 2-45）是钻机的控制中心，包括主操纵台、行走操纵台和副操纵台，由多种液压控制阀、功能保护阀组、压力表及液压管件组成。钻机行走、转向、动力头回转、给进起拔、机身调角稳固等动作的控制和执行机构之间的各种配合动作，均可以通过操纵台上的控制阀实现。

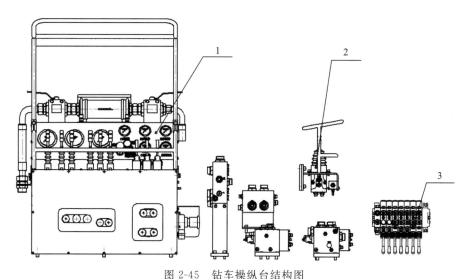

图 2-45  钻车操纵台结构图

1-主操纵台;2-行走操纵台;3-副操纵台

## 3. 履带车体和稳固装置

钻车履带车体由履带总成、车体等部分组成。履带总成选用钢制履带片,耐磨、强度高,两条履带间用横梁连接。行走马达采用进口产品,可靠性高,适用于多种环境。车体平台为焊接整体,用高强度螺栓固接在履带横梁上,用来安装固定操纵台、机身、泵站等各部分结构。稳固装置由下接地装置和稳固油缸等部件组成,稳固油缸设在车体四角位置,共 4 组,可单独动作,车体稳固方便可靠,适应性强。前顶稳固装置固定安装在履带车体前端,由一个前顶稳固油缸组成,用于强力起拔时的辅助支撑。履带车体及稳固装置如图 2-46 所示。

图 2-46  履带车体及稳固装置结构图

1-前顶稳固装置;2-下稳固装置

## 4. 钻车泵站

钻车泵站(图 2-47)是钻机的动力源,由油箱、电机泵组和冷却器 3 个部分组成。电动机通过泵座和弹性联轴器带动 I 泵、II 泵、III 泵工作,泵从油箱吸油并排出高压油,经操纵台的控制和调节使钻机的各执行机构工作。为保证液压系统正常工作,在泵站上还安装有多种液压附件,如吸油滤油器、回油滤油器、冷却器、空气滤清器、油温计、油位指示计、磁铁等。

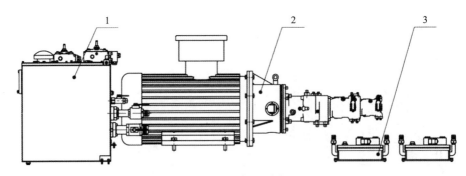

图 2-47　钻车泵站结构图

1-油箱；2-电机泵组；3-冷却器

　　油箱(图 2-48)由油箱体、吸油滤油器、回油滤油器等部件组成,为液压泵提供所需的油液,系统各执行元件的回油通过回油滤油器回到油箱。为保证液压系统正常工作,回油进入油箱前需先经过冷却器(图 2-49)降温。

图 2-48　油箱

图 2-49　冷却器

## 五、钻机液压系统工作原理

　　ZDY12000LD 煤矿井下用坑道钻机液压系统为三泵开式循环系统(图 2-50),具体工作原理如下:

　　(1)电动机 1 启动后,Ⅰ泵 3 经吸油滤油器 2 吸入低压油,输出的高压油经过高压过滤器 12 过滤后进入主操纵台多路换向阀 28,压力表 46 指示Ⅰ泵压力。多路换向阀 28 由六联组成,其中第 1 和第 5 联合流控制回转器马达 31、第 2 和第 6 联合流控制给进油缸 30、第 3 和第 4 联分别控制左履带行走马达 35 和右履带行走马达 36。六联阀都处于中位时,Ⅰ泵卸荷,马达 31 和给进油缸 30 均处于浮动状态,履带行走马达 35、36 处于制动状态。回油经冷却器 6 和回油滤油器 9 回到油箱,压力表 51 指示回油压力,可反映Ⅰ泵回油滤油器的脏污程度。

　　Ⅱ泵 4 经吸油滤油器 57 吸入低压油,输出的高压油经过高压过滤器 13 过滤后进入主操纵台多路换向阀 29,压力表 47 指示Ⅱ泵压力。多路换向阀 29 由两联组成,其中第 1 联控制给进油缸 30,第 2 联控制回转器马达 31,用于正常钻进时的油缸进给和马达回转动作。两联阀都处于中位时,Ⅱ泵卸荷。回油经冷却器 7 和回油滤油器 11 回到油箱,压力表 52 指示回油压力,可反映Ⅱ泵回油滤油器的脏污程度。

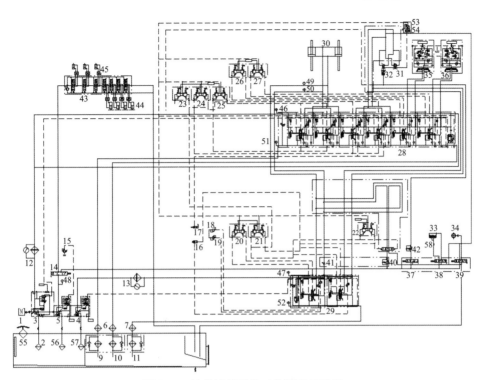

图 2-50　钻机液压系统工作原理示意图

Ⅲ泵 5 经吸油滤油器 56 吸入低压油,输出的高压油至分流功能换向阀 14,压力表 48 指示Ⅲ泵压力。分流功能换向阀 14 置于前位时,Ⅲ泵高压油至由七联阀组成的多路换向阀 43,右起第 1、2、3 联分别控制机身前、后调角油缸 45 和前顶油缸,其余四联分别控制稳固装置的四只稳固油缸 44。七联阀都处于中位时,Ⅲ泵卸荷。分流功能换向阀 14 置于后位时,高压油进入钻进系统,通过定向钻进操作阀 37、夹持器操作阀 38、卡盘操作阀 39 可以分别实现对抱紧装置 32、夹持器 33、液压卡盘 34 的单独操作。

定向钻进操作阀 37、夹持器操作阀 38、卡盘操作阀 39 固装在主操纵台右侧三联油路板上。定向钻进操作阀 37 手把前推时,Ⅲ泵高压油进入抱紧装置 32 抱紧主轴、钻进操作阀 37 手把后拉时,抱紧装置 32 内部高压油经操纵台回油到油箱,从而松开主轴;夹持器操作阀 38 手把前推时,Ⅲ泵高压油进入夹持器 33 的副夹油缸辅助夹紧钻杆,主要用于反转拧卸钻杆工况,夹持器操作阀 38 手把后拉时,Ⅲ泵高压油进入夹持器 33 的主夹油缸,夹持器 33 松开,主要用于正常钻进工况,当打开夹持器后,应该将操纵台右侧的截止阀 58 关闭,使夹持器处于常开状态,进而进行正常的钻进操作;卡盘操作阀 39 手把前推时,Ⅲ泵高压油经过回转器箱体上的滤油器进入液压卡盘 34 夹紧钻杆,卡盘操作阀 39 手把后拉时,液压卡盘 34 内部高压油经操纵台回油到油箱;定向钻进操作阀 37、夹持器操作阀 38、卡盘操作阀 39 手柄均处于中位时,Ⅲ泵卸荷。溢流调压阀 15 和分流功能换向阀 14 集成在Ⅲ泵功能转换阀组上,溢流调压阀 15 用于限定或调节Ⅲ泵输出压力。

回转器马达 31 回转时,回转油路的一部分高压油经由回转油路板中的单向阀组进入液压卡盘 34,使卡盘自动夹紧钻杆。通过主操纵台上的马达排量调节阀 53 可以远程实现对回转器马达 31 排量的调节,从而实现回转器输出转速的无极调速功能。为避免误操作造成对回转器马达 31 输出转速的随意调节,在主操纵台上设置了马达排量调节控制阀 54,当马达排量调节控制阀 54 的手轮处于里位时,马达排量调节阀 53 操作失效,马达排量调节控制阀 54 的手轮处于外位时,才能通过马达排量调节阀 53 实现对回转器输出转速的调节。

　　Ⅰ泵的最高工作压力出厂时限定为 28MPa,该压力不可调,各执行元件油缸、马达等最高工作压力由六联多路换向阀 28 内的安全阀限定,回转器马达 31 的输出转矩可以通过快速转矩转换阀 17 进行两档选择。Ⅱ泵的最高工作压力出厂时限定为 26MPa,该压力不可调,给进油缸 30 的压力可以分别由给进压力调节阀 18 和起拔压力调节阀 19 进行调节,回转器马达 31 的输出转矩可以通过慢速转矩转换阀 16 进行两档选择。Ⅲ泵的最高工作压力由Ⅲ泵功能转换阀组上的溢流调压阀 15 控制,限定压力为 21MPa,其值由压力表 48 监视。

　　定向钻进时用于抱紧装置实现主轴定位(向)制动的压力由压力表 48 显示,应将制动压力通过溢流调压阀 15 调至 6MPa。钻机液压系统设计有保护控制回路,当定向钻进操作阀 37 前推实现抱紧装置 32 对主轴的定位(向)制动后,操作远程控制阀 24 或远程控制阀 21,回转器马达 31 均无动作,防止因误操作导致定向钻进工况下相关施工参数的变化,同时避免抱紧装置 32 的磨损。

# 第六节　ZJ50/3150-ZDB 型石油转盘式钻机

## 一、钻机的用途和特点

　　ZJ50/3150-ZDB 型石油转盘式钻机是模块式低位电动绞车、转盘独立驱动的复合型钻机,可用于油、气、水井的勘探开发,适用于 5000m 的井深作业。此型钻机具有如下特点:

　　(1)钻机设计、制造依据"性能先进、工作可靠、运移方便、运行经济、满足 HSE"的原则,整机性能和质量优于国内同类钻机水平。

　　(2)钻机基本参数符合《石油天然气工业钻机和修井机》(GB/T 23505—2017)标准,主要配套部件符合 APT 规范,满足安装顶部驱动钻井装置的要求。

　　(3)钻机整机性能满足科学钻井工艺的要求,即旋转钻进工况具有大的速度范围和较大的扭矩范围,绞车提升具有较大的提升速度范围,循环作业具有较大的泥浆马力和高泵压。

　　(4)模块式结构,总体布局满足快速拆卸、安装、检修、调整、检查,运输方便。

　　(5)为提高安装和拆卸工作效率,钻机各模块底座之间连接采用搭扣式快速拆装结构或端面定位螺栓连接型式,各模块间动力传递均采用万向轴,便于快速拆装,不需要严格的对正。

　　(6)采用了低位绞车,既解决了以往钻机绞车上高钻台困难及不安全的问题,又增大了钻台有效利用面积。

　　(7)钻台高 7.5m,转盘梁下净空高达 6.3m,既有利于安装组合防喷器,又有利于井口返回泥浆导流,便于泥浆罐布置和钻井泵的吸入。

　　(8)配备了井口机械化工具,减轻了人工劳动强度。

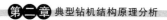

（9）转盘采用独立驱动方式,提高了钻机的机动性且转盘独立驱动装置为独立模块,安装运输方便,位于钻台面以下,台面开阔,操作空间大。

## 二、钻机主要技术参数

ZJ50/3150-ZDB 型石油转盘式钻机主要技术参数如表 2-16 所示。

表 2-16  ZJ50/3150-ZDB 型石油转盘式钻机主要技术参数

| 序号 | 参数名称 | 参数值 |
|---|---|---|
| 1 | 名义钻井深度(114mm 钻杆) | 3500～5000m |
| | (127mm 钻杆) | 3000～4000m |
| 2 | 最大额定静钩载 | 3150kN |
| 3 | 最大钻柱重量 | 160t |
| 4 | 绞车额定功率 | 2×600kW(815hp) |
| | 快绳最大拉力 | 350kN |
| | 刹车盘直径×厚度 | 1520mm×76mm |
| | 绞车挡位 | 2 挡 |
| 5 | 提升系统最大绳数(顺穿) | 6×7 |
| | 钻井钢丝绳直径 | $\phi$35mm |
| 6 | 游动系统滑轮外径 | 1120mm |
| 7 | 水龙头最大静载荷 | 4500kN |
| | 中心管通径 | 75mm(3″) |
| 8 | 转盘开口名义直径 | $\phi$698.5mm(27 1/2″) |
| 9 | 井架型式及有效高度 | ZK 型,46m |
| | 井架底部开挡 | 8m |
| | 二层台高度 | 24.5m |
| | | 25.5m |
| | | 26.5m |
| | 二层台容量(114mm 钻杆,28m 立根) | 5000m |
| 10 | 底座型式 | 块装式 |
| | 钻台底座高度/净空 | 7.5m/6.3m |
| | 面积(长×宽) | 17m×11m |
| | 后台高度 | 1.4m |
| | 转盘梁最大载荷 | 3150kN |
| | 立根盒容量(114mm 钻杆,28m 立根) | 5000m |

**续表 2-16**

| 序号 | 参数名称 | 参数值 |
|---|---|---|
| 11 | 应急电机功率 | 37kW |
| 12 | 泥浆泵型号及台数 | F-1300 泵,1 台 |
| | 泥浆泵功率 | 969kW(1300HP) |
| 13 | 立管钻井液高压管汇 | $\phi100\text{mm}\times35\text{MPa}$ |
| 14 | 供气系统 | |
| | 空气压缩机型号及台数 | LGF-6/8 螺杆空气压缩机×1 |
| | 干燥机型号及台数 | JY-6NF 冷冻式压缩空气干燥机×1 |
| | 储气罐容积 | $2\text{m}^3+1.5\text{m}^3$(带止回阀) |
| | 供气最高压力 | 1MPa |

## 三、钻机总体方案

### 1. 传动方案

钻机主要采用网电,10kV 高压电经箱式变压器,提供 600V、50Hz 交流电经变频单元(VFD)后,分别驱动绞车、泥浆泵和转盘的交流变频电机(600V 变 400V 驱动生产及生活用电)。

2 台 600kW 交流变频电机通过 1 台两级齿轮减速箱驱动单轴式绞车,滚筒开 lebus 绳槽(整体开槽)。主刹车采用液压盘式刹车,辅助刹车采用电机能耗制动。绞车配置过卷阀式游车防碰装置及先进的电子式游车防碰系统,防止游车的"上碰下砸"事故。同时,绞车还配备有独立电机自动送钻,自动送钻装置由 1 台 37kW 交流变频电机驱动,经 1 台大速比减速器、离合器,并经绞车主齿轮减速箱一级传动后驱动滚筒轴实现绞车自动送钻,钻机大钩提升速度可实现无极调速。

转盘采用独立驱动,由 1 台 400V、400kW 交流变频电机经一级减速箱驱动,在减速箱输入轴的一端配有转盘惯性刹车。F-1300 泥浆泵采用 2 台 500kW 交流变频电机独立驱动,驱动方式为直驱式。井架采用 ZK 型井架,有效高度 46m,二层台高度分别为 24.5m、25.5m、26.5m;底座采用块装式结构,钻台高度为 7.5m,转盘梁底高度为 6.3m。

### 2. 井架、底座方案

井架结构为前开口型,有效高度为 46m,总高度为 51.8m。主体共分为 7 段七大件,与各背横梁之间为销轴连接,斜拉杆、井架体各段间均为双锥销连接。井架左侧配有通往天车台的梯子,右侧配有通往二层台的梯子。井架还配有立管、大钳平衡重、悬吊扒杆、登梯助力机构、防坠落装置等附件。二层平台设有气动绞车、逃生装置、钻铤卡板及钻杆排放架。井架低位水平安装,用钻机绞车的动力将井架整体起升到工作位置。

底座主体结构为前高后低的箱块混合式结构,钻台高度为 7.5m,绞车安装底座高 1.4m,

后台底座高 1.4m。各结构件之间用销子连接,立根盒、转盘面与钻台面平齐,配有逃生滑道、坡道和 3 处上钻台梯子。钻台下方设置吊装 BOP 的导轨和 2 个 20t 带小车的手动葫芦,配有左、右吊钳尾绳固定器,底座两侧配司钻偏房。钻机外观如图 2-51 所示。

图 2-51  ZJ50/3150-ZDB 型石油转盘式钻机外观图

## 四、钻机的技术特点

(1)直升式 K 型井架,缩小井场占地面积。井架设置了独立的起升装置,主要由液压绞车、起升定滑轮、起升动滑轮、导向滑轮、液压操纵箱和起升大绳等组成。起升装置配有同步监测装置,可显示起升高度和起升速度,可设置左右允许误差值,超出规定值即报警,起升高度及显示值可手工复位和清零。

(2)配套滑轨式平移装置,方便钻机短距离转移井位。整套平移装置包括移动滑轨、移位油缸、液压站、操控箱和液压管线等,移动导轨高度 430mm,移车油缸活塞直径 $\phi300mm$,油缸活塞行程 600mm,最大移动重量 5000kN。

(3)配套钻柱提升自动清洗装置。自动清洗装置安装在转盘梁下方,包括橡胶板刮泥和高压水清洗两道工序。该装置解决了钻杆自动清洗难题,降低了井口作业工人的劳动强度,改善了工作环境,同时便于钻杆损伤检查。

(4)配套二层台防寒防暑装置。二层台舌台后方设置休息座椅,舌台上方有遮阳棚,舌台两侧栏杆和脚下平台设有保温装置,改善二层台工人的施工环境。

(5)配套智能一体化安全帽。在普通安全帽的基础上,高度集成了摄像头、语音、通信主板等模块,具有高清视频采集、语音通信、对讲、本地视频存储等功能。该穿戴式设备在实现数据采集、实时通信的同时,真正意义上解放现场操作人员双手,更加方便现场作业、视频指挥调度等。

(6)配套先进的电气控制系统。电气控制系统包括钻进参数显示与存储、事故预警、钻进

参数分析、钻探工况远程实时传输（与 APP 互联）等多项功能，推进石油钻机钻进参数采集与控制向智能化方向发展。

## 第七节　CZ-22 型冲击钻机

CZ-22 型冲击钻机为典型的单绳冲击钻机，主要用于水井及基础桩的施工，国内有 CZ-20 型、CZ-22 型、CZ-30 型等产品及其他改型产品，它们的工作原理相同，结构也大同小异，主要区别是钻进能力的大小。

### 1.钻机的组成及动力传动原理

图 2-52 为 CZ-22 型冲击钻机外貌图，钻机主要由电动机、主轴及传动装置、曲轴游梁式冲击机构、主副卷扬和伸缩式桅杆等组成。全部设备装在拖车上，可整体牵引迁移。该钻机采用机械传动、手动操纵，结构简单，传动可靠。

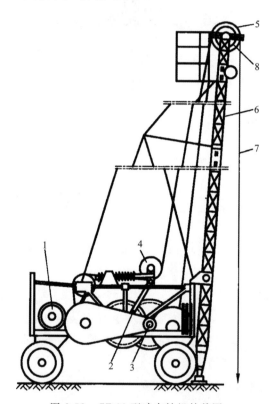

图 2-52　CZ-22 型冲击钻机外貌图

1-电动机；2-冲击连杆；3-主轴；4-压轮；5-钻具天车；6-桅杆；7-钢丝绳；8-抽桶天车

CZ-22 型冲击钻机的机械传动系统如图 2-53 所示。电动机 1 通过三角皮带传动主轴 2。主轴 2 起动力分配作用：通过链条驱动工具卷筒 4；通过 3 对齿轮副分别驱动冲击机构 3、抽筒卷筒 5 和辅助卷筒 6。主动链轮、齿轮都以轴承空套在主轴上。通过操纵机构使相应的摩擦离合器结合后，才能传递动力。

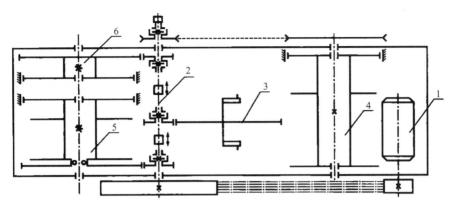

图 2-53 CZ-22 型冲击钻机机械传动系统图

1-电动机;2-主轴;3-冲击机构;4-工具卷筒;5-抽筒卷筒;6-辅助卷筒

## 2.冲击机构组成及工作原理

CZ-22 型冲击钻机冲击机构的结构如图 2-54 所示,这是一种典型的曲柄连杆-游梁式冲击机构。它的工作原理如下:

冲击齿轮 1 被动后,带动轴和固定在轴上的 2 个曲柄 2 回转。2 根连杆 3 的下端以销轴与曲柄铰接,上端与框架式双臂冲击梁 4、支臂 5 相铰接。曲柄回转时,通过连杆带动冲击梁、支臂和支臂轴上的压轮 6 绕导向轮轴做圆弧形的上下摆动。从工具卷筒上引出的钢绳 10,绕过导向轮 9,压轮和桅顶部的天车与孔内的冲击钻具连接。冲击梁下摆动时,压轮下压钢绳,将冲击钻具提离孔底一定高度;压轮随冲击梁向上摆动时,则松放钢绳。冲击钻具在重力作用下加速降落冲击孔底岩石。如此循环,实现冲击钻进。改变连杆与曲柄的铰接位置,就改变了冲击钻具的提升高度(即冲程)。钻具每分钟的冲击次数(冲次)则决定于曲柄的转速,通常用变换钻机主轴上的皮带轮直径改变曲轴的转速和钻具的冲次。CZ-22 型冲击钻机的曲柄上有 4 个距离不等的销孔,备有 3 个直径不等的皮带轮,故它有 4 种冲程和 3 种冲次可供调节。

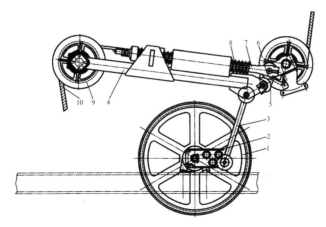

图 2-54 CZ-22 型冲击钻机冲击机构结构图

1-冲击齿轮;2-曲柄;3-连杆;4-冲击梁;5-支臂;6-压轮;7-支杆;8-缓冲弹簧;9-导向轮;10-钢绳

在冲击梁的 2 个臂梁上装有缓冲装置,包括前端以销轴与支臂铰接的支杆 7 和套在支杆上的缓冲弹簧 8 等。缓冲装置对钻具的冲击运动起缓冲和补偿作用,其作用原理如图 2-55 所示。在压轮到达上止点、开始下压钢绳的瞬时,压轮、压轮轴将受到钢绳的反作用力 $P$;这个反作用力的作用时间虽短,但数值却很大(特别是发生在冲击钻具未落到孔底的情况下),并具有冲击载荷的性质,在 $P$ 的作用下,压轮、压轮轴和支臂将绕击梁前端的销轴逆转一个角度,并带动支杆后移,压缩缓冲弹簧;弹簧吸收冲击能量,保护钻机不受刚性冲击,并减小振动,这就是它的缓冲功能。在支臂逆转的同时,压轮的位置抬高,放松一段钢绳,使钻具增加一段自由降落的距离,保证钻具不受阻滞地冲击孔底。钻具落到孔底、钢绳松弛,缓冲弹簧将伸长并推动支杆前移、支臂与压轮顺向转回原

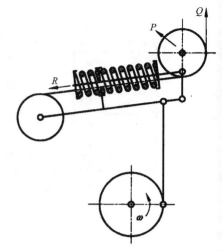

图 2-55　缓冲装置的缓冲补偿作用原理图
$P$-钢丝绳对压轮的作用力;$R$-支杆压缩弹簧的作用力;$Q$-钢丝绳运动方向;$w$-冲击齿轮旋转方向

位,压轮位置降低,将预紧原已松弛的钢绳,避免下一循环开始时出现钢绳拌动现象。钢绳的这一小距离的松放和预紧作用,就是缓冲装置的补偿功能。

### 3. 工具卷筒功能

工具卷筒用于冲击时起落钻具和调节钻具在孔内的位置。它由筒体、圆盘、隔板和制动盘组成,由隔板分为两个部分:一边为工作钢丝绳储存部位,另一边为非工作钢丝绳储存部位。

### 4. 抽筒卷筒和辅助卷筒功能

抽筒卷筒用于升降捞渣筒,辅助卷筒用于冲击中升降套筒,在处理事故时也可作为起重机使用。这两种卷筒装在同一轴上,两端用 U 型螺栓将轴固定在机架上。

### 5. 桅杆功能

桅杆铰接在钻机的前机架上,采用角钢焊接结构,分上下两节,上节截面小,可借助钻机卷筒在下节桅杆内伸缩,钻进时伸出,以提高桅杆高度,迁移时缩回,以缩短设备的长度,便于拖运。桅杆底部有 2 个螺旋千斤顶,以增加成孔机作业时的稳定性。桅杆立起后,应用缆绳将其四周固定。

# 第三章 岩土工程施工机械

在高层建筑及桥梁中,桩是最常用的基础形式。桩大体上可以分为两大类,即预制桩与灌注桩。用于完成预制桩的打入、沉入、压入、拔出或灌注桩的成孔等作业的机械称为桩工机械。根据施工预制桩或灌注桩的不同而把桩工机械分为预制桩施工机械和灌注桩成孔施工机械两大类。

随着公路、铁路及工业与民用建筑的飞速发展,近年来地基处理与加固机械的种类与形式也有了较大的变化。用于地基处理与加固的各类施工机械,与桩工机械在结构上有相同之处。本章主要讲述与桩基础施工及地基处理和加固有关的桩工机械。

## 第一节 预制桩施工机械

预制桩施工机械主要用于完成预制桩的打入、沉入、压入、拔出等作业,主要设备为打桩锤与桩架。根据动力与工作原理的不同,打桩锤分为柴油桩锤、液压桩锤与振动桩锤等 3 类。

### 一、柴油桩锤

柴油桩锤是柴油打桩机的主要部件,按构造不同分为导杆式和筒式两种。导杆式柴油桩锤构造简单,造价低,但打击效率不高;筒式柴油桩锤是目前广泛采用的打桩设备。我国已制定了柴油桩锤的系列标准,现在世界上最大型的柴油桩锤冲击部分重达 15t,打下去的单桩承载力可达 10kN 以上。筒式柴油桩锤的工作原理与二冲程柴油机相同。它利用柴油在气缸内燃烧时产生的爆发压力将锤头抛起,然后落下进行打击。

#### 1. 筒式柴油桩锤的构造

图 3-1 为 MH72B 型陆上型筒式柴油桩锤构造图。柴油桩锤由锤体、燃油供应系统、润滑系统、冷却系统和起落架组成。

1)锤体

锤体包括上气缸、下气缸、上活塞、下活塞(或称冲击砧)、缓冲装置及导向装置。

(1)上气缸也称导向气缸,冲击后活塞可在其中跳动。

(2)下气缸也称工作缸,是柴油桩锤爆炸冲击工作的场所。由于要承受高温、高压及冲击荷载,下气缸的壁厚要大于上气缸,材料也较优良。冷却水套位于下气缸外部,用来降低爆炸产生的温升。上、下气缸用高强度螺栓连接。在上气缸外部附有燃油箱及润滑油箱,通过附

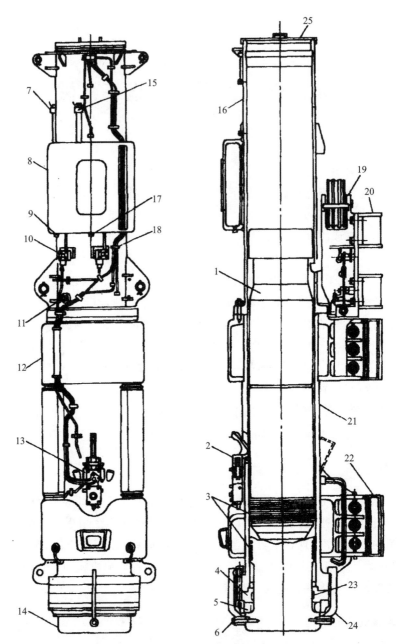

图 3-1　MH72B型陆上型筒式柴油桩锤构造图

1-上活塞;2-燃油泵;3-活塞环;4-外端环;5-橡胶环;6-橡胶环导向;7-燃油进口;8-燃油箱;9-燃油排放旋塞;10-燃油阀;11-上活塞保险螺栓;12-冷却水箱;13-润滑油泵;14-下活塞;15-燃油进口;16-上气缸;17-润滑油排放塞;18-润滑油阀;19-起落架;20-导向卡;21-下气缸;22-下气缸导向卡爪;23-铜套;24-下活塞保险卡;25-顶盖

在缸壁的油管将燃油与润滑油送至下气缸上的燃油泵与润滑油泵。

(3)上活塞又称自由活塞,不工作时位于下气缸的下部,工作时可在上、下气缸内跳动,通过安装在活塞下部的活塞环使下气缸密封。上活塞的头部为一凸球形,正好与下活塞的凹球型表面相匹配,形成燃烧室。上活塞的凸球形半径稍小于下活塞凹球面的半径(2～3mm),两球面相接触时,在球面外侧形成一个楔形缝隙,便于柴油冲击雾化。上活塞上部有一较深的台阶。第一次提升活塞时,起落架上的活塞起升挂钩正好楔入此台阶,可由起落架直接提升活塞。

(4)下活塞又称冲击砧,它有 2 个作用:由于在它的外部也套有多层活塞环,它可与上活塞形成密封的燃烧室;点火爆炸后,在上活塞被推向上方的同时,将冲击能及爆炸能通过桩垫传递到桩头上,从而把桩打入土壤中。由于下活塞的工作条件(包括冷却与润滑条件)较上活塞更差,因此在下活塞附近的气缸壁上附有冷却水套,还有多处润滑油孔在工作时不停地向下活塞供应润滑油。下活塞下部有一表面光滑的导向带,它与固定在气缸体内的 2 个半圆铜套形成一摩擦运动副。下活塞通常可向下滑动 350mm 左右,这个行程可以保证冲击桩时,下活塞相对下气缸自由滑动。

2)燃油系统

柴油桩锤的燃油系统由燃油箱、输油管与燃油泵 3 部分组成。燃油箱位于上气缸外部,对于 MH72B 型柴油桩锤,它的容量为 158L,每次加油后可连续工作 5h 左右。燃油箱下部有一出油阀,开通出油阀,燃油便从油箱流向燃油泵。图 3-2 为燃油泵的构造图。曲臂 1 为传递燃油泵动力的驱动装置。当上活塞爆炸跳起时,其底部凸缘超过了曲臂,曲臂 1 由于柱塞弹簧 4 的作用被推向下气缸内侧。桩塞同时向上移动,打开了油孔将燃油吸入桩塞下腔。上活塞下落时,活塞下端将曲臂推向外侧,曲臂压下柱塞,当柱塞 6 封闭了进油孔后,下腔油压增大并通过出油单向阀 9,将油喷入下活塞表面。随着活塞上下运动,油泵一次又一次地喷油使锤连续爆炸,于是柴油桩锤的工作不停地延续下去。回流阀 7 的作用是调节喷油量,若欲减小喷油量,则可旋紧螺栓,减小回流阀 7 阀口的间隙,从而在喷油时使回流阀 7 的分流量增加。

3)润滑系统

润滑系统由润滑油箱、输油管及润滑油泵组成。润滑油箱与燃油箱一样,也设置在上气缸外侧。润滑油通过出油阀被送到润滑油泵,润滑油泵泵出的油再通过数根油管由两个出口分别送到上气缸与下气缸的各个部位。润滑油泵安置在柴油喷油泵的两侧,当曲臂下压时,带动推杆 12 下压,通过单向阀将油泵出。润滑油系统见图 3-3。

4)冷却系统

冷却功能主要由附在下气缸外侧水箱内的冷却水完成,以防止在水箱壁内积成水垢,降低冷却效率。冷却水应为无污染的纯净软水。经过一段时期工作后,水箱内的冷却水会沸腾,这是正常的,是设计允许的。但沸腾会加快水的消耗,应注意及时补充水量。过少的水量不仅会降低工作效率,也会引起水箱破裂,甚至由于过热导致气缸破裂。对于风冷型柴油桩锤,爆炸产生的热量主要通过下气缸的散热片散发。

5)起落架

图 3-4 为 MH72B 型陆上型筒式柴油桩锤起落架结构图。起落架是用 2 个弧型卡爪附着在打桩架立柱导向滑道上的一个装置。它相对于锤体是独立的机构,可以通过打桩架上的卷扬机与起落架上的滑轮组拉动起落架沿着滑道上下移动。起落架有两种功能,既可以单独提

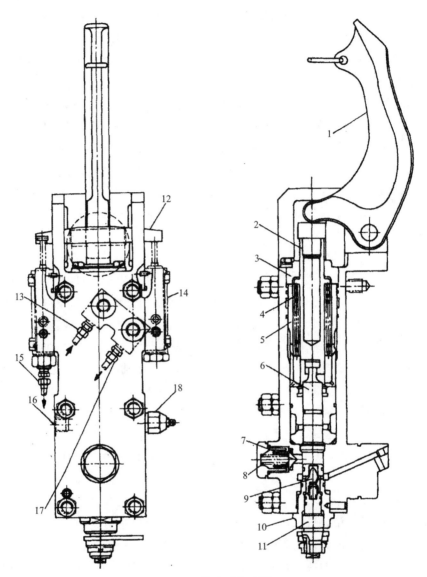

图 3-2 燃油泵构造图

1-曲臂；2-滑动推杆；3-锁紧螺母；4-柱塞弹簧；5-弹簧套管；6-柱塞；7-回流阀；8-弹簧；9-出油单向阀；10-阀座；

11-顶杆；12-推杆；13-润滑油进口；14-润滑油泵；15-下气缸润滑油出口；16-燃油进口；17-上气缸润滑油出口；

18-排气阀

升活塞,启动柴油锤工作,又可以提升柴油锤沿桩架立柱上下移动。它由锤体 10、弧型导向卡爪 18、滑轮 6 与凸轮-杠杆机构组成。当起落架坐到柴油锤时,起落凸轮杠杆 17 被柴油桩锤上的挡块顶起,通过中部连杆使上活塞提升挂钩 12 竖起,正好嵌在上活塞的凹槽中。此时提升滑轮时,提升挂钩便将上活塞提起,当提到一定高度后,起落架凸轮杠杆 17 碰到上气缸上的挡块,杠杆 17 顺时针转动,通过中间杠杆带着上活塞提升挂钩 12 一起转动,使之与上活塞脱开,上活塞自由下落,柴油桩锤开始工作。若要提锤时,只需拉动连杆 3,使锤体提升销轴 5 穿到上气缸的销孔内,便可将锤提起;发火时,则应拉动连杆 1,使销轴脱离上气缸体的销孔,

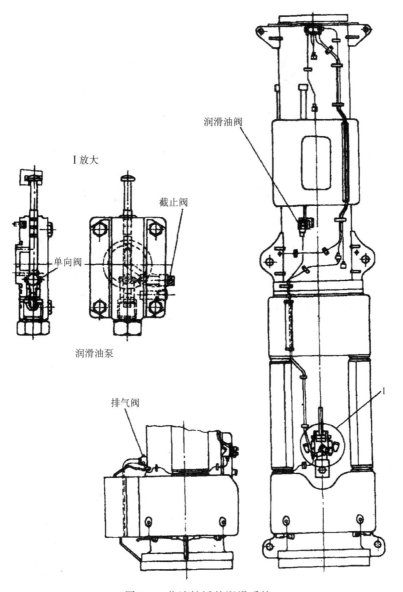

I 放大

润滑油阀

截止阀

单向阀

润滑油泵

排气阀

1

图 3-3　柴油桩锤的润滑系统

上活塞提升挂钩 12 便可将上活塞提起。

**2. 筒式柴油桩锤的工作原理**

图 3-5 为筒式柴油桩锤的喷油、压缩、冲击、燃烧、排气、吸气、扫气工作过程及原理图。

(1)喷油过程[图 3-5(a)]。上活塞下落时,当上活塞下部的凸缘碰到喷油泵曲臂并将其压向外侧时,喷油泵向下活塞锅底喷油。

(2)压缩过程[图 3-5(b)]。当上活塞的活塞环通过排气口再向下运动时,上、下活塞之间的气体被压缩升温。上活塞下落时,有一部分能量消耗在压缩混合气体上面(40％～50％)。

(3)冲击雾化过程[图 3-5(c)]。当上活塞快与下活塞相撞时,燃烧室内的气压迅速增大,

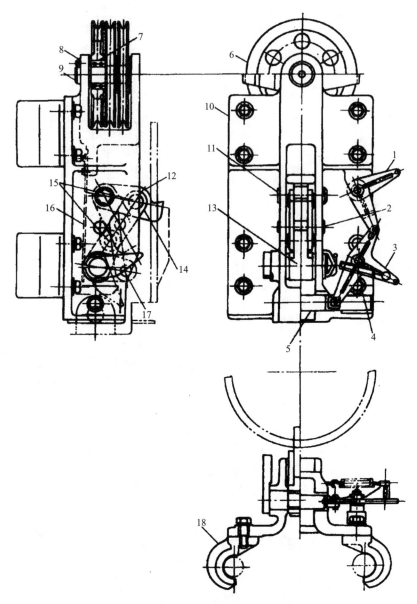

图 3-4　MH72B 型陆上型筒式柴油桩锤起落架结构图

1-连杆；2-挂钩挡轴；3-连杆；4-弹簧；5-锤体提升销轴；6-滑轮；7-滚柱轴承；8-卡板；9-滑轮轴；10-锤体；11-轴；

12-上活塞提升挂钩；13-凸轮；14-连接杆；15-定位销；16-板簧；17-起落凸轮杠杆；18-弧型导向卡爪

当上、下活塞相碰撞时，高压气体使燃油沿着上、下活塞之间的楔形间隙被挤出，产生了雾化。上活塞撞击到下活塞时大约有 50% 的冲击机械能传递给下活塞，这通常被称为第一次打击。

（4）燃烧过程［图 3-5(d)］。雾化后的混合气体，由于高温高压的作用，立刻燃烧爆炸，产生巨大的能量。一方面通过下活塞对桩再次冲击（即第二次打击），一方面使上活塞跳起。

（5）排气过程［图 3-5(e)］。上跳的活塞通过排气口后，燃烧过的废气便从排气口排出。

（6）吸气过程［图 3-5(f)］。活塞继续向上跳，此时新鲜的空气从排气口被吸入，活塞跳得越高，所吸入的新鲜空气越多。

（7）扫气过程[图3-5(g)]。当上活塞从最高点开始下落后，一部分新鲜空气与残余废气的混合气由排气口排出，直至重复喷油过程，柴油桩锤便周而复始地工作。

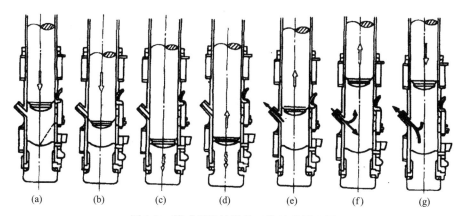

图 3-5　筒式柴油桩锤的工作过程原理图

(a)喷油;(b)压缩;(c)冲击;(d)燃烧;(e)排气;(f)吸气;(g)扫气

### 3.筒式柴油桩锤的主要参数

（1）上活塞 $Q$。即柴油桩锤的冲击部分。随着建筑业与机械加工业的发展，目前在设计打入桩时，桩径一般都不小于 40cm×40cm（方桩）或 $\phi$50cm（管桩），因而所选锤的上活塞重量越来越大。较大的上活塞重量与较好的桩帽垫层，既可加快打桩速度，又不易损伤桩头及桩身。施工中广泛采用的锤质量是 5～10t，最常用的是 6～8t。

（2）冲程 $H$ 与冲击能 $W$。柴油锤规定的最大冲程一般为 2.5m，冲击能为 $1.2QH_{max}$。说明书中规定的最大冲程是指施工中可以采用且柴油桩锤也能承受的冲击高度。规范中建议柴油桩锤的冲击高度应以 1.9～2.3m 为宜，施工中的最大冲程 $H$ 应不超过 2.3m。

（3）冲击频率。指锤体每分钟的平均冲击次数。柴油桩锤上活塞跳动一个周期的时间 $t$ 可近似地表达为

$$t \approx \sqrt{H} \tag{3-1}$$

每分钟的平均冲击频率 $n$ 为

$$n = \frac{60}{\sqrt{H}} \tag{3-2}$$

规范中还有一种记录贯入度的方法，即为最后 10cm 时的每分钟平均值，以此换算成停锤时的贯入度。按此计算时，可按上式从每分钟的锤击数反算停锤时的平均冲击高度 $H$。

## 二、液压桩锤

随着液压技术的发展与逐步成熟，20 世纪 70 年代各国先后开发了液压桩锤以适应建筑行业的新的需要。液压桩锤是以液压能作为动力，举起锤体然后快速泄油，或同时反向供油，使锤体加速下降，锤击桩帽并将桩体沉入土中。液压桩锤正被广泛应用于工业、民用建筑、道路、桥梁以及水中桩基施工（加上防水保护罩可在水面以下作业）。同时，液压桩锤通过桩帽

这一缓冲装置,直接将能量传递给桩体,一般不需要特别的夹桩装置,因此可以不受限制地对各种形状的钢板桩、混凝土预制桩、木桩等进行沉桩作业。另外,液压桩锤还可以相当方便地进行陆上与水下的斜桩作业,与其他桩锤相比有独特的优越性。目前液压桩锤已成为建筑施工中一种不可或缺的大型桩工机械,并越来越受到重视。液压桩锤的构造和工作原理如下。

**1. 液压桩锤的分类**

液压桩锤按照工作原理可分为单作用、双作用及内外联合差动式 3 种类型。单作用液压桩锤是指锤体被液压能举起后,按自由落体的运动方式落下。为了提高打击能量,液压桩锤常设计成差动式。双作用液压桩锤在锤体被举起的同时,向蓄能器内注入高压油,锤体下落时,蓄能器内的高压油促使锤体加速下落,使锤体下落的加速度超过自由落体加速度,此即外差动。内差动是指锤体被液压能举起后,液压缸上、下腔相通,使锤体快速下降。内外联合差动式液压桩锤具有结构简单、液压缸体积小、打击能量高、打击力大、排油迅速、易于控制等优点。

**2. 液压桩锤的构造**

液压桩锤由本体机械部分、液压系统和电气控制系统构成。图 3-6 为日本 NH 系列液压桩锤结构简图,图 3-7 为日本 NH 系列液压桩锤下锤体结构图,图 3-8 为日本 NH 系列液压桩锤液压操纵箱外形图。现以 10t 液压桩锤为例对各组成部分分别加以说明。

1)本体机械部分

(1)起吊装置。起吊装置主要由滑轮架、滑轮组与钢丝绳组成,通过打桩架顶部的滑轮组与卷扬机相连。利用卷扬机的动力,液压桩锤可在打桩架的导向架上滑动。滑车组的倍率可根据液压桩锤的质量确定。

(2)导向装置。导向装置与柴油桩锤的导向夹卡基本相似,它用螺栓将导向装置与壳体和桩帽相连,使其与导向架的滑道相配合,锤可沿导向架上下滑动。由于液压桩锤的工作环境极其恶劣,导向装置的受力情况变化无常,所受冲击荷载大,磨损严重,因此应选用高强度螺栓。导向装置的卡爪磨损到一定程度后应及时修补或更换,以确保安全。

(3)液压装置保护罩。液压装置保护罩可用来保护液压桩锤上部的液压元件、液压油管和电气装置,还可连接起吊装置和壳体并作配重使用。当锤体下落打击桩帽时,桩帽对锤体有一个向上的反力,这个反力会使锤体和液压缸发生不规则的抖动或向上反弹,这种干扰会影响液压系统正常的工作循环,同时对桩、桩架造成不良影响。液压装置保护罩的质量起到类似配重的作用,可以缓冲和减少不规则的抖动或反弹,从而提高整体工作性能。

(4)锤体。液压桩锤通过锤体下降打击桩帽,将能量传递给桩,实现桩的贯入下沉。锤体是沉桩的主要工作部分,一般由 45 号钢制成,它的上部与液压缸活塞杆头部由法兰连接。下表面设计成近似球面的形状,以提高打击时的接触面积,提高打击质量。

(5)壳体。壳体把上部的液压装置保护罩和下壳体连在一起,在它外侧安装着导向装置、无触点开关、液压油管和控制电缆的夹板等。锤体上下运动锤击沉桩的全过程均在壳体内完成,壳体板较厚,除有足够的强度与刚度之外,还有一定的隔音作用。

（6）下壳体。下壳体将桩帽罩在其中，上部与壳体下部相连，下部支在桩帽的树脂垫上。

（7）下锤体。下锤体上部有两层缓冲垫，与柴油桩锤下活塞的缓冲垫作用一样，防止过大的冲击力打击桩头。液压桩锤工作时，下锤体受力情况最恶劣，冲击载荷大，材料多选用锻件。

（8）桩帽及缓冲垫。打桩时桩帽套在钢板桩或混凝土预制桩的顶部，除有导向作用外，还与缓冲垫一起保护桩头不受到破坏，也使锤体及液压缸的冲击荷载大为减少。在打桩作业时，应注意经常更换缓冲垫。

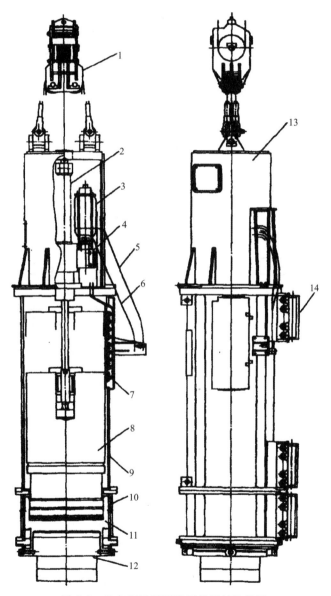

图 3-6　日本 NH 系列液压桩锤结构简图

1-起吊装置；2-液压缸；3-蓄能器；4-液压控制装置；5-油管；6-控制电缆；7-无触点开关；8-锤体；
9-壳体；10-下壳体；11-下锤体；12-桩帽及缓冲垫；13-液压装置保护罩；14-导向装置

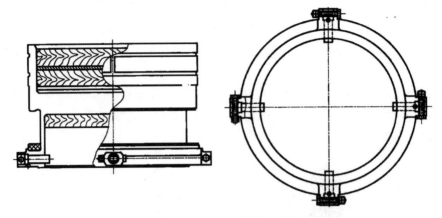

图 3-7 日本 NH 系列液压桩锤下锤体结构图

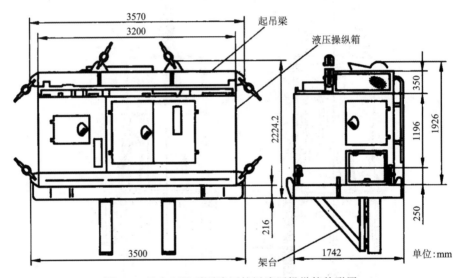

图 3-8 日本 NH 系列液压桩锤液压操纵箱外形图

2) 液压和电气控制部分

液压与电气控制部分将在液压锤工作原理中一并进行介绍。

**3. 液压桩锤的工作原理**

图 3-9 为内外差动式液压桩锤简图,图 3-10 为其液压原理图。内外联合差动式液压桩锤与目前流行的外差动及双层液压缸结构相比,具有结构简单、液压缸体积小、打击能量高、打击力大、排油迅速、易于控制等优点。工作时,液压泵通过滤油器将液压油箱中的液压油泵出,当二位二通电磁阀 6 通电,回油腔关闭,系统建立压力,通过单向阀 4,一路液压油进入蓄能器,另一路液压油经过已通电的二位四通电液阀 9,进入液压缸下腔,将锤体提起。液压缸上腔的液压油通过二位四通电液阀 10 回到油箱。活塞上行到油缸顶部后,二位四通电液阀 10 换向,蓄能器及液压泵排出的压力油进入液压缸上腔,实现外差动,并同时打开单向阀 11,使液压缸上下腔相通,实现内差动,使锤体快速下降。当锤头接触接近开关,二位四通电液阀

9断电换向,液压排出的压力油进入蓄能器,液压缸内液压油快速降压通过二位四通电液阀9、10,另一条油路返回油箱。停留一段时间,当单向阀11内弹簧的弹力克服液压缸内液压油的压力时,弹簧回位,关闭内差动油路,液压缸上下腔的联系切断。这时二位四通电液阀9通电,压力油通过电液阀9进入液压缸下腔,另一路则进入蓄能器,活塞上升。重复上述动作,液压桩锤便开始连续工作。另外,控制系统设有手动和自动两种方式,在实际使用中可以通过无触点开关预先设置提升高度,控制冲击力。

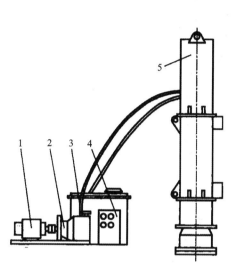

图 3-9　内外差动式液压桩锤简图

1-电动机;2-轴向桩塞泵;3-油箱;4-电控柜;5-锤体

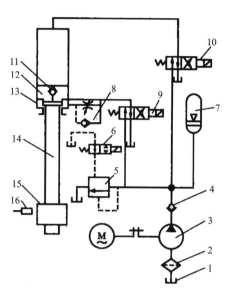

图 3-10　内外差动式液压桩锤液压原理图

1-油箱;2-滤油器;3-液压泵;4、11-单向阀;5-溢流阀;6-二位二通电磁阀;7-蓄能器;8-单向节流阀;9、10-二位四通电液阀;12-活塞;13-液压缸;14-活塞杆;15-锤头;16-接近开关

## 三、振动沉拔桩机

振动沉拔桩机由振动桩锤和通用桩架或通用起重机械组成(图 3-11)。振动桩锤利用机械振动法使桩沉入或拔出,按作用原理分为振动式和振动冲击式,按动力装置与振动器连接方式分为刚性式和柔性式,按振动频率分为低频、中频、高频和超高频等。

因为振动桩锤是靠减小桩与土壤间的摩擦力来达到沉桩目的,所以在桩和土壤间摩擦力减小的情况下,可以用稍大于桩和锤重的力将桩拔起。因此,振动桩锤不仅适合沉桩,而且适合拔桩。它的沉桩、拔桩的效率都很高,故称这种桩机为振动沉拔桩机。

振动桩锤一般为电力驱动,因此必须有电源,且需要较大的容量。振动桩锤的优点是工作时不损伤桩头、噪声小、不排出任何有害气体,且使用方便,可不用设置导向桩架,用普通起重机吊装即可工作。它不仅能施工预制桩,也适合施工灌注桩,因此应用较为广泛。

### 1. 振动桩锤的工作原理

振动桩锤是使桩身产生高频振动(频率一般为 700～1800 次/min)并传给桩周围的土壤,在振动作用下破坏桩和土壤的黏结力,减小阻力使桩在自重作用下下沉。振动桩锤的主要工作装置是振动器,由其产生振动振源(图 3-12)。

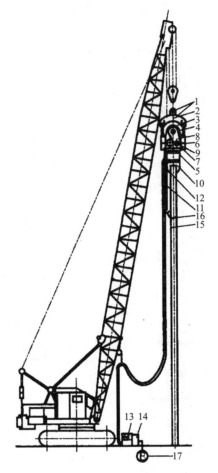

图 3-11　起重机式振动沉拔桩机

1-减振器、钩环(大)悬吊架;2-保险钢索用的耳形环;3-电动机;4-电动机带轮;5-振动器;6-振动器带轮;7-V
带;8-传动带护罩;9-传动带张紧轮;10-夹头;11-软电缆;12-液压输油管;13-液压操纵箱;14-电器操纵箱;
15-桩;16-桩子的保险钢索;17-接地

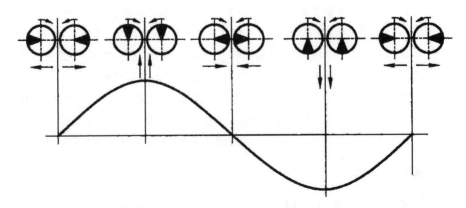

图 3-12　振动锤的定向振动激振器作用原理

**2. 振动桩锤的构造**

振动桩锤主要由原动机(电动机、液压马达)、激振器、夹持器和减振器组成。图[3-13 (a)]为 $DZ_1$-8000 型振动桩锤。

(1)原动机。振动桩锤的原动机大部分为电动机,对于中小型振动桩锤,电动机为耐振型电动机,由于功率较小,一般采用自耦减压起动,也有采用 Y-△ 起动。

(2)减振器。[图3-13(b)]为悬吊式减振器,由几组组合弹簧与起吊扁担构成。当振动桩锤作为拔桩机使用时(图3-11),吊机的吊钩钩住扁担,振锤起动后,吊钩向上提升,开始拔桩作业,组合弹簧的作用可使激振器传到吊钩上的力大大减小。

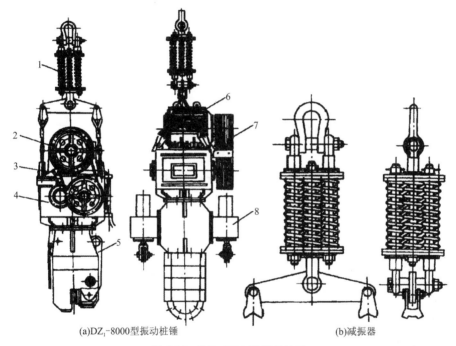

(a)$DZ_1$-8000型振动桩锤     (b)减振器

图 3-13　$DZ_1$-8000 型振动桩锤

1-吸振器;2-带轮;3-张紧机构;4-振动箱体;5-夹桩器;6-电动机;7-V 带;8-加压导向装置

(3)激振器。图 3-14 为 $DZ_1$-8000 型振动桩锤激振器结构图,电动机通过传动带将动力传给 V 带轮 1,通过齿轮副使附有两个偏心块的轴转动,偏心块离心力的水平分力互相抵消,竖直方向分力互相叠加。图 3-14 中的偏心块是可调的,可调整活动偏心块 4 用固定销轴 7 与固定偏心块 5 相连,固定偏心块上有 3 个销孔,使两个偏心块产生不同的位置偏差,从而使振动桩锤的偏心力矩发生变化。$DZ_1$-8000 型的偏心块可调 3 种偏心力矩。图 3-15 为偏心块的调整方法,图 3-16 为偏心块位置与偏心力矩之间的关系图。

(4)夹持器。夹持器为振动桩锤与桩刚性连接的夹具,可以无滑动地将力传递给桩。夹持器有液压式、气动式和直接式,目前最常用的是液压式。图 3-17 为 $DZ_1$-8000 型振动桩锤的液压夹持器。液压缸活塞向前推行时,杠杆 3 绕着杠杆销轴 4 转动,滑块销轴 5 将力传给滑动块 6,卡板将桩板夹紧。$DZ_1$-8000 型振动桩锤的夹持器为单板式夹持器,图 3-17 中的夹持器为双板式夹持器,主要用于下沉钢管柱。它的单爪夹持力为 2000kN,共有 4 个夹爪,钳口行程为 70mm,可夹持 $\phi2600\sim3200$mm 的钢管柱。

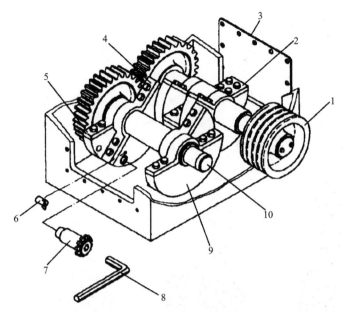

图 3-14　DZ$_1$-8000 型振动桩锤激振器结构图

1-V 带轮;2、5、9-固定偏心块;3-振动箱盖板;4-可调整活动偏心块;6-止动销;

7-固定销轴;8-内六角扳手;10-偏心块传动轴

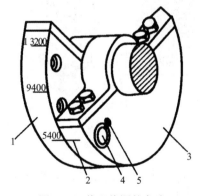

图 3-15　偏心块调整方法

1-固定偏心块;2-基准线;3-活动偏心块;

4-固定销轴;5-止动销

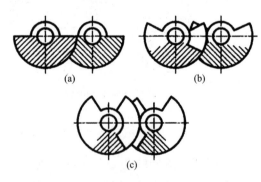

图 3-16　偏心块位置与偏心力矩关系图

(a)偏心力矩为 1320N·m;(b)偏心力矩为 940N·m;

(c)偏心力矩为 540N·m

## 四、静压桩机

### 1.静压桩机概述

随着液压技术的发展,我国在 20 世纪 70 年代开始研制生产静压桩机。采用静压桩机将桩逐段压入土层中具有明显的优点,如在施工中无振动、无噪声、无污染、无断桩,桩身质量好

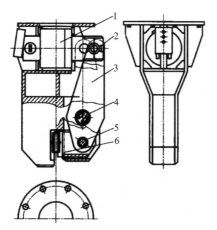

图 3-17 DZ₁-8000 型振动桩锤的液压夹持器

1-液压缸;2-液压缸销轴;3-杠杆;4-杠杆销轴;5-滑块销轴;6-滑动块

等。虽然静压桩有上述优点,但由于配有较多的配重,整个机器的拼装、运输较为复杂,工作效率比柴油桩锤打击桩低,因此目前仍不如柴油桩锤打击桩与钻孔桩应用广泛。但随着城市的发展,对噪声及泥浆污染进行越来越严格的限制,静压桩机必将越来越受到市场的重视。

**2. YZY 系列静压桩机的构造与工作原理**

图 3-18 为 YZY-500 型静压桩机结构图,它由支腿平台结构、行走机构、压桩架、配重、起重机、操作室等部分组成。

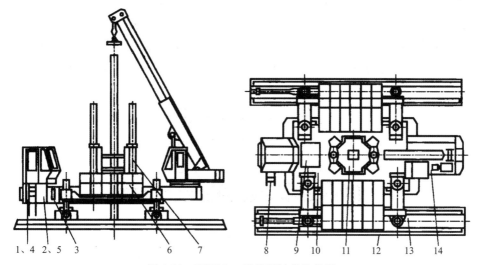

图 3-18 YZY-500 型静压桩机结构图

1-操作室;2-液压总装室;3-油箱系统;4-电器系统;5-液压系统;6-配重铁;7-导向压桩架;8-楼梯;9-踏板;
10-支腿平台结构;11-夹持机构;12-长船行走机构;13-短船行走及回转机构;14-液压起重机

(1)支腿平台结构。图 3-19 为支腿平台机构图。该部分由底盘 3、支腿 4、顶升液压缸 6 和配重梁 2 组成。底盘的作用是支承导压桩架、夹持机构、液压系统装置和起重机,底盘里面安装了液压油箱和操作室,组成了压桩机的液压电控系统。配重梁上安装了配重块,支腿由球铰装配在底盘上。支腿前部安装的顶升液压缸与长船行走机构铰接。球铰的球头与短船行走及回转机构相联。整个桩机通过平台结构连成一体,直接承受压桩时的反力。底盘上的支腿在拖运时可以并拢在平台边,工作时打开并通过连杆与平台形成稳定的支撑结构。

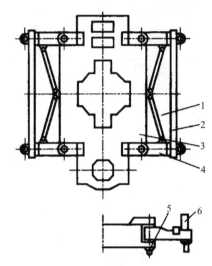

图 3-19　支腿平台机构图

1-拉杆;2-配重梁;3-底盘;4-支腿;5-球头轴;6-顶升液压缸

(2)长船行走机构。图 3-20 为长船行走机构,它由行走台车 1、船体 3 与顶升液压缸 4 等组成。液压缸活塞杆球头与船体相连接,缸体通过销铰与行走台车相联,行走台车与底盘支腿上的顶升液压缸铰接。工作时,顶升液压缸顶升使长船落地,短船离地,然后长船液压缸伸缩推动行车台车,使桩机沿着长船轨道前后移动。顶升液压缸回程使长船离地,短船落地。短船液压缸动作时,长船船体悬挂在桩机上移动,重复上述动作,桩机即可纵向行走。

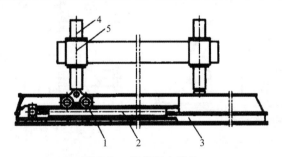

图 3-20　长船行走机构

1-行走台车;2-液压缸;3-船体;4-顶升液压缸;5-支腿

(3)短船行走与回转机构。图 3-21 为短船行走与回转机构,它由回转梁 2、回转轴 4、行走梁 5、滑块 6、船体 7、行走轮 8、横船液压缸 9、挂轮机构 10 组成。回转梁 2 两端与底盘结构铰接,中间由回转轴 4 与行走梁 5 相联。行走梁上装有行走轮 8,正好落在船体的轨道上,用焊接在船体上的挂轮机构 10 挂在行走梁 5 上,使整个船体组成一体。液压缸的一端与船体铰接,另一端与行走梁铰接。工作时,顶升液压缸动作,使长船落地,短船离地,然后短船液压缸工作使船体沿行走梁前后移动。顶升液压缸回程,长船离地,短船落地,短船液压缸伸缩使桩机通过回转梁与行走梁推动行走轮在船体的轨道上左右移动。上述动作反复交替进行,实现桩机的横向行走。

桩机的回转动作程序:长船接触地面,短船离地,2个短船液压缸各伸长1/2行程;然后短船接触地面,长船离地,此时2个短船液压缸一个伸出一个收缩,于是桩机通过回转轴使回转梁上的滑块在行走梁上作回转滑动。油缸行程走满,桩机可转动10°左右。随后顶升液压缸让长船落地,短船离地,2个短船液压缸又恢复到1/2行程处,并将行走梁恢复到回转梁平行位置。重复上述动作,可使整机回转到任意角度。

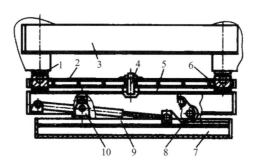

图 3-21  短船行走与回转机构

1-看球头轴;2-回转梁;3-底盘;4-回转轴;5-行走梁;6-滑块;7-船体;8-行走轮;9-横船液压缸;10-挂轮机构

(4)夹持机构与导向压桩架。图3-22为夹持机构与导向压桩架。该部分由夹持器横梁1、夹持液压缸5、导向压桩架和压桩液压缸组成。夹持液压缸5装在夹持器横梁1里面,压桩液压缸与导向压桩架相联。压桩时先将桩吊入夹持器横梁1内,夹持液压缸通过夹板将桩夹紧。然后压桩液压缸作伸缩运动,使夹持机构在导向架上下运行,将桩压入土中。压桩液压缸行程满后松开夹持液压缸,返回后继续上述程序。

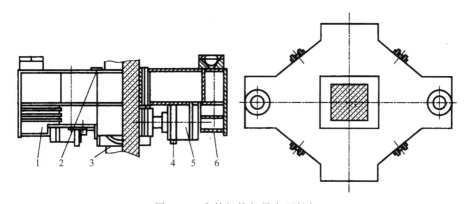

图 3-22  夹持机构与导向压桩架

1-夹持器横梁;2-夹板;3-桩;4-夹持液压缸支架;5-夹持液压缸;6-压桩液压缸球铰

### 3.静压桩机的液压系统工作原理

以 YZY-400 型静压桩机的液压系统工作原理(图 3-23)为例,该系统有 2 台斜盘式轴向柱塞液压泵 4,最大输出流量为 158.4L/min,额定工作压力为 31.5MPa。每台液压泵由一台55kW 电动机直接驱动。液压泵为压力补偿变量泵,可保持恒功率输出。液压系统内有两块多路换向阀 6、9,它们是带次级溢流阀及补油阀的高压片式结构多路换向阀,工作压力为25MPa。次级溢流阀的调整压力为 16MPa,用于锁紧回路,它的对应压桩力为 4000kN。

本机共有 16 个液压缸,其中有 2 个夹桩液压缸 15,2 个压桩液压缸 14,2 个纵向行走长船液压缸 11,2 个横向行走短船液压缸 12,4 个支腿横向伸缩液压缸 13 及 4 个横向步履上的支腿液压缸 16。在工作前应先起动液压泵 4,空循环 10min。2 块六联多路换向阀安装在操作室前部,每块均控制 8 个油缸。同时操作多路换向阀 6 第一联、第二联(从左数)手柄,前推可使桩机前进,此时长船工作。同时操作第三、四联,前推(或后拉)可使桩机右(或左)行。操作第五联可使长船收缩(或伸开)。第六联为压桩控制阀,前推为压入,后拉为上拔。多路换向阀 9 第三、四、五、六联分别操作 4 个支腿液压缸,第二联为夹桩液压缸操纵阀。

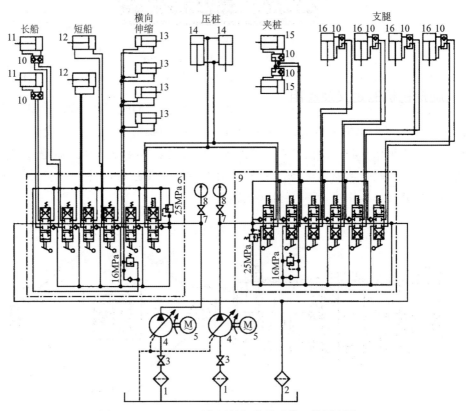

图 3-23  YZY-400 型静压桩机液压系统工作原理图

1-吸油滤清器;2-回油滤清器;3-内螺纹球阀;4-斜盘式轴向柱塞液压泵;5-电动机;6、9-多路换向阀;7-压力开关;8-耐振压力表;10-双向液压锁;11-长船液压缸;12-短船液压缸;13-横向伸缩液压缸;14-压桩液压缸;

15-夹桩液压缸;16-支腿液压缸

液压系统所用压力油为 46♯ 低温液压油,相当于低凝 30♯ 液压油。一般情况下,液压油可使用 2000h,但若发现黏度值超过 $(46\pm6.9)\times10^{-6}m^2/s$ 或酸值(KOH)超过 0.3mg/g 或水分超过 0.1% 时则应更换。

## 第二节 灌注桩成孔机械

灌注成孔机械有套管钻机、旋挖钻机、长螺旋钻机和短螺旋钻机等。本节主要介绍目前工程实践中应用最为广泛的旋挖钻机。

灌注桩成孔机械旋挖钻机于第二次世界大战以前在美国卡尔维尔特公司问世,第二次世界大战之后在欧洲得到发展,1948 年意大利迈特公司开始研制,接着在意大利、德国开始快速发展,到了 20 世纪 70 年代在日本得到迅猛推广及发展,当时日本称之为回转斗成桩,也叫阿司特利工法(Earth Drill)。

我国在 80 年代初从日本引进工作装置,配装在 KH-125 型履带起重机上。1984 年,天津探矿机械厂引进美国 RDI 公司的旋挖钻机。1987 年北京展览馆首次展出了意大利土力公司(SOILMEC)产品,1988 年北京城建机械厂根据土力公司的样机开发了1.5m直径的履带起重机附着式旋挖钻机。1994 年郑州勘察机械厂引进英国 BSP 公司附着式旋挖钻孔机的生产技术,但都没有形成批量生产。1999 年徐州工程机械集团自主研发并制造了中国第一台全液压履带式旋挖钻机。

### 一、旋挖钻机的定义及应用

旋挖钻机是以回转斗、短螺旋钻头或其他作业装置进行干、湿钻进,逐次取土、反复循环作业成孔为基本功能的机械设备。该钻机也可配置长螺旋钻具、套管及其驱动装置、扩底钻斗及其附属装置、地下连续墙抓斗、预制桩桩锤等作业装置,目前被广泛应用于各类公路、铁路桥梁和工业与民用建筑的钻孔灌注桩基础施工。

### 二、旋挖钻机分类

旋挖钻机的形式常按动力驱动方式或行走方式的不同进行分类,各形式可以是下述分类中的一种,也可以是下述分类中的不同组合。

(1)按动力驱动方式可分为电动式旋挖钻机、内燃式旋挖钻机。

(2)按行走方式可分为履带式旋挖钻机、轮式旋挖钻机、步履式旋挖钻机。

(3)按加压方式可分为油缸加压式旋挖钻机、卷扬加压式旋挖钻机。

(4)按变幅机构结构可分为平行四边形变幅机构式旋挖钻机、大三角变幅机构式旋挖钻机。

### 三、旋挖钻机的构成及工作原理

(一)结构

旋挖钻机主要由底盘、上车部分、钻桅、变幅机构、主副卷扬、动力头、钻杆、钻头、回转平台、发动机系统、驾驶室、配重、液压系统、电气系统等部分组成,如图 3-24 所示。

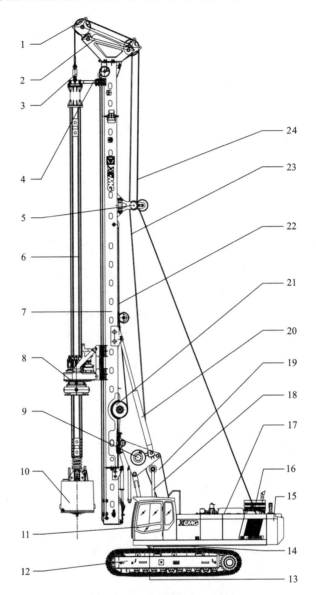

图 3-24　旋挖钻机基本组成

1-主副卷滑轮;2-钻桅鹅头;3-回转接头;4-托架;5-背轮;6-伸缩钻杆;7-钻桅;8-动力头;9-副卷扬;10-钻头;
11-驾驶室;12-底盘;13-上车回转定位销;14-回转支承;15-配重;16-主卷扬;17-发动机;18-四连杆起升油缸;
19-四连杆机构;20-钻桅起升油缸;21-加压卷扬;22-加压卷扬钢丝绳;23-副卷扬钢丝绳;24-主卷扬钢丝绳

(1)底盘。底盘主要由行走机构、履带张紧装置和左右纵梁组成,底盘可采用旋挖钻机专用底盘、履带液压挖掘机底盘、履带起重机底盘、步履式底盘、汽车底盘等形式。

(2)上车部分。上车部分由车架、回转平台、发动机系统、主卷扬总成、驾驶室和配重等组成。

(3)钻桅。钻桅由鹅头、上桅杆、中桅杆、下桅杆、加压油缸等部件组成,它是钻杆、动力头的安装支承部件及其工作进尺的导向机构。

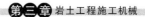

（4）变幅机构。该机构主要由动臂、三角架、支撑杆、变幅油缸、倾缸等部件组成，通过变幅油缸的作用，可以调节桅杆与车架间的距离，通过倾缸的作用，则可以调节桅杆与水平面间的角度。

（5）动力头。旋挖钻机动力头是指旋挖钻机钻孔作业时驱动动力头回转进给从而带动钻杆和钻头工作的整个动力驱动装置，主要由液压马达、减速机、动力头箱体、减振器、驱动轴、承撞体、托架等组成。

（6）钻杆总成。钻杆总成由钻杆、回转支承、导向架、提引器、销轴、垫圈等零部件组成。其中，钻杆是一个关键部件，主要承担着连接钻头和主卷钢丝绳，且在全长伸缩范围内，把动力头的作用力传递至钻头，以实现对地层旋挖作业的功能。市场上常用的钻杆有两种，即摩阻式钻杆和机锁式钻杆。

（7）钻头。根据不同施工场地和不同地层，可选配不同的钻头，以保证钻进效率。一般情况下，每台钻机都需同时配套几种不同形式的钻头。目前，市场上主要使用的钻头可分为旋挖钻斗、螺旋钻头、筒式钻头和扩底钻头等。

（8）液压系统。旋挖钻机的液压系统主要由液压系统回路、辅助液压系统回路、先导系统回路和冷却系统等部分组成。

（9）电气系统。电气系统主要功能有发动机启动、熄火监测、发动机转速自动控制、桅杆角度监测、报警、钻孔深度监测、故障监测、钻进参数建议、GPS定位系统定位、触摸屏显示系统等。

（二）液压基础原理与装置构成

## 1. 液压原理

液压传动是以液体为介质，通过驱动装置将原动机的机械能转换为液体的压力能，然后通过管道、液压控制及调节装置等对液压的压力能进行传递和控制，借助执行装置，将液体的压力能转换为机械能，驱动负载实现直线或回转运动的传动方式。

根据帕斯卡原理，在密闭容器内，施加于静止液体上的压力将以等值同时传递到液压各点。如图3-25所示，大活塞面积为小活塞面积100倍，如果向小活塞上施加1kN的力，那么传递到大活塞上的力就变为100kN。因此，施加在面积小的活塞上的力在面积大的活塞上会成比例放大。在同等体积下，这种液压传动装置比机械传动装置产生更大的动力，结构简单紧凑，并且液压传动容易控制液体压力、流量及流动方向，因而在工程机械中被广泛应用。

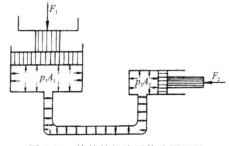

图3-25 旋挖钻机液压传动原理图

**2. 液压装置**

液压装置(图 3-26)主要由动力装置、执行元件、控制调节装置、辅助装置、工作介质组成。

(1)动力装置。供给液压系统压力,并将发动机输出的机械能转换为油液的压力能,从而推动整个液压系统工作。常见的液压泵主要分为齿轮泵、叶片泵、柱塞泵、螺杆泵。

(2)执行元件。包括液压缸和液压马达,用以将液体的压力能转换为机械能,以驱动工作部件运动。

(3)控制调节装置。包括各种阀类,如压力阀、流量阀和方向阀等,用来控制液压系统的液体压力、流量(流速)和液流的方向,以保证执行元件完成预期的工作运动。

(4)辅助装置。指各种管接头、油管、油箱、过滤器和压力计等。它们起着连接、储油、过滤、储存压力能和测量油压等辅助作用,以保证液压系统可靠、稳定、持久地工作。

(5)工作介质。指在液压系统中,承受压力并传递压力的油液。

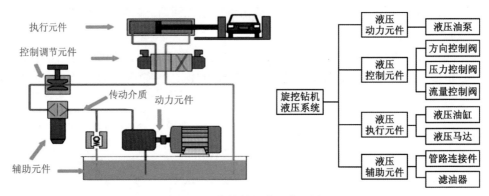

图 3-26　旋挖钻机液压装置图

与机械传动、电气传动相比,液压传动具有以下优点:

(1)液压传动的各种元件,可以根据需求方便、灵活地布置。

(2)重量轻,体积小,运动惯性小,反应速度快。

(3)操纵控制方便,可实现大范围的无级调速(调速范围达 2000∶1)。

(4)可自动实现过载保护。

(5)一般采用矿物油作为工作介质,相对运动面可自行润滑,使用寿命长。

(6)很容易实现直线运动。

(7)很容易实现机器的自动化,当采用电液联合控制后,不仅可实现更高程度的自动控制过程,而且可以实现遥控。

液压传动的缺点如下:

(1)由于流体流动的阻力和泄漏较大,因此效率较低。如果处理不当,泄漏不仅污染场地,还可能引起火灾和爆炸事故。

(2)由于工作性能易受到温度变化的影响,因此不宜在很高或很低的温度条件下工作。

(3)液压元件的制造精度要求较高,因而价格较高。

（4）由于液体介质的泄漏及可压缩性影响，不能得到严格的传动比。

（5）不易找出液压传动故障的原因，使用和维修要求有较高的技术水平。

（三）徐工 XR280D 旋挖钻机液压系统简介

徐工 XR280D 旋挖钻机采用全液压控制驱动，由柴油发动机向液压泵提供动力，使液压泵输出液压油，通过液压控制阀向马达或油缸输入液压油，马达或油缸驱动执行机构完成各项动作。液压系统按模块可分为主系统与副系统（图 3-27）、先导控制系统，主要工作装置分为动力头马达减速机、主卷扬马达减速机、回转马达减速机、加压油缸、倾缸及变幅油缸。

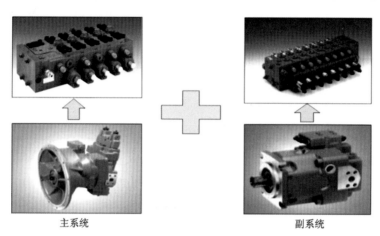

主系统　　　　　　　　　　　　　　　副系统

图 3-27　旋挖钻机主系统与副系统

## 1. 主系统

主系统为负载敏感控制系统，主要由力士乐 A8VO 变量双泵和 M7 阀组成（图 3-28）。这种回路的特点是泵出口压力与负载压力间保持固定的压力差，由于阀进、出口的压差不变，流量只与阀芯节流口的开度呈线性关系，负载压力变化对流量没有影响。同时，A8VO 变量双泵为恒功率泵，通过功率越权控制，使液压系统与发动机实现最佳功率匹配。M7 阀的 LUDV 功能能实现执行器复合动作时流量分配不受负载影响，如果系统内流量不足，即液压泵所能提供的流量不能满足各执行器的速度需求时，流量能按比例分配到各执行器，保证各执行器都有动作。本系统通过 M7 阀向行走马达、回转马达、动力头马达和主副卷扬马达等执行元件供油。M7 阀的控制方式为液压先导控制，驾驶员通过先导手柄控制阀芯开启，从而实现整机动作。

## 2. 副系统

副系统是负载敏感控制系统，动力部件采用力士乐 A10VO 开式变量泵，控制部件采用 M4 阀（图 3-29）。这种回路与主系统具有同样的优点。本系统中，M4 阀向加压缸、加压（快）、变幅缸、支腿油缸、履带伸缩缸、倾缸等执行元件供油。其中，加压缸、加压（快）、变幅缸、支腿油缸、履带伸缩缸均采用液压控制，左右倾缸采用电液比例控制，可实现桅杆自动调

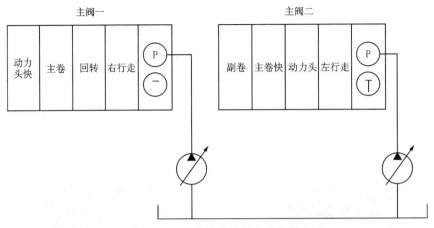

图 3-28  旋挖钻机液压主系统图

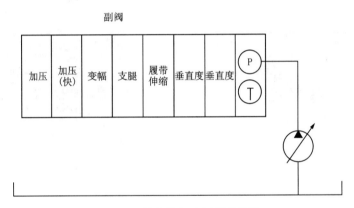

图 3-29  旋挖钻机液压副系统图

垂直的功能。

### 3. 先导控制系统

先导控制系统是液压系统的重要组成部分(图 3-30),操作者通过操纵驾驶室内的手柄就可以控制旋挖钻机各执行动作,如动力头旋转、主卷扬提放。驾驶室内的按键、旋钮用于控制旋挖钻机各功能的切换或限制,如主卷扬、副卷扬切换,加压、变幅切换,加压、限压切换等。

### 4. 工作装置

徐工 XR280D 旋挖钻机工作装置的执行元件为马达和液压缸。马达通过减速机与机械结构相连,可以降低机械的转动速度,提高输出扭矩。减速机制动器在制动口无压力时,产生机械锁紧,防止机械下滑。工作时,必须在制动口上通液压油,将制动器打开。每个马达上均有泄漏油口,通过胶管接回油箱,泄漏口不允许有背压存在。为防止马达气蚀,回转、主卷扬及动力头的马达均接有补油管。马达上装有平衡阀,防止负负载时失速,同时可进行液压制动。具体执行元件如下:

图 3-30 旋挖钻机先导控制系统

（1）左、右行走马达减速机(图 3-31)。由马达、平衡阀与减速机组成,通过中心回转接头将主阀出油口与马达油口连接在一起。

（2）动力头马达减速机(图 3-32)。由 3 组相同的马达与减速机组成。动力头马达为变量马达,当负载小、马达压力较低时,马达排量减小,动力头转速增大,输出扭矩减小;当负载大、马达压力较高时,马达排量变大,使转速变小,输出扭矩增大。

（3）主卷扬马达减速机(图 3-33)。由定量马达、平衡阀与减速机组成。

（4）回转马达减速机。由定量马达、回转缓冲阀与减速机组成。

（5）油缸执行元件。油缸是液压系统中的一种执行元件,其功能是将液压能转变成直线往复式的机械运动。油缸上装有平衡阀,平衡阀有 2 个作用:一是负负载时起平衡作用,防止负负载时失速;二是在油缸不工作时,起液压锁的作用,防止油缸沉降。具体执行元件如下:钻桅倾缸两件,装有双向平衡;变幅油缸 2 件,装有双向平衡阀;加压油缸 1 件,装有单向平衡阀(图 3-34)。

图 3-31 行走马达减速机　　图 3-32 动力头马达减速机

图 3-33　主卷扬马达减速机及平衡阀

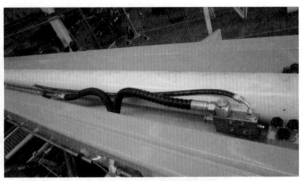

图 3-34　加压油缸及平衡阀

### 四、旋挖钻机配套钻杆和钻头

采用旋挖钻机进行基础工程施工,不仅需要钻机具有良好的机械性能,而且要根据地层情况和工程设计要求选配合理的旋挖钻具。若钻具选用不当,不仅会影响施工的效率,严重时还会引起钻机的机械故障,甚至造成钻孔事故。旋挖钻具主要包括钻杆和钻头两类。

（一）钻杆

目前,旋挖钻杆主要有两种类型:摩阻加压式钻杆(简称摩阻杆)和机锁加压式钻杆(简称机锁杆)。这两种钻杆结构特点上有很大差异,对地层的适应性也各不相同。因此,根据具体的地层情况选择合适的钻杆类型是旋挖钻机高效施工的保障。

**1.摩阻加压式钻杆**

摩阻加压式钻杆就是通过摩擦阻力来传递旋挖钻机钻进破碎地层所需加压力的一类钻杆。

（1）结构特点。图 3-35 为磨阻加压式钻杆的结构图,每一节钻杆均设有外键条和内键条,钻进所需加压力通过外节钻杆内键条与内节钻杆外键条之间的相对摩擦力进行传递。钻进过程中,动力头的输出扭矩越大,钻杆所能传递到孔底的加压力也就越大,反之亦然。但是,当动力头施加在钻杆上的加压力大于内外键条的摩擦力时,钻杆与动力头或者是内外节钻杆之间会产生相对滑动,属于柔性加压。

（2）优缺点。操作简单,施工过程中孔内提升下放速度快,通常可配置 5 节或 6 节钻杆,

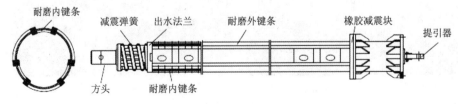

图 3-35　磨阻加压式钻杆结构图

能实现较大的钻进深度。但因受自身加压特点的限制,此类型钻杆所能传递的加压力受到钻机动力头输出扭矩与钻杆内外键摩擦力的直接影响,往往不能将动力头所能提供的最大加压力发挥出来。

(3)适用条件。此类钻杆受自身加压特点的限制,一般适用于地基承载力在450kPa以下的土层或饱和单轴抗压强度在5MPa以下的软岩地层的钻进施工。

## 2. 机锁加压式钻杆

机锁加压式钻杆是通过机械锁点来实现压力传递的一类钻杆。

(1)结构特点。图3-36为机锁加压式钻杆结构图,每节钻杆外表面上设有锁点,内表面设置键条,通过外节钻杆内键条与内节钻杆外锁点相互咬合,能够将动力头加压力很好地传递到孔底。这种加压方式不会产生相对滑动,属于刚性加压。

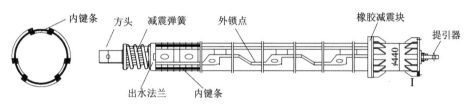

图 3-36　机锁加压式钻杆结构图

(2)优缺点。使用范围广,加压力的传递不受扭矩以及摩擦力的限制,可以充分地将动力所能提供的最大加压力传递到孔底。但由于是通过锁点与键条的咬合来实现压力传递,在提钻时需要解锁,操作相对复杂;通常情况下为4节,钻深较小;随钻进深度的增加,钻杆的解锁会越来越繁琐。

(3)适应条件。此类钻杆几乎可以满足任何工况下的施工要求,但是考虑到其解锁的复杂性,还是推荐当钻进中风化及微风化基岩这些需要较大加压力的地层时,配置机锁加压式钻杆。

## 3. 两种钻杆性能对比

磨阻加压式钻杆与机锁加压式钻杆性能对比如表3-1所示。

表 3-1　磨阻加压式钻杆与机锁加压式钻杆性能对比表

| 项目 | 机锁杆 | 摩阻杆 |
|---|---|---|
| 操作性 | ★ | ★★★ |
| 地层适应能力 | ★★★ | ★ |
| 可用加压力 | ★★★ | ★ |
| 耐磨损性 | ★ | ★★★ |
| 提升性 | ★ | ★★★ |

注:★★★表示好;★★表示较好;★表示一般。

#### 4. 钻杆选用原则

(1)根据施工区域地质情况选择相应的钻杆,优先考虑摩阻加压式钻杆。当施工地层的最大承载力特征值不超过 450kPa,或岩层的最大饱和单轴抗压强度不超过 5MPa 时,一般选用摩阻加压式钻杆。

(2)在某一地区长期施工时,根据施工区域内的桩孔特点,选择配置长度适宜的钻杆,以施工中所配钻杆内节均能伸出为宜。不要盲目配置长度过大的钻杆,从而增加钻机运行负载,影响使用寿命。

(3)在某些松软土层钻进时,可配置单节长度较小的钻杆,以满足钻头加高提高单次进尺的需要。

(4)一台钻机可配置多套钻杆,以满足不同的工程以及备用需要。

### (二)钻头

目前,旋挖钻机钻头种类越来越多,根据钻头的结构和使用功能不同可大致划分为以下几大类:捞砂斗、筒钻、螺旋钻头、扩底钻头及特殊钻头。捞砂斗、筒钻、螺旋钻头以及扩底钻头较为常见,适应地层范围较广,可满足 90% 以上的地层施工。还有一类为特殊钻头,针对性强,适应性差,仅可满足某种特殊工况的施工。合理选择钻头是保证旋挖钻机高效施工的关键。

#### 1. 捞砂斗

捞砂斗在各类旋挖钻头中使用范围最广,其最突出的优点是携渣效果好。根据进土口数量、底板形式、钻齿类型等结构参数的不同,捞砂斗又可细分为以下几种类型,分别适用于不同的地层。

(1)双底双开门截齿捞砂斗(图 3-37)。①优点:截齿强度大、岩层钻进效率高;通过反转可以关闭进土口,桶内钻渣不易流出,携渣能力强。②缺点:当钻孔直径在 1000mm 以下,在黏土地层中钻进时,倒渣困难;钻孔直径在 1200mm 以下,在卵石、回填层钻进时,大直径卵石或回填物难以进入筒体;结构复杂,其侧边销轴、开合杆、底部销轴保养不及时,易造成钻头损坏;受截齿齿型的影响其土层钻进效率低。推荐使用地层为密实砂层、密实卵砾石层、强—中风化岩层。

(2)双底单开门截齿捞砂斗(图 3-38)。①优点:底板通过反转可关闭,桶内钻渣不易流出;进土口较大,避免了卵石、回填层钻进时,大直径卵石或回填物难以进入筒体的情况发生;在易打滑的泥岩等地层钻进时,可有效避免打滑现象。②缺点:钻进时钻头单边受力,受力不均,易发生钻孔倾斜。推荐使用地层为大粒径的卵石层、回填层、容易打滑的泥岩地层。

(3)双底双开门斗齿捞砂斗(图 3-39)。①优点:土层钻进效率高,底板通过反转可关闭,桶内钻渣不易流出。②缺点:钻孔直径在 1000mm 以下的黏土地层钻进时,倒渣困难;钻孔直径在 1200mm 以下,土层中存在孤石、漂石时,大直径的钻渣难以进入筒体。推荐使用地层为淤泥层、松散砂层、松散卵砾石层、粉土层、粉质黏土层。在强风化岩层、软岩、极软岩地层可选配宝峨式斗齿。

（4）单底双开门斗齿捞砂头（图3-40）。①优点：进土口较大，进土容易；机构简单，制作成本低。②缺点：由于进土口无法关闭，松散的钻渣容易掉落出来。推荐使用地层为淤泥质黏土层、黏土层等经扰动后不易松散的较软地层。

图 3-37　双底双开门截齿捞砂斗

图 3-38　双底单开门截齿捞砂斗

图 3-39　双底双开门斗齿捞砂斗

图 3-40　单底双开门斗齿捞砂斗

捞砂斗使用过程中应注意的事项：

（1）下钻前应观察钻头方头销是否牢固，钻齿是否损坏，开合机构挂钩是否完全复位。

（2）单斗进尺不许超过筒体高度的80%。

（3）孔内提钻前反转1～2圈，待底门完全闭合后再提钻，严禁过度加压反转。

（4）钻头上提过程如果发生卡阻现象，应该上下升降并慢速正反转，严禁强行提拉。

（5）卸土时，钻头不要上提过高，动力头承撞体下放速度要慢，严禁高速冲击钻头压杆，操作时也可停下承撞体，采用上提钻头的方式打开，视个人习惯而定。如果卸土困难，可反复正反转，严禁快速上下抖动或碰撞周边物体。

（6）及时更换严重磨损或损坏的钻齿。

（7）当孔内掉落有大块金属异物时，严禁下钻或把钻头作为处理事故的工具使用。

**2. 筒钻**

筒钻结构较为简单,主要应用在岩层钻进,根据钻齿的不同主要分为截齿筒钻、牙轮筒钻。

(1)截齿筒钻(图 3-41)。①优点:结构简单,岩层钻进时钻头不易损坏;若取芯成功能够大幅提高钻进效率;如取芯不成功,通过钻齿对岩层的环切破坏,为采用其他钻头再次破碎提供自由面,也有利于钻进效率的提升。②缺点:不适合完整性较好的极硬岩地层钻进,取芯不成功需其他钻头配合捞渣。推荐使用地层为硬岩、裂隙较发育的极硬岩地层。遇溶洞地层、易斜地层可增加筒体高度。

(2)牙轮筒钻(图 3-42)。①优点:适合强度较大的岩层钻进且钻进平稳,对设备损伤小。②缺点:操作要求高,机手操作不当时极易造成牙轮齿损坏;单个牙轮齿价格较高,施工成本高。推荐使用地层为完整性较好的极硬岩地层

图 3-41　截齿筒钻　　　　　　　　　　图 3-42　牙轮筒钻

筒钻使用过程中应注意的事项:

(1)确认筒钻与钻杆连接是否牢固、钻齿是否完好,因为钻进岩层对钻头震动破坏力较大,需采用双销连接。

(2)根据地层和扭矩阻力情况确定进尺量,若在钻进中发现钻进阻力突然减小(一般为岩芯断裂),可继续钻进 30～40cm,然后反转几圈,提高取芯成功率。

(3)钻进过程中如果发现截齿、牙轮磨损严重或损坏必须及时更换,且应更换相同的齿型。

(4)尽量避免将筒钻作为打捞处理工具使用。

**3. 螺旋钻头**

螺旋钻头相对于捞砂斗来说结构比较简单,使用较为方便。螺旋钻头根据不同的螺片数量、钻齿排布、钻齿类型以及整体形状等可以分为多种不同的类型。此处主要介绍钻进效果较优的单螺结构钻头。

(1)双头单螺截齿锥螺旋钻头(图 3-43)。①优点:密实卵砾石地层松动效果较好;螺距

大,带渣能力强;双头强度大。②缺点:大直径钻头叶片易变形;有地下水时,带土效果不佳。推荐使用地层为密实卵石层、强风化岩层、破碎状岩层。

(2)单头单螺截齿锥螺旋钻头(图 3-44)。①优点:密实卵砾石地层松动效果较好;螺距大,带渣能力强。②缺点:大直径钻头叶片易变形;有地下水时,带土效果不佳;单头强度小。推荐使用地层为密实卵石层、强风化岩层。

图 3-43　双头单螺截齿锥螺旋钻头　　　　图 3-44　单头单螺截齿锥螺旋钻头

(3)双头单螺斗齿直螺旋钻头(图 3-45)。①优点:土层钻进效率高,携渣能力强,卸土快。②缺点:有地下水时,带土效果不佳;斗齿强度较小,遇较硬地层容易断齿。推荐使用地层为不含地下水的土层、砂土层及胶结性差的小直径砾石层。在土层较稳定的情况下,可将钻头高度加高,提高钻进效率。

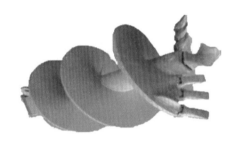

图 3-45　双头单螺斗齿直螺旋钻头

双头单螺斗齿直螺旋钻头使用过程中应注意的事项:

(1)下钻前应观察钻头方头销是否牢固,钻齿组和先导尖是否完好。

(2)严禁大钻压快转速钻进,遇到憋钻现象,应将钻头提升再次轻压慢转。

(3)钻进深度不宜过大,提下钻时应平稳慢速,防止钻头与孔壁碰撞导致钻渣掉落或引发孔内事故。

(4)钻头上提过程如果发生卡阻现象,应该上下升降并慢速正反转,直至解除卡阻现象,严禁强行提拉。

(5)卸土时反转钻头,困难时可轻压慢转钻入地表或钻渣堆,严禁上下抖动或碰撞周边物体。

(6)及时更换磨损严重或损坏的钻齿。

(7)在孔内掉落有大块金属异物时,严禁下钻或把钻头作为处理事故的工具使用。

### 4.扩底钻头

扩底钻头结构复杂,主要满足桩孔设计时桩底扩大头的要求,常见的为适用土层钻进的斗齿扩底钻头、适用岩层的截齿扩底钻头以及牙轮扩底钻头。其中,截齿扩底钻头应用最为广泛,基本可满足大部分扩底施工要求。

扩底钻头使用过程中应注意的事项:

(1)下钻前应观察钻头与钻杆连接方头销是否牢固,切削齿是否完好。

(2)根据扩底要求,在下钻前确定最大扩底直径时需要的下行行程,即在扩底钻头完全收缩状态下慢放,使两扩翼张开至所需要直径时前后两种状态下的高度差。

(3)扩底时会有大量钻渣落入孔底,一般扩底行程为所需行程的1/3时,使用捞砂斗及时清渣。

(4)扩底时严禁快速加压旋转,可通过钻具自重或摩阻点压扩至所需直径。

(5)提钻受阻或连杆无法收缩时,严禁强力提拔,可微量上下窜动并正反转,直至阻力消失。

### 5.特殊钻头

1)分体式钻头

分体式钻头结构相对较复杂,筒体上部销轴及筒体长期开合、加压,极易发生变形导致钻头损坏。

(1)斗齿分体式钻头(图3-46)。①优点:易倒土、钻进效率高。②缺点:钻头连接筒体与方头销轴易变形;斗齿强度低,易掰断。推荐使用地层为桩孔直径小于1200mm的黏土地层。

(2)截齿分体式钻头(图3-47)。①优点:钻进效率高,能有效避免糊钻、托底等问题。②缺点:钻头连接筒体与方头销轴易变形;遇到强度较大的岩层时,加压过大极易损坏。推荐使用地层为泥岩、泥质砂岩等容易糊钻的软岩与极软岩地层。

图 3-46 斗齿分体式钻头 　　　　　图 3-47 截齿分体式钻头

分体式钻头使用过程中应注意的事项:

(1)使用分体式钻头时,严禁加压过大,导致钻头损坏。

(2)分体式钻头筒体结构较脆弱,严禁在中硬岩地层施工。

(3)分体式钻头顶部销轴晃动量增加后,应及时维修,避免筒体变形加剧。

(4)使用分体式钻头卸土困难时,应通过钻头轻微接触地面反转打开,避免通过反复正反转方式卸渣土。

(5)分体式钻头筒体限位块变形、脱落后,应及时维修。

2）取芯式筒钻

取芯式钻筒如图 3-48 所示。它的优点是取芯成功率较高,缺点是机构过于复杂,安全隐患较多。推荐在完整性较好的中硬岩取芯钻进及大卵石、孤石地层钻进。

图 3-48　取芯式筒钻

## 6.钻头选用原则

(1)优先考虑结构简单、使用方便的钻头,特殊地层施工应选择针对性强的特殊钻头(如黏土地层、小孔径土层钻进可以选用分体式钻头)。

(2)采用单一钻头钻进效率不高时,应考虑选择多种钻具组合施工,如筒式钻头配合截齿捞砂斗。

(3)大直径桩孔钻进时应根据实际情况考虑分级钻进,按照分级方式选择相应的钻头。一般要求相邻两次钻孔直径级差应控制 300～600mm 之间,不应小于 300mm。地层强度越小级差越大,可控制在 500～600mm 之间,岩层强度较大时可控制在 300～400mm 之间。首级钻孔直径一般可控制在 800～1500mm 之间,为桩孔直径的 0.5～0.8 倍。地层强度越小,首级钻孔直径越大;地层强度越大,首级钻孔直径越小(图 3-49)。

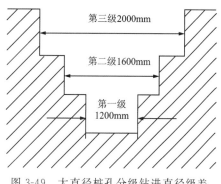

图 3-49　大直径桩孔分级钻进直径级差

# 第三节　地基处理与加固机械

## 1.用途

XL-50 型高压旋喷钻机适用于铁路、公路、桥梁、坝基及各种工业与民用建筑的地基处理和加固,广泛应用于淤泥、淤泥质土、黏性土、粉质黏土、粉土(亚砂土)、砂土、黄土及人工填土中的素填土,甚至碎石土等多种土层。此型钻机可用于既有建筑和新建建筑的地基加固,也可用于基础防渗;可用于施工中的临时措施(如深基坑侧壁挡土或挡水、防水帷幕等),也可用于永久建筑物的地基加固、防渗处理;可进行一般旋喷(摆喷、定喷),也可进行单管、双管、三管工程施工。

**2. 主要特点**

(1)钻机钻深能力大。

(2)采用全液压动力头传动,可无级变速,钻进效率高,劳动强度低。

(3)直动式负载反馈微调变量液压系统,功率随负载变化,效率高、能耗低。

(4)在国内同类钻机中,首次订制了进口的摩擦定位专用阀,其特性完全满足旋喷工艺要求。

(5)动力头变速范围广,可满足各种地层和不同钻进工艺的要求。

(6)履带底盘装载,行走、移动就位方便快捷。

(7)配有回转支承,需要时孔位可转至履带侧边工作。

(8)动力头行程长,可减少辅助时间。

(9)结构紧凑,集中操作,方便安全。

(10)配备钻塔垂直、动力头回转及提升速度的显示装置。

**3. 主要技术参数**

(1)钻孔深度:50m。

(2)钻杆直径:$\phi$42mm,$\phi$50mm。

(3)钻孔倾角:左右±3°,前倾10°,后倾90°。

(4)最大扭矩:3000N·m。

(5)动力头转速:高0～148r/min;低0～48r/min。

(6)动力头最大行程:3500mm。

(7)动力头额定提升力:30kN。

(8)动力头允许加压力:12kN。

(9)动力头提升/加压速度:旋喷精细调节速度(0.06～0.9)/1.8m/min。

(10)动力头快速升降速度:0～28m/min。

(11)行走速度:1km/h。

(12)电机功率:30kW。

(13)外形尺寸:工作时2600×1800×4600(mm);运输时4600×1800×1780(mm)。

(14)整机质量:2800kg。

(15)主泵系统压力:20MPa。

(16)副泵系统压力:20MPa。

**4. 钻机结构**

XL-50型高压旋喷钻机主要由立柱、动力头、操纵台、油箱、油泵传动系统、液压系统、机架及底盘组成,总体结构见图3-50。

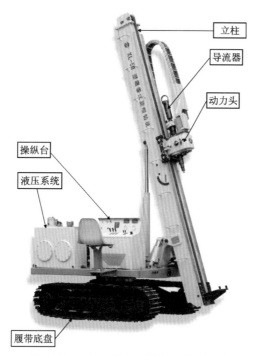

图 3-50　XL-50 型高压旋喷钻机结构图

（1）动力头。由回转马达驱动动力头回转,操纵动力头上的高低速手柄,动力头可输出两挡转速(图 3-51)。

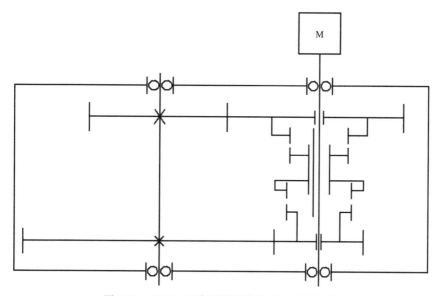

图 3-51　XL-50 型高压旋喷钻机动力头结构图

（2）液压系统。XL-50 型高压旋喷钻机液压系统见图 3-52。油箱主要由箱体、空气过滤器、回油过滤器、液位温度计等部件构成。油泵传动系统由电动机或柴油机、联轴器、主泵及副泵等组成。

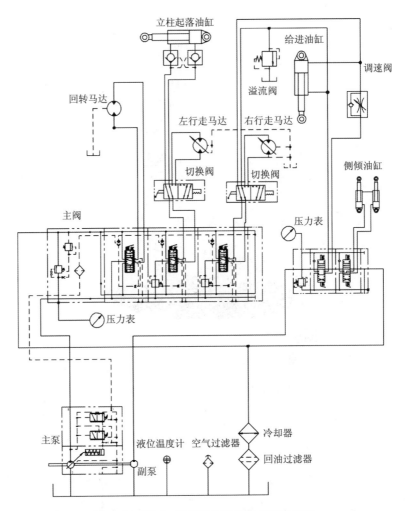

图 3-52　XL-50 型高压旋喷钻机液压系统图

（3）立柱。XL-50 型高压旋喷钻机的立柱是由立柱体、链轮、油缸等部件组成的油缸链条倍增机构（图 3-53）。

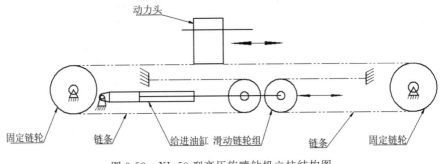

图 3-53　XL-50 型高压旋喷钻机立柱结构图

（4）底盘。XL-50 型高压旋喷钻机的底盘由液压马达、减速机、驱动轮、支重轮、涨紧轮、托带轮、履带总成、机架等构成。

(5)钻具。XL-50 型高压旋喷钻机的钻具由单、双、三管导流器、钻杆、喷头以及辅助工具等组成。图 3-54～图 3-56 分别为双管导流器、双管钻杆和双管喷头。

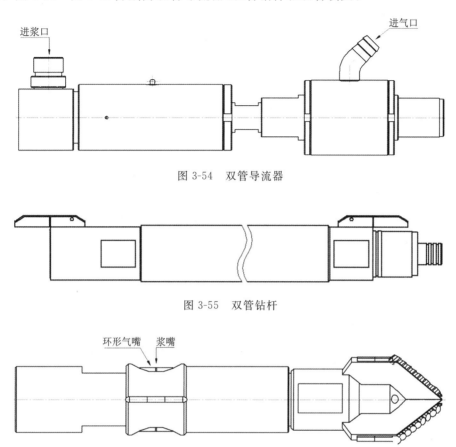

图 3-54　双管导流器

图 3-55　双管钻杆

图 3-56　双管喷头

## 第四节　地下连续墙施工机械

挖槽是地下连续墙施工中的关键工序,要高质量、高效率地开挖一条按预定设计墙体宽度的深槽,具有很高的技术难度,选择合适的施工机械是非常重要的。由于各地地质条件不同,目前还没有能够完全适用于所有地质条件的万能挖槽机械。因此,要根据不同地质条件及现场情况,选择不同的挖槽机械。目前,国内外用于地下连续墙施工的挖槽机械种类繁多,归纳起来大体可分为挖斗式、冲击式、钻削式和铣削式四大类。

### 一、挖斗式挖槽机

挖斗式挖槽机是一种构造最简单的挖槽机械,又称抓斗式成槽机,它以斗体切削土体,将切的土渣收容在斗体内,从沟槽里运到地面,开斗放出土渣,然后又返回到挖土位置,如此重复往返动作,进行挖槽作业。它的特点是构造简单、耐久性好、故障少,且载运机械大多数采用履带式起重机等通用机械,操作人员和设备零件供应问题比较容易解决,适用于土质比较松软的施工现场。因此,挖斗式挖槽机是当前被广泛使用的一种机型。

挖斗式挖槽机的结构包括挖槽机主体的土斗,使土斗开闭、旋转、上下运动的原动机和传动机构以及装有导杆的机架,也有使用通用的自行式起重机代替专用机架。挖斗的挖掘动作有斗铲挖掘和斗刃切削两种,这两种动作都是先把斗齿或斗刃切入地基土内之后开始挖土,切入地基土时所需要的压力由斗体重量提供。为了增加切入压力,需增加挖斗重量,同时需加强支撑机构,但这样在排出土渣时就会增加无益的动力消耗,因此挖槽机构的挖斗重量不能过大,挖槽能力也就受到限制。

控制挖槽机掘进方向的主要措施:一是在挖斗上部安装导向板;二是根据挖槽深度,在挖斗上安装钢制长导杆,导向杆沿着机架上的导向立柱上下滑动,既保证了掘进方向,又由于增加了斗体的自重而提高了对地基土的切入力。

蚌式抓斗是一种常用的挖斗式挖槽机,分为钢索中心提拉式抓斗、斗体推压式导板抓斗和导杆式液压抓斗3种。以下对这3种抓斗进行介绍。

**(一)钢索中心提拉式抓斗**

钢索中心提拉式抓斗的升降和开闭采用钢绳,因此需要两个卷扬机分别控制。为了使抓斗斗齿能切入土中,除了依靠抓斗自重外,还可以松开卷扬机的制动器,让抓斗自由下落,利用其冲击力切土。但在关闭抓斗进行切削时,切削力的大小还是受自重的影响。为了提高开槽的垂直精度,除了增加抓斗自重外,在抓斗所要开挖的距离上,可先行钻孔,便于导向。表3-2为钢索中心提拉式抓斗主要性能参数。

表3-2 钢索中心提拉式抓斗主要性能参数

| 性能 | 型号 | |
|---|---|---|
| | SWG600/1000 | SWG1000/1500 |
| 墙厚/mm | 600、800、1000 | 1000、1200、1500 |
| 机体宽/mm | 600 | 1000 |
| 斗容量/L | 300、1050、1300 | 1300、1550、1850 |
| 倍率 | 6 | 6 |
| 抓斗重/kg | 3200、3500、3800 | 10 000、10 300、10 600 |

近年来应用较多的钢索中心提拉式抓斗主要为导板索式抓斗,下面主要介绍导板索式抓斗的结构、工作原理和特点。

**1. 导板索式抓斗的结构和工作原理**

为了避免旧式吊索抓斗的晃动,保证挖掘方向,提高成槽精度,并发挥导墙的导向作用,在抓斗上部设置导板,即成为我国常用的导板抓斗。导板用钢板制成,这样可增大抓斗重量(增加了抓斗对土体的切入力),又可提高挖槽的精度和效率。导板长度可根据实际需要确定,长导板可提高垂直精度。

1)导板索式抓斗结构。

导板索式抓斗主要由导板架、滑轮组、斗体、连杆、滚轮组等组成,结构见图3-57。

(1)导板架是固定滑轮组等部件的框架体,它可以增加抓斗挖槽的导向性能,提高挖槽精度,也可以加大抓斗自身的重量,增加闭斗力,提高挖槽能力。导板架为焊接的钢结构框架,与斗体厚度相同,在导板架两侧面有螺栓孔,可用螺栓连接导向板,增加导向板的厚度,并可与加厚斗体相配合,改变抓斗的挖槽厚度。

(2)滑轮组为上、中、下3部分,上部2个动滑轮平行放置,中部与下部3个定滑轮倾斜放置,目的是便于闭合绳在有限的空间垂直穿绕,互不干扰。由于2根钢丝绳的固定端和伸出端都经过抓斗的中心面,两绳的收放无偏心,始终处于抓斗的重心位置,故提高了抓斗工作时的稳定性。闭合钢丝绳经过3组滑轮后,抓斗的闭斗能力提高了6倍,大大增加了抓斗的挖掘能力。

(3)斗体分为左右两部分,结构对称。两斗体的内铰点为固定铰点,用销轴铰接在导板架的下部。两斗体的外铰点为动铰点,用销轴与两根连杆相铰接,不同厚度的斗体都可固定在这4个铰点上。斗体内还装有固定的排土架,保证抓斗以张开状态挖土时,将所挖土体分成几段挖掘,开斗时又将斗体内的土体顺利排出。

(4)滚轮组限制2根钢丝绳的纵向位移和横向位移,防止两绳在抓斗内相碰和缠绕。

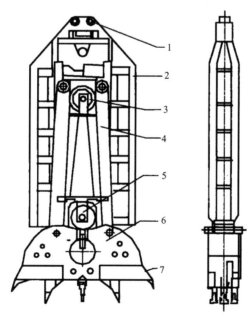

图 3-57 导板索式抓斗结构图

1-滑轮组;2-导板架;3-动滑轮组;4-连杆;5-定滑轮组;6-斗体;7-斗齿

2)导板索式抓斗工作原理

导板索式抓斗为双绳动作,一根为提升绳,另一根为闭合绳,它要求起重机必须有双卷筒配合动作。提升绳固定在抓斗动滑轮架的上部,由起重机副卷扬驱动;闭合绳固定在动滑轮的下部,绕过抓斗内的 5 个滑轮后,由起重机主卷扬驱动。开始动作时,副卷扬不转,提升绳不动。主卷扬依靠抓斗的自重实现反转,使抓斗处于张开状态。同步反转主、副卷扬,使提升绳和闭合绳同时下降,抓斗依靠自重插入土体中。再驱动主卷扬正转,提升闭合绳,斗体则逐渐闭合进行挖掘。斗体全部闭合后,同时驱动主、副卷扬正转,将抓斗提升到地面一定高度后再放松闭合绳卸土,如此往复,即可实现抓斗的挖槽工作。

**2. 钢索中心提拉式抓斗的特点**

(1)结构简单,操作简易,维修方便。

(2)限制抓斗施工的因素少,最大挖槽深度可达 100m。

(3)由于抓斗的闭合力不足,难以对岩土抓碎成槽,抓斗的有效装载率不高,生产率较低。

(4)抓斗开挖槽段时导向性差,槽段开挖的垂直较差,光滑度及成槽质量差。

**(二)斗体推压式导板抓斗**

**1. 斗体推压式导板抓斗的组成结构及工作原理**

斗体推压式抓斗结构如图 3-58 所示,由电力驱动、液压操纵,主要由斗体、液压系统、软管、软管卷筒、操作系统、电缆和电缆卷筒、测斜仪等部分组成。

(1)斗体包括抓斗、导向架和导向板。抓斗底部呈圆形结构,刚性大。齿尖进行耐磨处理,不易磨损。两块抓斗分别由各自一侧的油缸完成开闭动作,在液压系统出现故障时,也可通过滑轮组、A 杆和 B 杆使抓斗开闭。导向架是框架结构,上部装有 2 个滑轮,四面装有导向板。导向板的作用是避免吊索抓斗晃动,发挥其导向作用来修正抓斗的倾斜度,确保开挖精度和效率。

(2)液压系统主要为抓斗的开闭油缸供油,控制抓斗开闭完成挖土动作。液压系统的主要部件装在吊车的底盘上,输油软管缠绕在软管卷筒上,通过吊车顶端的导向滑轮与抓斗上的油缸连接。抓斗电线的缠绕借助电缆卷筒中螺旋弹簧力,当工作时,沿反缠绕方向拉出电缆,螺旋弹簧内储存了卷紧力,工作完后弹簧内蓄积的能量就将电线自动缠绕在卷筒上。

(3)测斜仪用来测量抓斗在施工过程中产生的倾斜度以确保工程质量,它由倾斜传感器、显示器、修正按钮、导向板组成。当抓斗上的倾斜传感器测出抓斗发生偏斜时,即传送信息至操作室的显示器上,操作人员按下修正按钮使导向调整油路接通,导向板连接的油缸就推动导向板发生偏转到达规定位置,修正抓斗发生的偏斜,修正结果亦显示在显示器上。抓斗的前后、左右安装有导向板,可以调节 4 个方向的偏斜。

**2. 斗体推压式导板抓斗主要特点**

(1)由于抓斗切割岩土的力是由油缸提供的,抓斗的闭合力大,可达 800~1800kN。该类抓斗一般均可在抓斗张开时的中部配置凿齿以增加冲碎岩土的能力,故生产率较高。

(2)由于影响施工深度的因素较少,最大挖掘深度与钢丝绳悬吊的机械抓斗接近。

(3)这类液压抓斗在液压系统出现故障时,可将原抓斗由液压启闭改变为钢丝绳启闭,在

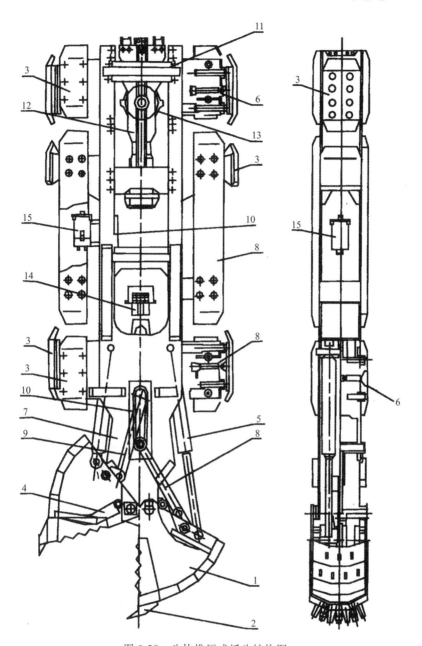

图 3-58　斗体推压式抓斗结构图

1-抓斗;2-斗齿;3-导向板;4-刮土板;5-开闭油缸;6-导向油缸;7-固定架;8-A 杆;9-B 杆;10-滑槽;

11-压板;12-滑轮托架;13-滑轮总成;14-传感器;15-终端接线盒

配件供应困难、维修力量薄弱的地区,可作为一种应急手段。

（4）为了提高抓斗工作时的稳定性,减少作业时的摆动,这类抓斗有的在上下、前后、左右装有 8 块用于导向的导向板,同时也大大增加了抓斗的自重。抓斗上装有的控制前后左右倾斜的电子装置,可根据倾斜程度通过导向油缸对导向板予以调整。

（三）导杆式液压抓斗

导杆式液压抓斗分半导杆式和全导杆式两种，以下仅介绍全导杆式液压抓斗。

**1. 全导杆式液压抓斗的结构及工作原理**

全导杆式液压抓斗的结构如图 3-59 所示。该抓斗是一种装在伸缩式主动钻杆上的液压操纵的抓斗，随伸缩导杆升降，抓斗的方向通过导杆保持，通常不需要进行导向孔的开挖，开挖的深度由伸缩导杆的长度决定，可适应地下连续墙成槽的宽度为 500～1200mm，长度为 2200～4000mm。伸缩导杆一般为矩形断面，装在导杆套内，在钢绳牵引下伸缩，因此可保证孔槽的垂直精度。有的导杆还可作 ±45° 回转，使液压抓斗的方向作相应的转动。液压软管卷筒安装在导杆套上，软管卷筒由液压马达驱动，它必须与液压抓斗的升降同步，防止软管受附加拉力而损坏。导杆套既可安装在履带起重机的底盘上，也可安装在液压挖掘机的底盘上。抓斗工作时，伸缩导杆的重量也加在液压抓斗上，这样就增加了抓斗的重量，相应地增加了液压抓斗切削地层的能力。

导杆式液压抓斗是一种适用于在软至中硬土层挖掘地下连续墙内槽的机械，最大开挖深度可达 50m，开

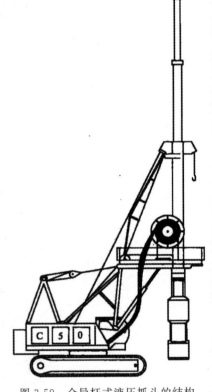

图 3-59　全导杆式液压抓斗的结构

挖时噪声和振动小，对周围土层的扰动也少。因此，它是在松散砂层、软黏土或需仔细控制剪切作用的敏感土层中进行开挖的理想设备。

**2. 全导杆式液压抓斗的特点**

（1）方钻杆伸缩采用快速自动接头，运输时不必拆卸，施工时可适用于高度受限制的场所。

（2）吊杆上部有转盘，可使方钻杆及抓斗做正反向旋转，能应用于较狭窄场地及开挖平面为锐角的槽段。

（3）由于有伸缩方导杆的导向，能保证对软、中软及较硬的岩土进行垂直挖掘，生产效率较高。

（4）可伸缩钻杆自重大，抓斗的施工深度大，一般施工深度为 40～45m，最大为 50m。

（5）长时间使用后，伸缩导杆间隙加大，影响施工质量。

（6）抓斗的斗齿左右两边齿数不同，槽段容易向抓斗齿多的一侧偏斜。

## 二、钻削式挖槽机

利用钻头切削土体进行开挖的挖槽机械称为钻削式挖槽机,按钻头数量分为独头钻和多头钻。独头钻用于钻导孔,一般不单独用于地下连续墙施工;多头钻可直接用于地下连续墙施工。多头钻最早应用于日本,在日本称 BW 钻机,相应的施工方法称为 BW 工法。我国所用的 SF-60 型和 SF-80 型多头钻,是参考日本 BW 钻机并结合我国实际国情设计和制造的。这种挖槽机钻头一般采用动力下放、泥浆反循环排渣、电子测斜纠偏和自动控制,具有一定的先进性,适用于松散土层,尤其对于密实的砂性土层、粒径小于 50mm 的砾石层以及深度大于 15m、结构物精度要求高的工程对象,能充分显示优越性。

### 1. 多头钻挖槽机的组成及工作原理

SF-80 型多头钻挖槽机整机结构如图 3-60 所示,主要由潜水电钻、卷扬机、空气压缩机、电缆收放箱、配电柜、操纵台、拉力传感器、斜度传感器、机架、机座等组成。多头钻机头悬挂

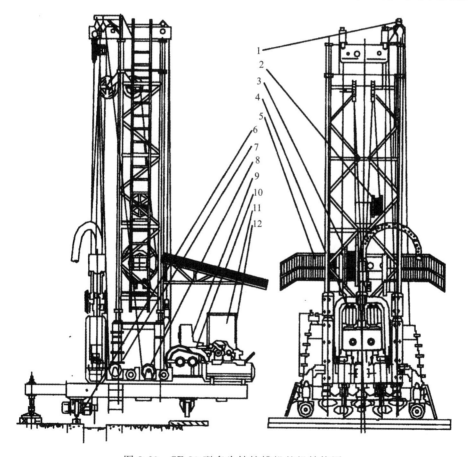

图 3-60 SF-80 型多头钻挖槽机整机结构图

1-φ150 皮龙提升台令;2-信号电缆收线筒;3-动力电缆收线筒;4-潜水电机;5-遮阳棚;6-行走轮;7-0.5t 卷扬机;8-0.5t 卷扬机;9-操纵台;10-5t 升降机头主卷扬机;11-配电柜;12-空气压缩机;13-电子秤拉力传感器;14-测深测速发送器;15-机头工作深度给进速度显示仪;16-成槽倾斜度传感器

在机架上,保证机头正常的挖槽工作和转移工作地点。整机由机架上的操纵控制台实现全面操纵。机头上安装有左右、前后倾斜的传感器,能连续送出机头两个方向的倾斜度信号,通过信号电缆在机架操纵台上的显示仪上显示出倾斜度值。机架的外挂滑轮上亦安装有倾斜传感器,同样可在机架操纵台上的显示仪指示出机头与悬挂点之间连线的倾斜度值。根据两个显示仪读出的倾斜度值,操纵机头上的纠偏气缸,推动纠偏导板,使机头向槽段的设计轴线靠拢,纠正机头的工作姿态。机头给进速度(单位时间给进量)根据土层土质情况、反循环排渣能力和电子秤指示吨位等参数调整至最佳状态以及根据土层硬度、反循环排渣能力,相应地对机头采取自动连续、自动断续或手动进给3种不同进给方式。当遇到坚硬土层应采用小量、高频的给进方式。挖槽过程中机头在槽内遇到障碍或机内故障等原因造成电机超负荷工作时,机头会自动停机和提升,脱离危险状态,避免事故发展。机头在槽内的工作深度能在操纵台上连续显示,通过运算得到的给进速度用数码显示装置进行显示,供施工人员参考。多头钻机架前方有一对电动轮,操纵按钮可直接驱动机架行走。SF-80型多头钻的技术性能如表3-3所示。

表3-3 SF-80型多头钻挖槽机技术性能表

| 项目 | 数据 |
|---|---|
| 成槽宽度/mm | 600 |
| 成槽区段长度/mm | 2600 |
| 钻机功率/kW | 18.5×2 |
| 钻槽长度/mm | 2000 |
| 钻具给进速度/(m·h⁻¹) | 5~20 |
| 钻头个数 | 5 |
| 钻头转速/(r·min⁻¹) | 30 |
| 钻具质量/kg | 9700 |
| 吸泥管通径/mm | 150 |
| 外形尺寸(长度×宽度×高度)/mm | 2600×600×4340 |

**2. 多头钻挖槽机机头**

多头钻挖槽机机头采用柔性悬挂动力下放方式,具有操纵简单、升降灵活的特点,其上装有倾斜传感器及纠偏导板,能分别进行两个方向的连续纠偏,因而可以得到1/300甚至更高的墙体垂直精度。SF-80型多头钻挖槽机的机头结构如图3-61所示,机头动力采用两台1450r/min、18.5kW的潜水电机,通过行星减速器将转速降至30r/min,然后由分配传动箱分配至5个钻头。为减少钻头旋转切土时形成的反扭矩,钻头旋转方向采取正反对称布置,使机头在切土时自身能保持稳定。钻头在土层中旋切土体形成5个相交的圆柱(图3-62),圆柱和共有切平面之间的尖棱由布置在机头两旁的侧刀(图3-61中6)切除,由钻头轴上的端面突轮推动。机头在泥浆中工作,输出轴处采用加有调压密封液的双端面机械密封,摩擦副采用硬质合金,保证其耐久性。多头钻工作时的切屑采取反循环排渣方式排屑,在 30～40m 深度范围可以采用砂石泵反循环排屑,大于该深度可用空气吸泥排屑,用 9～12m³/min 空气压缩机供气。如遇特殊土层,钻机还可辅以正循环压浆,以改善钻头切土性能。通过更换钻头,并用垫块将侧刀、导板、纠偏导板垫出至 800mm,机头可以进行 800mm 厚的连续墙成槽施工。SF-80 型多头挖槽机机头技术参数如表 3-4 所示。

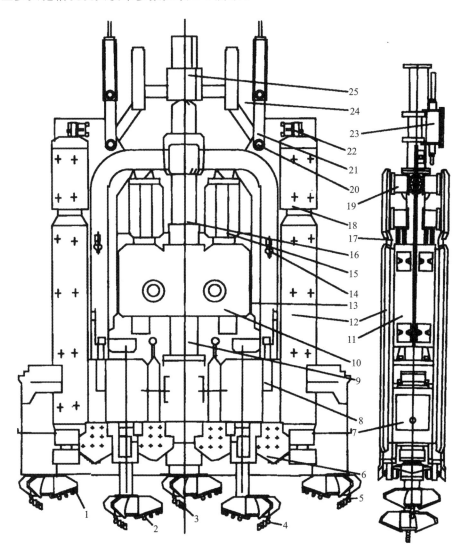

图 3-61　SF-80 型多头钻挖槽机机头结构图

1-右旋钻头(短);2-左旋钻头(长);3-中心钻头(右旋);4-右旋钻头(长);5-左旋钻头(短);6-铡刀;7-分配传动箱;8-坐垫;9-连接管;10-减速箱;11-垫块;12-固定导板;13-储油器;14-支架;15-潜水电钻;16-支架;17-拉杆;18-纠偏导板;19-汽缸;20-销轴;21-拉杆;22-空气电磁阀;23-水密封接线盒;24-滑车;25-排浆接管

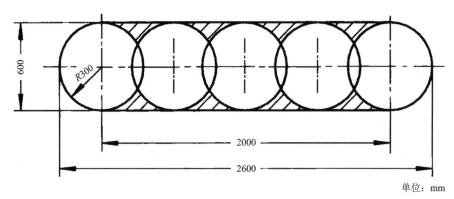

单位：mm

图 3-62　SF-80 型多头钻挖槽机钻头切土痕迹

表 3-4　SF-80 型多头钻挖槽机机头参数表

| 项目 | 数据 |
| --- | --- |
| 成槽厚度/mm | 600 |
| 成槽单幅圈宽/mm | 2600 |
| 成槽单幅有效宽/mm | 2000 |
| 钻头个数/个 | 5 |
| 钻头回转速度/(r · min$^{-1}$) | 30 |
| 吸浆管通径/mm | $\phi$150 |
| 电动机/(kW · 台$^{-1}$) | 18.5/2 |
| 机头质量/kg | 9700 |
| 最大工作深度/m | 60 |

**3. 多头钻挖槽机的配套设备**

多头钻挖槽机要有完善的辅助机械配合，才能进行正常的施工作业。配套机械对于充分发挥多头钻机工作效率和降低地下连续墙的施工成本是非常重要的，主要配套设备如下。

(1)组合式反循环泵。采用两台相同规格、口径为 $\phi$150mm 的砂石泵，其中一台为启动注水用泵，另一台为工作泵。最大流量为 180m$^3$/h，扬程为 18m，吸程为 8.5m，轴功率为 17kW。气举提升的泥浆循环最小工作深度为 7m，机头自地面开始挖槽时，必须采用泵吸反循环排屑。泵吸反循环动力消耗较少，施工成本低，但其有效工作深度一般在 30～40m 之间，深度大于 40mm 需采用气举提升法。

(2)振动筛。振动筛是从循环泥浆中分离出切屑的主要机械，一般能从泥浆中筛出 50% 以上的土。

(3)水力旋流器。水力旋流器(图 3-63)是泥浆循环中必不可少的处理装置之一，通常可分离出槽段中总土量 10%～20% 的切屑。它的作用原理是将带有颗粒的流体用泵压入上下有口的圆锥形桶内,在一定压力和速度条件下旋转流动,固体颗粒由于比重大、离心力大,附着于锥形桶体壁上,并受重力作用而逐渐下降,最终在排砂口排出。

(4)泥浆搅拌机。泥浆搅拌机是地下连续墙施工必备机械之一。一般采用的是高速旋涡式泥浆搅拌机,它具有搅拌效果好、动力消耗少、生产率高的特点。结构组成:在 $\phi 1000mm$ 圆筒底半径 $1/2$ 处,装置一个直径 $\phi 200mm$ 的涡轮叶片,以 $480r/min$ 的速度旋转,电机功率为 $4.5kW$,筒容量为 $800L$,搅拌机生产率为 $4.2m^3/h$。

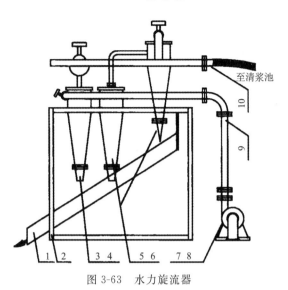

图 3-63　水力旋流器

1-出泥槽;2-支架;3-单连螺旋器;4-闸阀;5-串联螺旋器;
6-闸阀;7-4PH 灰渣泵;8-40kW 电机;9-进浆管;10-出浆管

**4.多头钻挖槽机的特点**

多头钻挖槽机与其他挖槽机相比具有以下独特的优点:

(1)可一次成槽,且钻削壁面平整。该机可一次钻成平面为波浪形的孔洞,因附有侧刀,能把波浪形侧面切削平整,为地下连续墙直接作为主体结构创造了条件。钻削地层的范围广,对于软土(标准贯入度为 $3\sim10$)、硬土(标准贯入度在 $50\sim150$)都能适用。但用于砂砾地层时,易受到石子粒径的限制。

(2)垂直钻削。多头钻机是无杆钻机,用钢绳悬吊,依靠钻机自重保持钢丝绳垂直进而保持钻机本身的垂直。在钻削过程中钢丝绳始终要保持一定的张力,如果钢丝绳张力过小,钻机就会倾斜。钻机的重量在钻削过程中起两个作用:一是保持钻机的垂直;二是使钻机的钻削刀头能压入土层。要使刀头压入土层,每个钻头上最小需加压力 $5MPa$。而钻机的重量分配到每个钻头的压力是 $9\sim14MPa$。因此,在实际施工中的钻压只有钻机重量的 $10\%\sim40\%$,最大不能超过 $50\%$,这样才能保持较大的钢丝绳张力,以保证钻机的垂直状态。钢丝绳的张力由液压张力测定计测量并显示。

(3)具有纠偏装置。挖槽机上装有偏位检测器,挖槽机的倾斜度在地面的仪器上可以检测出来。操作人员根据仪器显示操作压缩空气阀,可移动挖槽机上的可调导板,纠正挖槽机的倾斜度。

(4)所需操作人员少。一个人即可操作整个挖槽机。

### 三、铣削式挖槽机

铣削式挖槽机作为专用的地下连续墙施工设备,以成槽施工效率高、孔形规则、安全环保、适应地层范围广等优点在发达国家普遍采用,我国 1996 年于三峡二期围堰工程中首次应用。

### 1. 铣削式挖槽机的结构原理

铣削式挖槽设备由履带桩架、铣削式挖槽机、液压软管卷绕机构、泥浆搅拌机、泥浆砂石分离机及离心分离机 6 个部分组成,如图 3-64 所示。

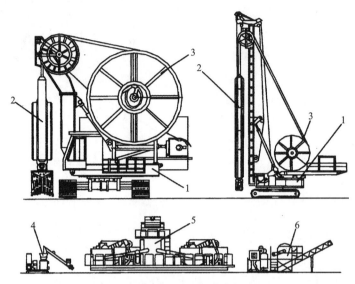

图 3-64　铣削式挖槽设备组成

1-履带桩架;2-铣槽机;3-液压软管卷绕机构;4-泥浆搅拌机;5-泥浆砂石分离机;6-离心分离机

铣削式挖槽机。是铣削式挖槽设备的主要部件。铣削式挖槽机(又称双轮铣挖槽机)主要由两个滚切滚轮 1、切削滚轮驱动马达 3、机架 11、泥浆吸料泵 6 及液压动力装置等组成,如图 3-65 所示。两个滚切滚轮以相反方向旋转切削地层,之间的泥浆抽吸头 2 除抽吸土壤泥浆外,还用来与两个切削滚轮配合破碎较大颗粒的土和石块。因此,抽吸头应有足够的强度和硬度,且可修正切槽时的偏斜度。为了适宜各种土壤的切削要求,提高工作效率,切削滚轮可更换多种型式,滚筒和刀头也能快速更换。根据所切削的地层情况,切削头转速能在 $5\sim35\mathrm{r/min}$ 之间调节,两个切削头的转速也可以稍有不同,以修正切削时的侧向偏移。两个切削滚轮和泥浆泵由液压马达驱动。铣头部分安装了一定数量用于采集各类数据的传感器,操作人员可以通过触摸屏直观地看到挖槽机的工作状态(铣头的偏直状况、铣削的深度、铣头受到的阻力),并进行相应的操作。

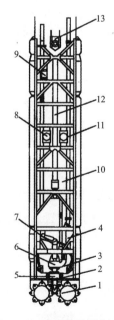

图 3-65　铣削式挖槽机

1-滚切滚轮;2-泥浆抽吸头;3-切削滚轮驱动马达;
4-导向板;5-变速器;6-泥浆吸料泵;7-泥浆泵马达;
8-液压油管;9-上导向板;10-泥浆输料管;11-机架;
12-液压油缸;13-滑轮组

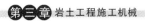

**2. 铣削式挖槽机的特点**

(1)对地层适应性强,更换不同类型的刀具即
可在淤泥、砂、砾石、卵石及中硬强度的岩石、混凝土中开挖。

(2)钻进效率高,在松散地层中钻进效率为 $20\sim40\mathrm{m^3/h}$,在中硬岩层中钻进效率为 $1\sim2\mathrm{m^3/h}$。

(3)孔形规则,槽体垂直度高(墙体垂直偏移度可控制在3‰以下)。

(4)排渣的同时即清孔换浆,减少了混凝土浇升幅准备时间。

(5)自动记录仪监控全施工过程,同时全部记录。低噪声、低振动,可以贴近建筑物施工。

(6)对地层中的铁器掉落或原有地层中存在的钢筋等比较敏感,不适用于含孤石、较大卵石地层。

(7)设备自重较大,对场地硬化条件要求较传统设备高。

(8)设备维护复杂且费用高。

# 第五节　非开挖施工机械

非开挖施工设备主要包括水平定向钻机、导向钻机、顶管机及铺管机具等。本节主要介绍工程实践中应用最为广泛的水平定向钻机。

水平定向钻机是使用一种可调向操控的钻头,通过连接钻杆组用于地下水平钻孔的施工设备,通常有自行走履带式和拖式两种。

水平定向钻进技术(HDD)1971年首次在美国应用,彼时美国采用此技术穿越 California Watsonville 附近的 Rajaro 河,铺设了一条直径为101.6mm、长187.5m的钢管,首次将油田钻井的原理应用于地下管道穿越。

我国水平定向钻机的首次应用是在1986年,在石油管道穿越黄河工程施工中,首次引进了一台美国 RB5 定向穿越铺管钻机,1994年后这一施工工法则得到了快速的推广及应用。从2003年开始,国产中小型水平定向钻机逐渐取代进口设备,成为施工设备的主流,向东南亚、中东、非洲等地区的出口量逐年增加。

水平定向钻法是目前应用最广泛的非开挖方法之一,已成为铺设地下管线最受欢迎的方法之一,采用此方法既可以穿越河流铺设大直径、长距离的油气管道,也可以穿越马路铺设小直径短距离线缆。随着市政建设和国家能源长输管网建设的发展,非开挖行业迎来了许多挑战和机遇,管线非开挖穿越施工越来越受到重视。

**1. 钻机分类**

对水平定向钻机的施工效率影响较大的设备主参数有旋转扭矩、旋转速度、推进力或回拖力、推进速度或回拖速度、泥浆泵量等。根据中国地质学会非开挖技术专业委员会《水平定向钻进技术规程》(2015年),水平定向钻机分类见表3-5。

表 3-5  水平定向钻机分类表

| 钻机分类 | 最大回拖力/t | 设备特点 |
|---|---|---|
| 微型钻机 | ≤10 | 结构紧凑,主要用于城市的小型市政管线铺设 |
| 小型钻机 | 10~40 | 结构紧凑,主要用于城市短距离市政管线铺设 |
| 中型钻机 | 40~120 | 用于城市中较大直径、较长距离的管线铺设 |
| 大型钻机 | 120~400 | 用于主干管道铺设 |
| 特大型钻机 | >400 | 用于国家大型主干管道铺设 |

**2. 钻机组成及结构**

常见的水平定向钻机主要由底盘、发动机系统、动力头、虎钳、锚固装置、电气系统及泥浆系统、钻架、钻杆装卸机构、钻杆自动润滑装置、配套钻具、导向系统、液压系统、等部件组成,其外形如图 3-66 所示。

图 3-66  水平定向钻机外形

1)底盘

水平定向钻机的底盘是指机体与行走机构相连接的部件,它将机体的重量传给行走机构,并缓和地面传给机体的冲击,保证水平定向钻机行驶的平顺性和工作的稳定性,底盘是水平定向钻机的骨架,用来安装所有的总成与部件,使整机成为一个整体。

水平定向钻机底盘目前的结构一般为液压驱动的刚性连接式车架,主要包括车架及行走装置。车架为框架焊接结构,上面有发动机、油水散热器、燃油及液压油箱、操纵装置等的安装支架;底盘的行走装置主要由驱动轮、导向轮、支重轮、托链轮、履带总成、履带张紧装置及行走减速机、纵梁等组成,行走装置中左、右纵梁分别整体焊接后,与中间整体框架式车架用高强度螺栓连接或焊接成为一个整体车架。

底盘的车架后端有两个蛙式支腿或两个垂直的支腿,可有效降低支腿部分重量及简化结构,水平定向钻机工作时支腿支起,增强整车的稳定性。底盘的行走减速机目前一般用定量马达驱动行星减速机(或液压马达直驱)或两点式变量马达驱动行星减速机,能够实现快、慢双速行走,具有输出扭矩大、结构紧凑的优点。

底盘的行走装置主要包括履带张紧装置、履带总成、驱动轮、导向轮、支重轮及行走减速机等。由于水平定向钻机一般在城市中施工,为了保护设备行走时经过的路面,底盘的履带一般采用橡胶结构,主要有两种结构形式:一种为采用整体式橡胶履带,另一种为采用组合式橡胶块的钢履带结构。前者结构简单,节距较小,车架高度较低,但后者强度高,可承受更大的载重量,且组合式橡胶块损坏后可以更换,具有更换简单、使用成本低的优点。驱动轮、导向轮、支重轮、履带张紧装置等组件目前已经形成系列齐全的配套产品,由专业化公司生产配套,可直接购买使用。底盘的履带张紧装置由张紧油缸、张紧弹簧、导向轮、油杯等组成。

2)发动机系统

发动机系统是整个水平定向钻机的动力源,水平定向钻机的所有动作都依赖于发动机驱动液压泵来实现。它一般包括发动机、散热器、空滤器、消音器、燃油箱等。设计时发动机一般选用满足国家排放标准要求的涡轮增压电控发动机,除发动机外,还需配套水散热器、空滤器、消音器等附件。

3)动力头

动力头是水平定向钻机的关键动力输出部件,它主要应用齿轮、齿条传动,将液压泵的能量转化为机械能输出,一般由一个或多个高速液压马达驱动减速机,由减速机驱动动力头,也可由低速大扭矩液压马达直接驱动动力头,由减速箱输出轴驱动钻杆转动,输出轴是中空的。

动力头的功能包括:①驱动钻杆、钻头回转;②承受钻进、回拖过程中产生的反力;③作为泥浆进入钻杆的通道。国内水平定向钻机的动力头结构基本相似,将液压马达的输出扭矩进行减速增扭,从而驱动钻杆、钻头旋转,不同点在于:①减速机的选型不一样,同吨位的水平定向钻选用不同的减速机,因此各厂家的减速比和性能参数有所变动;②动力头的减速比不同,由于减速机传动比的改变,动力头的减速比也有变动。

目前,动力头的旋转传动方式主要有链传动和齿轮传动,链传动的优点是结构简单,易制造,缺点是传动平衡性差、寿命短、输出扭矩小。齿轮是目前动力头应用最广泛的传动形式,齿轮传动的优点是传动平衡、使用寿命长、输出扭矩大,缺点是制造要求精度高。

动力头推拉装置是动力头进行回拉或进给运动的执行机构,一般由液压马达驱动减速机或低速大扭矩马达直接驱动,由减速机或低速大扭矩马达驱动链轮链条或齿轮齿条传动机构,向动力头提供进给力或回拉力,也有使用液压油缸直接驱动或液压油缸加滚子链传动形式。动力头推拉装置目前各厂家不同,但从发展趋势来看,齿轮齿条传动因尺寸紧凑、维护保养简单、传递力大、可靠性高等优点正在逐步取代其他传动方式。

4)钻杆装卸机构

水平定向钻机钻杆装卸机构一般由钻杆箱、钻杆起落、能伸出缩回的梭臂、钻杆列数自动选择装置等组成。国内外各厂家的结构不尽相同,差别主要体现在钻杆的存取、输送方式上,具体如下:

(1)人工存取钻杆。人工装卸钻杆方式作业不仅效率低,而且增加了操作人员的劳动强度;

(2)四连杆机构存取钻杆。普遍利用弹簧的回缩力作为夹紧力,经常出现钻杆脱落等事

故,工作不可靠,不但影响作业效率,而且可能引起已钻孔的坍塌、埋钻等重大事故;

(3)旋转结构输送钻杆。该机构可较方便地装卸钻杆,减轻操作者的劳动强度,提高工作效率,采用柔性进给装置,协调性较高,需对钻杆的升降、梭臂的伸缩、动力头的位置、装卸完成的检测等功能进行逻辑控制,实现多动作间的自动切换,控制系统采用先进的 PLC 控制。

典型的钻杆装卸结构有平移梭臂、旋转扇形和机械手 3 种。

(1)平移梭臂装卸装置的主要特点是在钻杆箱下面有可水平移动的梭臂,由液压马达驱动齿轮齿条传动使梭臂平行移动,实现钻杆往复运动,是目前应用最为广泛的一种结构形式。此装卸装置存在以下 3 个缺点:①放置在钻杆箱最内侧、最下侧的第 1 根杆在施工过程中最容易弯曲、疲劳变形和损坏;②整箱钻杆的质量全部压在梭臂上,梭臂移动时需要克服较大摩擦力;③顶起装置需频繁顶起、放下钻杆箱里的钻杆,此过程为无用功,功率损失较大。

(2)旋转扇形装卸装置与平移梭臂装卸装置装卸钻杆方式相似,只是钻杆装卸动作由可旋转的扇形机构来完成。在扇形机构中,由液压缸驱动可移动的滑槽,带动钻杆伸出或缩回。旋转扇形装卸装置存在以下 3 个缺点:①在多次钻进后,最内侧最下层的钻杆容易断裂;②送出或收回钻杆时,需要克服压在扇形机构上的摩擦力,因而消耗了部分功率;③在顶起钻杆时,液压缸需要将钻杆箱里的钻杆顶起,因而也存在功率浪费。

(3)机械手装卸装置是 20 世纪末期欧洲发展起来的新技术,主要特点是利用 PLC 智能控制的多液压油缸实现单钻杆移动。机械手装卸装置与前两种装置相比,具有以下 5 个优点:①机械手可直接从钻杆箱中取出或放置钻杆,其操作对象为单根钻杆,功率消耗较少;②在钻杆装卸过程中,钻杆箱中的钻杆是静止的,没有钻杆顶起或放下动作,不存在功率浪费问题;③机械手可从钻杆箱的任何一列钻杆中提取钻杆,从根本上解决了钻杆箱最下面那根钻杆容易疲劳断裂的问题;④由于取消了梭臂及扇形机构,也就消除了其工作过程中产生的摩擦力和功率损失;⑤钻杆装卸过程中只有机械手在移动,质量轻便、动作灵活,不会造成钻机损坏。

5)虎钳

水平定向钻机的虎钳位于钻机的前部,由前、后虎钳组成。前、后虎钳都可由液压油缸轴向推动卡瓦来夹持钻杆,且后虎钳可在液压油缸的作用下与前虎钳产生相对旋转,前后配合以便钻杆拆卸。

虎钳是水平定向钻机上使用频率仅低于动力头的关键零部件。由于经常同钻杆接触,虎牙易磨损,虽然它采用合金钢加工,并经过淬火、调质等延长使用寿命的处理方法,但仍需经常更换。为简洁、方便拆卸及安装虎牙,虎牙一般采用 T 型槽的安装方式,两端用螺栓及挡块固定。为方便拆卸钻杆,大型水平定向钻机的虎钳还可以在钻架上前后移动。

6)锚固装置

水平定向钻机上锚固装置位于整机的前端,在作业时对整机起稳定、锚固作用,可提高整机作业稳定性。目前各厂家普遍采用的是螺旋钻进机构,用低速大扭矩马达驱动螺旋杆,用液压油缸施加推、拉力进行钻进或钻出,各厂家在具体结构上略有差别。另外,水平定向钻锚固装置配合整机外形的设计上,一般采用了两种方案:①地锚阀放在锚固装置上,结构布置方便,易布管;②地锚阀另行放置,如放在发动机罩内等,但此种方式彻底改变了主机的造型和外观。

7）导向系统

水平定向钻机目前的导向系统有手持式跟踪系统和有缆式导向系统。手持式跟踪系统经济、使用方便，但需要操作人员直接到达钻头上方的地面接收信号，对操作人员的施工经验要求较高，且导向信号易受地形、电磁干扰及探测深度、电池容量等条件的限制，多在中小型钻机上使用。有缆式导向系统通过线缆供电和传递信号，不需要到钻头上方地面接收信号，因此可跨越任意地形，不受地表电磁干扰，但设备结构复杂，使用操作有一定难度，效率低，价格高。

8）泥浆系统

水平定向钻机的泥浆系统由泥浆泵送系统与泥浆搅拌系统组成。泥浆搅拌系统用于泥浆混配、搅拌并向随车泥浆系统提供泥浆，泥浆泵送系统将泥浆加压，通过动力头、钻杆、钻头打入孔内，以稳定孔壁，降低回转扭矩、拉管阻力，冷却钻头，并通过泥浆循环清除钻进时产生的土屑。小型定向钻机采用随车泥浆系统，通过液压驱动；大型定向钻机采用独立式泥浆泵，通常配以柴油机动力。

泥浆搅拌系统的要求：搅拌系统应具有搅拌快速均匀、提供大流量泥浆、可调节泥浆配比、搅拌与输送同时进行等功能，搅拌系统装置包括料斗、汽油机泵、搅拌罐、车载泥浆泵、相关管路等。

9）配套钻具

（1）斜板式导向钻头。斜板式导向钻头又被称为掌面、鸭掌等，中小型定向钻机使用最为普遍，而在大型水平定向钻机施工中，由于施工距离较长，普通导向钻头受制于动力损耗以及钻杆扭转的影响，角度调整不便，适用性降低。因此，斜板式导向钻头常用于短距离土层穿越，适用于大部分土层，其导向板有多种类型，主要区别在形状、材质、合金齿等方面，相对应的适用地层、钻进效率、使用寿命都有所区别。针对松软土层可选用板面较大的导向板；针对密实土层，可选用板面较小的导向板；针对硬土和软岩，则需选择增加了合金齿和采用锥形设计的导向板。

（2）挤扩式扩孔钻头。挤扩式扩孔钻头又称为筒式扩孔钻头、挤压型扩孔钻头，用于松软土层的扩孔作业。钻头在回拉扩孔的过程中可以通过锥形桶面向周围挤压土体从而扩大钻孔孔径。同时，锥面上分布的钻齿在旋转过程中也可以切削破碎地层，加速扩孔。此类钻头适用于软土、松软地层的扩孔施工。扩孔钻头主要是通过挤压孔壁实现扩孔，因此扩孔工作时产生的钻屑相对较少，扩孔的同时挤压地层，提高了孔壁的稳定性。但由于切削效率较低、排屑性能差，此类钻头在密实的地层等不易挤压并且会产生大量钻屑的地层中，扩孔效率低，且孔内容易发生钻屑堆积，严重时会造成回拖力增大、地层挤裂冒浆等事故。

（3）流道式扩孔钻头。流道式扩孔钻头从结构上也可归属为挤压型扩孔钻头，在挤压扩孔的同时因自身的结构设计而具备了较好的切削和排屑能力，由于流道式扩孔钻头的挤压和切削性能，适用性较广。此类钻头适用于中密度黏土、砾泥黏土和含岩土壤（砾石、鹅卵石等）等地层的扩孔施工。钻头整体类似于一个锥体，可以有效地挤压地层，适用于软土地层的扩孔，钻头锥面上除了必要的合金齿提供切削能力外，在锥体上还均匀布置有数条流道，流道方向与钻头选装方向相协调，并且在流道内设计了泥浆喷口，使钻头具备了较好的排屑性能。由于流道式钻头的锥体型构造，在扩孔、清孔时钻头最外侧的合金齿容易磨损。

（4）切扩式扩孔钻头。切扩式扩孔钻头又称为切削型扩孔钻头、刮刀式扩孔钻头、刀板式扩孔钻头，用于密实土层，通常与筒式扩孔钻头组合使用。钻头在回扩时，主要是通过切削地层而实现扩大孔径的目的，钻头框架式的结构可以方便钻屑通过，切削后的钻屑可通过泥浆带出孔外。此类钻头适用于砂土层、软土层、黏土层和混凝料等地层。钻头的结构不仅可以有效切削地层，而且不会阻碍钻屑通过。在扩孔时，通过钻头的旋转可以将钻屑与泥浆混合，方便泥浆携带钻屑。但由于此类钻头基本不具备挤压地层的性能，因此扩孔过程中会产生较多的钻屑，加重了泥浆的排屑负担，并且提高了扩孔施工对泥浆性能的要求。

（5）岩石扩孔钻头。主要包括牙轮扩孔钻头、滚刀扩孔钻头两种：①牙轮扩孔钻头是目前常用的岩石扩孔钻头，主要通过安装在钻头牙掌上的牙轮体实现破碎岩石的功能，可以破碎常规钻头无法钻进的坚硬岩层，其工作原理与牙轮导向钻头相同。使用的牙轮体也与牙轮导向钻头类似，分为铣齿和镶齿两种。牙轮扩孔钻头的牙轮一般都配备了高强度的硬质合金齿，因此可以破碎的岩石硬度较大，与牙轮导向钻头相同，也需要对牙轮钻头合金齿进行合理的排布，从而实现全面的破碎，在岩层扩孔中往往能取得较为理想的效果。但由于牙轮式扩孔钻头重量大，扩孔时容易紧贴下孔壁，不仅容易造成钻头磨损，还会影响钻孔轨迹，因此需要配合扶正器使用，目前小直径牙轮扩孔钻头也多在前端设计小型的扶正器。在岩层进行扩孔施工，牙轮式扩孔钻头无疑是一个不错的选择，但与普通扩孔钻头相比，其价格高、重量大，给使用和搬运带来了不便。②与牙轮扩孔钻头相同，滚刀扩孔钻头也是一种专门应用于坚硬地层的扩孔设备，它的钻头上的滚刀轮易于更换，可以根据地层的不同选配。滚刀扩孔钻头相对于牙轮扩孔钻头更便于维修，滚刀轮磨损后易于更换。滚刀轮主轴链接在内部，不易磨损，使用寿命长。钻头常被用于坚硬、极硬的岩层，扩孔效率较高，但制造成本较高，重量大，搬运、安装不便，也需要配合扶正器使用，以防止磨损。

## 第六节　盾构机械

在土木工程领域中，盾构（英文为 Shield）一词的含义为遮盖物、保护物。我们把外形与隧道横截面相同，但尺寸比隧道外形稍大的钢筒或框架压入地层中构成保护掘削机的外壳，以及壳内各种作业机械、作业空间的组合体称为盾构机。盾构机是一种既能支承地层的压力、又能在地层中掘进的施工机具。

1818 年英国工程师布鲁涅尔发明了盾构施工方法，并取得了专利，用于泰晤士河隧道施工，此后英国、美国、法国相继进行盾构的研究和应用。目前盾构主要在中、日、德、美、英、法、加拿大等国家生产。

### 一、盾构的施工过程

（1）建造竖井（包括始发竖井和接收竖井）。

（2）把盾构主机和配件分批吊入始发竖井中，并在预定始发掘进位置上组装成整机，随后调试其性能使之达到设计要求。

（3）盾构从竖井或基坑墙壁上的开口（洞门，可人工开口，也可由盾构刀盘直接掘削）处始发,沿隧道的设计轴线掘进。

(4)掘进到达预定终点的竖井时,盾构进入该竖井,掘进结束,随后检修盾构或解体盾构运出。

盾构的掘进是靠盾构前部的旋转掘削刀盘掘削土体(这里把刀盘掘削的地层面称为掘削面),掘削土体过程中必须始终维持掘削面的稳定,即保证掘削面上的土体不出现坍塌。为满足这个要求,必须保证刀盘后面土舱内土体对地层的反作用力(称为被动土压力)大于或等于地层的土压力(称为主动土压力);靠舱内的出土器械(螺旋输送机或者吸泥泵)出土;靠中部的推进千斤顶推进盾构前进;由后部的拼装机拼装成环(也称隧道衬砌);随后再由尾部的注浆系统向衬砌与地层缝隙中注入填充浆液,防止隧道和地面下沉。

## 二、盾构机的分类

按照适用的不同地层类型分类,盾构机可分为硬岩盾构机、软岩盾构机、软土盾构机;按施工工艺分类,盾构机可分为敞开式(能直接看到全部掘削面掘削状况的形式)、部分敞开式(能看到部分掘削面掘削状况的形式)、封闭式(掘削面与内舱有隔板,无法看到掘削面状况,只能靠传感器观察)。

## 三、盾构机的优缺点

盾构法施工隧道的优点如下:

(1)在盾构支护下进行地下工程暗挖施工,不受地面交通、河道、航运、潮汐、季节、气候等条件的影响,能较经济合理地保证隧道安全施工。

(2)盾构的推进、出土、衬砌拼装等可实行自动化、智能化和施工远程控制信息化,掘进速度快,施工劳动强度低。

(3)地面人文自然景观受到良好的保护,周围环境不受盾构施工干扰;在松软地层中,开挖埋置深度较大的长距离、大直径隧道,具有经济、技术、安全、军事等方面的优越性。

盾构法施工隧道的缺点如下:

(1)盾构机造价较昂贵,隧道的衬砌、运输、拼装、机械安装等工艺较复杂;在饱和含水的松软地层中施工,地表沉陷风险较大。

(2)需要设备制造、气压设备供应、衬砌管片预制、衬砌结构防水及堵漏、施工测量、场地布置、盾构转移等施工技术的配合,系统工程协调复杂。

(3)建造短于750m的隧道经济性差。

(4)隧道曲线半径过小或隧道埋深较浅时,施工难度大。

## 四、普通盾构

### 1. 人力挖掘开式盾构

人力挖掘开式盾构适用于硬质、半硬质非崩塌性土层,可根据土层条件,采用开敞式挖掘或正面支撑开挖(半月檐支撑、千斤顶支撑),以防坍塌。在松散的砂土层中掘进时,还可用活动踏板分层开挖。这种盾构的特点如下：

(1)正面敞开,施工人员可以随时观察地层变化情况,及时采取应对措施;

(2)当地层中遇到树桩、孤石等障碍时,比较容易处理;

(3)可以向需要方向多挖,容易进行盾构纠偏,也便于在隧道曲线段施工;

(4)造价低,设备结构简单,易制造。

但由于为人工挖掘,这种盾构施工速度较慢,目前已逐渐发展为半机械化盾构。

### 2.人力挖掘闭式盾构

人力挖掘闭式盾构通称挤压式盾构,在盾构的前端用胸板封闭以挡住土体,防止地层坍塌和水土涌入盾构内部。盾构向前推进时,胸板挤压土层,土体从胸板上的局部开口处挤入盾构内,因可不必开挖,掘进效率提高,劳动条件改善。这种盾构亦可称为半挤压式盾构或局部挤压式盾构。在特殊条件下,可将胸板全部封闭而不开口放土,构成全挤压式盾构。

在挤压式盾构的基础上加以改进,可形成一种胸板为网格的网格式盾构,其构造是在盾构切口环的前端设置网格梁,与隔板组成许多小格子的胸板,借土的凝聚力,用网格胸板对开挖面土体起支撑作用。当盾构推进时,土体从网格内挤入,被切成许多条状土块,在网格的后面设有提土转盘,将土块提升到盾构中心的刮板运输机上运出盾构,然后装车外运。挤压式盾构和网格式盾构仅适用于软塑性地层。

人力挖掘闭式盾构出土口的面积一般为开挖面面积的 $0.3\% \sim 10\%$。在地层发生激烈变化时,必须注意妥善处理出土口面积、推进力与推进速度三者的关系,否则将导致地表隆起或下沉。

### 3.半机械挖掘式盾构

半机械挖掘式盾构是在人工挖掘式盾构内装上挖土机械来代替人工开挖,从而提高掘进效率,可以安装反铲挖掘机或螺旋切削机,如果土质坚硬,可安装软岩掘进机的切削头对工作面不稳定的土层进行切削,并配合使用地层加固措施。半机械式盾构比全机械式盾构造价低,且使用方便。

### 4.全机械挖掘式盾构

全机械挖掘式盾构是在人工挖掘式盾构的切口部分安装比盾壳直径略大的旋转刀盘,开挖出来的土利用刀盘周边安装的铲斗连续装运并提升,然后装车外运,可使掘进及出渣的全过程机械化。此种盾构的优点是可提高掘进速度、节省人工及费用、改善工作条件等。

全机械挖掘式盾构设备复杂,日常维护保养工作量大,在构造上大都对开挖面采用全封闭方式掘进,具有防止开挖工作面发生崩塌的防护能力,这对控制地表下陷比较有利,但这样失去了直接观察开挖工作面实际状态的可能性。因此,一旦开挖面出现坍塌情况,由于刀架的阻挡,恢复开挖面、进一步开挖隧道就会变得相当困难。此外,当发生一些偶然的必须维修保养才可以排除的故障,会引起作业组织程序混乱,造成工程全部停工。

使用全机械挖掘式盾构只有在地质条件变化不大且隧道长度较长时才比较有利,既可以收回机械成本费,还可以缩短工期,降低工程费用。

## 五、特种盾构

### 1. 气压盾构和局部气压盾构

利用空气压力防止开挖面渗水的盾构称气压盾构。气压盾构的气压一般在 0.2MPa 以下，个别情况可达到 0.4MPa。然而，由于人在气压下工作，条件恶劣，效率不高且能耗大，故逐渐被局部气压盾构所取代。局部气压盾构如图 3-67 所示。

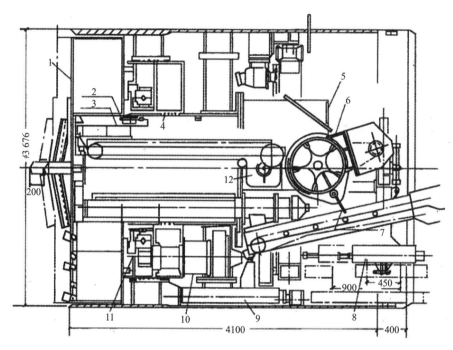

图 3-67　局部气压盾构图

1-刀盘；2-洒水装置；3-开关门；4-密封；5-检查口；6-旋转出土器；7-刮板输送机；8-衬砌管片安装器；
9-盾构推进千斤顶；10-刀盘驱动装置；11-支承滚盘

局部气压盾构是在盾构内设隔板，只在隔板前与开挖面之间加压，工人可在常压下工作，工作条件得到改善。但仍有不足之处，如已拼装好的衬砌缝隙易渗水；盾构密封不易；因压气部分容量小，遇透气系数大的地层漏气量大，气压难以保持；气压部分的出土口必须密封。如图 3-68 所示为转阀式密封排土装置。

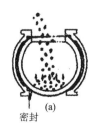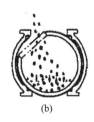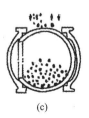

密封　　(a)　　　　　(b)　　　　　(c)　　　　　(d)

图 3-68　转阀式密封排土装置

**2. 泥水加压盾构**

图 3-69 为刀盘中心支承式泥水加压盾构示意图,图 3-70 为刀盘周边支承式泥水加压盾构示意图,支承轴承尺寸介于二者之间者则为中间支承。不仅是泥水加压盾构,各种带刀盘的盾构均有此 3 种不同的刀盘支承方式。中心支承的优点是切削轮的中心轴是传动轴,支承、驱动方式简单,易于维修和保养;缺点是占据了盾构的中心部分,导致作业空间减小,安装排渣装置困难。此种形式用于直径小于 7m 以下的中、小型盾构。

刀盘周边支承式盾构多用于中等或大直径盾构,特点是径向、轴向载荷分散,盾构中心部分空间大,可保证一定的作业空间。由于支承部分与盾壳靠近,轴承的保养、维修困难,在此种形式的支承机构上,固定圆面(盾构体)和刀盘二者之间的密封很重要。如前所述,还有一种介于两种支承法之间的支承方式称刀盘中间支承式,应用最为广泛。

泥水加压盾构适用于含水量大的砂质土层,在局部气压盾构基础上发展而成。由于局部气压盾构存在出土不连续和漏气问题,且在同样压力差和空隙条件下,漏气量比漏水量大 80 倍之多。因此,可在局部气压盾构的密封舱内通入泥水以代替压缩空气,利用泥水压力稳定开挖面土体,同时减少甚至避免盾构尾部和衬砌接缝等处漏气。盾构掘进时,转动开挖面大刀盘以切削土层,切削下来的土可利用泥水通过管道送往地面处理,从而解决了密封舱内连续出土问题。由于泥水盾构既能抵抗地下水压,又无压缩空气的泄漏和喷发问题,故对隧道不同埋深的适应性较大;弃土随泥浆采用管道输送,安全可靠,效率较高。缺点是配套设备较多,施工费用和设备投资费用较高,在地表还需占据一大片作业场地,不适用于人口密集的市区。

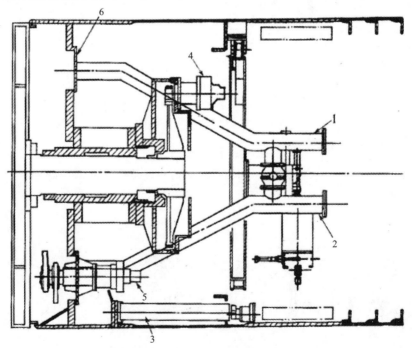

图 3-69　刀盘中心支承式泥水加压盾构示意图

1-进浆管;2-排泥管;3-盾构推进液压缸;4-刀盘驱动马达;5-搅拌器驱动马达;6-检查孔盖

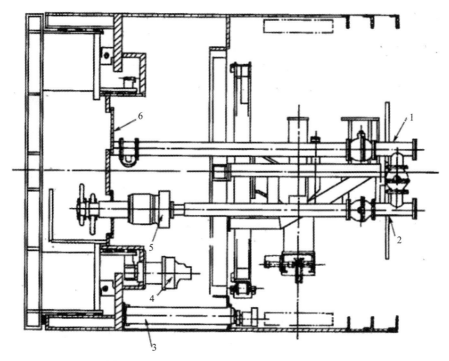

图 3-70　刀盘周边支承式泥水加压盾构示意图

1-进浆管；2-排泥管；3-盾构推进液压缸；4-刀盘驱动马达；5-搅拌器驱动马达；6-检查孔盖

## 3. 土压平衡盾构

图 3-71 为土压平衡盾构示意图。土压平衡盾构也设置有密封隔板和一个全断面的切削刀盘，盾构与盾构的开挖面构成一密封舱，盾构密封舱的下部有长筒形螺旋运输机的进土口，出土口则在密封舱外。所谓土压平衡，就是用刀盘切削下来的土，如同压缩空气或泥水一样充满整个密封舱，并保持一定压力来平衡开挖面的土压力。螺旋输送机的出土量要密切配合刀盘的切削速度，以保持密封舱内始终充满泥土，又不致过于挤满。

这种盾构避免了局部气压盾构的主要缺点，也省略了投资较大的泥水加压盾构所需的输送和处理设备。因此，土压平衡式盾构是一种发展中的较新型盾构，适用于黏结性土壤、砂质甚至含石块的砂砾地层。

## 4. 泥土加压盾构(高浓度泥浆盾构)

泥土加压盾构亦可视为土压平衡盾构的一种，它是将水或泥浆注入挖掘面，使与盾构刀盘切下来的土混合成具有适当流动性与黏性的混合物以支护挖掘面，同时由螺旋输送机将切下的土层混合成高浓度泥浆由出口排出。如图 3-72 所示为泥土加压盾构的示意图。

土压平衡盾构与泥土加压盾构的结构特点如下：

(1)盾构带着挤满开挖下来的土的密封舱一起前进，需要有较大的推进力与推进功率。此外，与土壤接触的部分磨损较大，因此机械部件应具有较大的传动功率和较高的耐磨性。

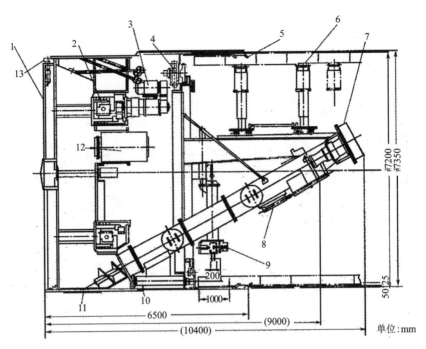

图 3-71　土压平衡盾构示意图

1-刀盘；2-支承轴承；3-刀盘驱动马达；4-砌块安装器驱动液压马达；5-盾尾密封；6-砌块调整器；7-螺旋输送器；
8-排土液压缸；9-砌块安装器；10-盾构推进液压缸；11-滑靴；12-进入过渡仓；13-超挖切刀

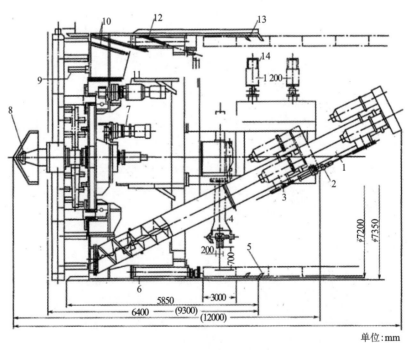

图 3-72　泥土加压盾构示意图

1-螺旋输送器；2-排土阀液压缸；3-泥浆排出口；4-砌块安装器；5-盾尾密封；6-盾构推进液压缸；7-搅
拌器驱动装置；8-喷口；9-固定翼；10-注水管；11-刀盘驱动装置；12-注液管；13-填充砂浆注浆装置；
14-砌块调整器

（2）靠螺旋输送器传送土渣,一般采用的是中心轴螺旋输送器,但在某些特殊情况下,为了传送较大的石块,也可采用无中心轴的带状螺旋输送器。无中心轴的带状螺旋输送器较中小轴螺旋输送器难制造,且强度、刚度较低。

（3）刀盘有两种形式,一种为带刀盘面板的部分封闭式,另一种为无刀盘面板而有辐条的敞开式,工作面的稳定仅靠土压力实现。土压平衡盾构设计时应具有较大的扭矩,如果刀盘驱动扭矩 $T$ 与盾构直径 $D$ 的函数表达式为 $T=aD$（$a$ 为刀盘驱动扭矩 $T$ 与盾构直径关系系数）,则 $a=1.5\sim2.0$,相比之下,机械盾构 $a$ 为 $0.5\sim1.2$,泥水加压盾构 $a$ 为 $1.0\sim1.5$。

（4）搅拌棒装在旋转刀盘的后侧,呈翼状配置,其功能是将旋转刀盘削下来的土渣在密封舱内与输入的制浆材料拌和,形成具有高浓度的不透水泥土浆。从国内外工程实例看,在含水砂泥、砂砾石中改变泥土材料的掺入量,可以取得好的效果。

为减少对地层的扰动和不破坏地面的建筑物,盾构机械的作业动作应能精确控制,其中主要是控制掘进和排渣。

（1）掘进控制。盾构的掘进速度和刀盘的转速通过监测密封舱内土渣和水的压力以及刀盘的扭矩加以控制。

（2）排渣控制。螺旋输送器转速和排土口闸门开闭比率,通过检测排出的渣土量加以控制。目前,已研制出使用模拟计算机进行自动控制盾构的系统,其原理是视密封舱内的土压力 $P$ 与开挖量和排土量之间的累积差成正比:

$$P = K\int (AV - \eta Bn)\,\mathrm{d}t \tag{3-3}$$

式中:$K$ 为工作室内土壤的硬度系数;$A$ 为盾构的断面积（$m^2$）;$V$ 为盾构的开挖推进速度（$m/s$）;$B$ 为螺旋输送器每旋转一圈的理论排渣量（$m^3/r$）;$n$ 为单位时间内螺旋输送器转速（$r/s$）;$\eta$ 为螺旋输送器排土效率系数。土压力 $P$ 值必须保持处于土壤主动压力和被动压力之间某一适当值,为使 $P$ 值保持不变,就需要使开挖量与排土量达到平衡。在实际工作中,盾构控制是以调节盾构的开挖推进速度 $V$ 和单位时间内螺旋输送器转速 $n$ 值实现的。

## 六、盾构的导向与纠偏

在盾构推进过程中,盾构的位置决定着在其掩护下进行的隧道衬砌的位置,因此推进盾构需要有一定的精确度,且应谨慎执行操作规程。盾构在推进过程中受到的阻力,包括由盾构表面与地层间摩擦而引起的阻力、由地层施加在开挖作业面上的压力引起的阻力,以及切口环切削欠挖地层所引起的阻力。这些阻力的大小在隧道周边以及开挖面各处都不相同,在盾构推进时,会不可避免地发生一定的偏斜。为了保证盾构按预定的线路中心线顶进,盾构的导向和调向是关键环节。

### 1. 盾构的导向

盾构导向装置的作用是及时测量盾构的偏斜及偏转情况,并把测量的分析结果及各项命令传送给操作人员,以便纠正顶进方向,保证施工质量,提高施工速度。常用的导向装置为激光导向装置。随着科学技术的发展,计算机技术已应用于盾构的控制,其中包括对测量数据的处理,它可给操作人员提供当前位置的实际数据并进行控制,使操作人员免除繁杂的监控工作。激光导向系统的组成分三大部分:一是激光发射装置;二是检查和转换装置;三是控制装置。

图 3-73 是激光导向原理图。激光导向利用激光发生器发射出来的直线光束,投射到盾构里的光学测量部件,并将测量信号送入电脑处理,最后将测量的实际数据传入控制显示器或记录部件,提供给操作人员。

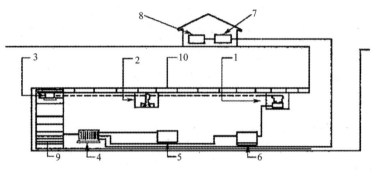

图 3-73　激光导向原理图

1-激光基准部件;2-标板;3-光学测量部件;4-电脑部件;5-控制显示器;6-电源装置;

7-选配器;8-记录部件;9-盾构;10-衬砌管片

## 2. 盾构的调向

盾构的调向包括纠偏和曲线段施工,主要有两种方法:一种是分组开动千斤顶;另一种是改变在盾构推进时切口环周边上的阻力。盾构千斤顶均布在支承环的圆周上,若将油缸分为 4 组(图 3-74)用 8 个油缸调向,则当 4 组油缸同时工作时,盾构可直线前进,如果按表 3-6 工作,则盾构可调向。

采用上述方法仍不能达到所需偏出的数值时,则应采用第二种方法,即改善盾构推进时在切口环周边上所产生的阻力。改变盾构推进阻力的方法是在需要偏出的那一边多挖一些,而在另一边少挖一些。有时可在需要偏出的那一边的对面的盾构切口环及开挖面之间安设撑木,以便形成附加的阻力。

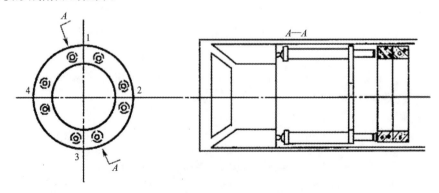

图 3-74　盾构调向示意图

表 3-6　传统盾构调向情况

| 油缸组 | 直线 | 左转 | 右转 | 上仰 | 下斜 |
|---|---|---|---|---|---|
| 1# | 工作 | 工作 | 工作 | — | 工作 |
| 2# | 工作 | 工作 | — | 工作 | 工作 |
| 3# | 工作 | 工作 | 工作 | 工作 | — |
| 4# | 工作 | — | 工作 | 工作 | 工作 |

在流砂和淤泥类型的软弱地层中,盾构有下沉的倾向,即它的顶部会向前偏出。施工时,可使衬砌反向偏出(即使底部偏出),这一偏出值可使切口环前移,使其相对于盾构后端升起 $10\sim15\mathrm{cm}$。

## 七、盾构主要技术参数的确定

### (一)盾构壳体尺寸

盾构的尺寸必须与隧道的尺寸相适应,一般按下列几项参数确定。

#### 1. 盾构的外径 $D$

盾尾的内径应稍大于隧道衬砌的外径,即在盾构与衬砌之间必须留有一定的建筑空隙以方便安装并使盾构能在水平曲线和竖直曲线地段施工。因此,若已知隧道衬砌外径、盾尾厚度、盾尾间隙,则盾构的外径 $D$ 可由下式确定:

$$D = d + 2(t + c) \tag{3-4}$$

式中:$d$ 为衬砌外径(m),一般由工程要求确定;$t$ 为盾壳盾尾厚度(m),由强度、刚度计算而得,亦可参考已有的盾构盾尾尺寸确定;$c$ 为盾尾间隙(mm)。

根据盾构调整方向的要求,一般盾构建筑间隙为衬砌外径的 $0.8\%\sim1.0\%$(亦可取经验值 $20\sim30\mathrm{mm}$)。盾尾与衬砌间的空隙过大会使地层松弛的风险增大,过小则无法满足盾构曲线段上施工或纠偏时的需要。

#### 2. 盾构长度 $L$

盾构全长为前檐、切口环、支承环和盾尾长度的总和,其大小取决于盾构的开挖方法及预制衬砌环的宽度,也与盾构的灵敏度有密切关系。盾构灵敏度是指盾构总长 $L$ 与其外径 $D$ 的比例关系,它与盾构推进时操纵的难易有着密切关系。根据经验,灵敏度参考值为

$$\begin{cases} D < 3\mathrm{m}, & \dfrac{L}{D} = 1.5 \\[2mm] D = 3\sim6\mathrm{m}, & \dfrac{L}{D} = 1.0 \\[2mm] D > 6\mathrm{m}, & \dfrac{L}{D} = 0.75 \end{cases}$$

盾构直径确定后,选择适当的灵敏度可初定盾构长度,盾构各部长度可视具体情况确定如下。

(1)盾尾长度 $L_0$:

$$L_0 = m + m_1 + m_2 \qquad (3\text{-}5)$$

式中:$m$ 为盾尾掩盖的衬砌长度(m),一般可取 $(1.20 \sim 2.25)b$,$b$ 为衬砌管片宽度(m);$m_1$ 为盾构千斤顶顶块与拼完的衬砌环之间的间隙(m),一般为 $0.1 \sim 0.2$m;$m_2$ 为千斤顶缩回后露在支承环外的长度(m),一般为 $0.5 \sim 0.7$m。

$L_0$ 的大小在满足要求的情况下越短越好,以改善盾尾的受力情况及减小盾构总长,提高灵敏度。但日本《地下铁道建设手册》推荐 $L_0 = (1.5 \sim 2.5)b + m + (200 \sim 300)$mm;而日本《盾构施工方法手册》推荐:$L_0 = 1.5b + 150$mm。

(2)支承环长度 $L_1$:此长度主要取决于千斤顶长度,一般为衬砌环宽度加 $0.2 \sim 0.3$m。日本《地下铁道建设手册》推荐 $L_1 = $ 衬砌管片长度 $+ (500 \sim 1000)$mm,而衬砌管片长度一般为 $700 \sim 1000$mm。现代 6m 左右的地铁用盾构普遍大于此值,以方便于施工。

(3)切口环长度 $L_2$:切口环为盾构前端(含前檐)到密封舱后端的距离,在盾构推进时承受来自地层方面的最大阻力,其作用决定了它应有足够的长度,建议采用的切口环长度 $L_2$ 范围在 $1 \sim 1.5$m 之间。

(4)前檐 $L_3$:在一些手掘式盾构中,为了开挖面的安全,另设前檐 $a$,其长度一般为 $0.30 \sim 0.50$m。

总之,盾构灵敏度指标 $L/D$ 决定着盾构的方向控制能力及推进的稳定性。$L/D$ 之值愈小,盾构推进的蛇行现象愈严重,但盾构调整方向较易;$L/D$ 之值愈大,其方向稳定性愈好,但弯道推进超挖量大。实际应用时,在松软地层,灵敏度小对减小盾构蛇行有利;在阻力较大地层或多曲线地段,用灵敏度较大的盾构更利于施工。

**3. 盾壳厚度**

盾壳厚度根据自身尺寸及作用在其上的地层压力而定,应满足承受荷载而不发生明显的局部变形的需求。

盾尾的厚度则还要考虑盾构推进后所留下的空隙大小,一般不能太大,在满足刚度、强度的条件下,应尽可能小一些。计算盾壳厚度的常用经验公式为

$$\delta = 0.02 + 0.01(D - 4) \qquad (3\text{-}6)$$

式中,$D$ 为盾构外径(m)。当 $D < 4$m 时,式中第二项取为零。

此经验公式没有体现盾壳厚度 $\delta$ 随地层荷载的变化关系。当盾构埋深较大时,盾壳承受较大的荷载,强度、刚度均不足;当盾构埋深较浅或盾构直径较大时,按此式选定的盾壳厚度又可能过于安全。过厚的盾壳与尽量减小盾尾厚度这一要求相矛盾,对盾壳制造也不利。盾构各部分钢板厚度可参考表 3-7,表中尺寸见图 3-75。

我国采用的盾壳钢板厚度通常为:$D \leqslant 4.0$m 时,$t = 20 \sim 25$mm;$4.0 < D \leqslant 6.0$m 时,$t = 30 \sim 50$mm;$6.0 < D \leqslant 11.0$m 时,$t = 40 \sim 60$mm。

表 3-7 盾构各部位钢板厚度

| 盾构外径 $D$/m | $t_1$/mm | | $t_2$/mm | $t_3$/mm | $t$/mm |
|---|---|---|---|---|---|
| | 硬土、砂砾 | 其他土质 | | | |
| $\leqslant 2.49$ | 22 | 22 | 22 | 22 | 22 |
| $2.5 \sim 2.99$ | 28 | 25 | 22 | 22 | 22 |
| $3.0 \sim 3.49$ | 32 | 25 | 25 | 25 | 28 |
| $3.5 \sim 3.99$ | 32 | 25 | 25 | 25 | 32 |
| $4.0 \sim 4.99$ | 36 | 28 | 28 | 28 | 36 |
| $5.0 \sim 5.99$ | 40 | 32 | 32 | 32 | 40 |
| $6.0 \sim 7.49$ | 45 | 36 | 36 | 36 | 40 |
| $\geqslant 7.5$ | 50 | 40 | 40 | 40 | 50 |

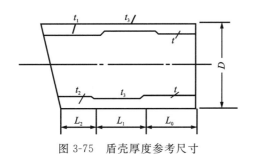

图 3-75 盾壳厚度参考尺寸

$L_1$-支承环长度;$L_2$-切口环长度

在初步确定了盾构的几何尺寸后,还应进行盾构壳体的承载结构计算,以验算盾壳的强度、刚度,并进行优化,进一步确定盾构支承环、切口环及水平隔板的厚度。

(二)盾构推进系统主参数

盾构推进系统主参数包括盾构总推力、盾构千斤顶个数、每个千斤顶推力、千斤顶行程及液压系统压力。

**1. 盾构总推力 $P$**

盾构总推力 $P$ 计算公式如下:

$$P = a(P_1 + P_2 + P_3 + P_4) \tag{3-7}$$

式中:$P_1$ 为盾构外表面与土层间的摩擦阻力(kN);$P_2$ 为切口环刃口插入土层阻力(kN);$P_3$ 为挡土千斤顶反力(kN);$P_4$ 为盾尾与管片间的摩擦力(kN)。

各力分别计算如下:

$$P_1 = f(W + \pi DL\,P_e) \tag{3-8}$$

式中:$W$ 为盾构重量(kN);$D$ 为盾构的直径(m);$L$ 为盾构全长(m);$P_e$ 为作用于盾构上的

平均土压力($kN/m^2$),其值为 $P_e = h + YD$。其中,$y$ 为土壤容重($kN/m$),可取 $20kN/m_3$;$h$ 为覆盖层厚(m);$f$ 为钢对土的摩擦系数,可取 $0.45$。

$$P_2 = E_c L_g t_g \tag{3-9}$$

式中:$E_c$ 为土壤的锥指数($kN/m^2$);$L_g$ 为切口环刃口长(m),$L_g = D$;$t_g$ 为切口环插入深度(m)。

挡土千斤顶的反力 $P_3$ 可近似取为开挖面千斤顶与工作平台的千斤顶顶推力之和乘以 $0.3$。

$$P_4 = aSf \tag{3-10}$$

式中:$S$ 为环衬砌管片的重量(kN);$a$ 为增倍系数,取 $1.25 \sim 2.00$。

国外在盾构施工实践中,曾建议将下列经验公式作为估算总推力时的参考:

$$P = p \frac{\pi D^2}{4} = (700 \sim 1000)\frac{\pi D^2}{4} \tag{3-11}$$

有的公司建议取 $P = 1000 \sim 1200 kN/m^2$

对于各种装刀盘的盾构,当刀盘随盾构向前推进时,以作业面的土作用在刀盘的阻力 $P_5$ 代替 $P_2 + P_3$ 计算 $P$ 的值:

$$P_5 = mn q_n \frac{\pi D^2}{4} \tag{3-12}$$

式中:$D$ 为刀盘直径(m);$m$ 为工作条件系数,取 $1.1$;$n$ 为过载系数,取 $1.2$;$q_n$ 为土壤的主动土压力(kN),计算公式为

$$q_n = H \gamma_0 \tan^2 \left(45° - \frac{\rho}{2}\right) \tag{3-13}$$

式中:$H$ 为盾构中心的埋深(m);$\gamma_0$ 为土壤容重($kN/m^3$);$\rho_0$ 为土壤内摩擦角(°)。

**2. 千斤顶推力 $F$ 与数量 $n$**

千斤顶推力 $F$ 与数量 $n$ 由经验公式 $n = \pi D \pm 3.5$ 选定,亦可参照表3-8数据选定。

表3-8　千斤顶推力 $F$ 与数量 $n$ 选值推荐表

| D/m | n/个 | F/kN |
|---|---|---|
| 4～5 | 16～20 | ～1000 |
| 5～8 | 20～32 | ～1500 |
| 8～12 | >32 | >2000 |

**3. 千斤顶行程**

盾构千斤顶行程与衬砌宽度的比值为 $1.15 \sim 1.35$,国内所有千斤顶行程与衬砌宽度的比值均在 $1.5$ 以上。

**4. 液压系统压力**

对于推进系统,一般采用高压油,推进速度一般为 $60 \sim 100mm/min$,使用油压多为 $30 \sim 40MPa$。

# 第四章　钻探用泵

## 第一节　岩土钻掘工艺对泵的要求和洗孔参数的选择

### 一、岩土钻掘工艺对泵的要求

#### 1. 泵的功用

(1)输送冲洗液(清水或泥浆)。岩土钻掘工程中需要采用冲洗液来冷却钻头、排除岩粉、维护孔壁和润滑钻具,泵承担了向孔内输送冲洗液并维持其循环的重要任务。

(2)完成特种工作。岩土钻掘工程中往往需要进行一些特种工作,如钻孔堵漏、抽水(或压水)试验、帷幕灌浆、封孔等,在这些工作中,泵是必不可少的主要施工机械。

(3)提供液体能量。当采用螺杆钻、涡轮钻等孔底动力机钻进,或采用喷射钻进、液动冲击回转钻进等工艺时,都需要泵输送冲洗液来提供驱动能量。

(4)了解孔内情况。泵在向孔内输送冲洗液时,可借助仪表观察管路的压力变化,直接或间接地获取孔内信息,如钻杆折断、岩芯堵塞、孔壁垮塌等情况的信息。

(5)供水。岩土钻掘施工现场所需的生产及生活用水,经常也需由泵提供。

#### 2. 对泵的要求

(1)泵的性能参数必须满足钻进工艺的需要。在钻孔工程中,冲洗液的上返运动速度往往是决定钻孔排除岩粉效果和维护孔壁稳定的重要技术参数。这一技术参数一般在钻进方法确定后都比较稳定。然而,由于地层条件的复杂性或钻孔技术等原因,往往需要在孔内下入套管或改变孔径,这就导致了复杂的钻孔结构。为保证在同一钻孔中不同孔径条件下的冲洗液流速稳定,泵就必须能够随着钻孔结构的变化提供足够的、定量的流量,这就要求泵的流量范围要大,并且稳定、可调。随着钻孔深度的加深,冲洗液循环的流程不断加长,流动阻力也不断增高。随着孔内情况的变化,如岩芯堵塞、孔壁垮塌等情况的发生,冲洗液的流动阻力也会发生较大幅度的变化。这一方面要求泵必须具备足够的压力以泵送冲洗液,保持孔内循环不间断;另一方面要求在泵压随孔内情况变化时,泵的流量却不随泵压的改变而变化。

(2)泵的工作性能和结构元件必须满足钻进工况的需要。在钻进工作中,钻头摩擦发热和岩屑的产生是连续不断的,泵必须能可靠地保持冲洗液循环运行,以便及时地冷却钻头和排除岩粉。钻进过程中,泵如果发生故障(停泵或流量大幅减小)会严重危及孔内安全,如导致钻头烧钻、岩粉卡钻、埋钻等严重孔内事故的发生。为确保钻进过程不中断,要求泵的工作性能稳定、可靠,并能够适应各种孔内工况的变化。有时因地层复杂性和孔内条件不稳定性的影响,孔内可能出现一些特殊工况,如钻头水路堵塞、岩芯堵塞、孔壁垮塌等,这可能致使冲洗液循环通道受阻,泵压突然升高导致"蹩泵"。这就要求泵的工作性能稳定,且必须具备较好的短期超载能力,以疏通阻塞,保持冲洗液流通,确保钻进安全。当然,这同时也要求泵具有一定保安功能,能够确保自身的设备运行安全。钻孔工程中输送的冲洗液往往是含有固相颗粒的液体(如泥浆、循环使用且难以彻底净化的冲洗液等),有时甚至含有较强腐蚀性的化学成分。对这种具有磨砺性、腐蚀性的冲洗液,要求泵的结构元件必须坚固耐用,既耐磨蚀、又耐腐蚀;易损件寿命要长,且易于维修保养。

(3)泵的性能必须满足钻孔工程施工机械运输的需要。钻孔工程施工周期短、流动性强,这一特点要求泵必须具备良好的运移性,即泵应当体积小、重量轻、拆装性好、使用方便。

**3. 泵的类型**

泵的种类很多,按工作原理(能量转换方式)一般分为以下两大类:

(1)容积式泵。依靠密闭容腔的容积变化进行能量转换。这类泵按容积变化的方式又可分为直线往复运动的活塞泵、隔膜泵和旋转运动的螺杆泵、齿轮泵。

(2)涡轮式泵。依靠旋转轮进行能量转换,如离心泵、轴流泵。

在钻孔工程中,直线往复式活塞泵由于具有流量较稳定、压力较高、耐磨损腐蚀等重要特点,最能满足钻进工艺和工况的要求,因此被广泛用作钻进冲洗液输送泵。旋转运动的螺杆泵在兼具活塞泵优点的同时,还因具有结构简单、重量轻的特点,近年来也开始在钻孔工程冲洗液输送泵中推广应用。叶片式离心泵和轴流泵具有压力不高但流量较大的特点,体积小、重量轻、使用方便,在钻孔工程中被广泛用作供水泵,在一些浅孔大口径钻进中,也被用作冲洗液泵吸反循环用泵。

## 二、钻孔洗孔参数的确定

**1. 冲洗液量的确定**

在钻进规程中,冲洗液量是与钻压、转速并列的 3 个重要的规程参数之一。泵要满足钻进工艺的需要,首先泵的排量(亦称泵量)就应当满足钻进冲洗液量的要求。

一般回转钻进中,冲洗液的主要功能是冷却钻头、排除岩粉和维护孔壁。这 3 个功能都对冲洗液量有着特殊的要求,这些要求主要反映在孔内的冲洗液流速上。例如,钻头与岩石摩擦产生的热量难以通过孔内钻具或孔壁岩石传递,只有依靠冲洗液流动带走;钻进产生的岩屑也必须依靠冲洗液的流动携带到地表;冲洗液在环状空间流动,必然对孔壁产生冲刷作用,影响孔壁稳定。由于钻孔结构和钻具结构的原因,钻孔中的孔径和钻具外径各处不同,要保证不同流通断面的冲洗液流速要求,就只有依靠冲洗液量来满足。因此,冲洗液量就成为了重要的洗孔参数之一。

大量的研究表明,冷却钻头所需的冲洗液量并不大。例如,正常的金刚石钻进中,每厘米钻头直径泵量只需达到 0.2~0.3L/min 就可满足胎体迅速散热的需要。从减小冲刷、维护孔壁稳定的要求来看,冲洗液的流速(或流量)应当越低越好。因此,满足排除岩粉的需要就成为了确定冲洗液量的主要依据。

钻进施工中,循环的冲洗液从孔底将岩屑携带到地面。在上返冲洗液中的岩屑由于重力的作用,有着一定的自然沉降速度 $v_0$。已有实验测试研究表明,岩屑在清水中的沉降速度 $v_0 \leqslant 0.25$m/s,在泥浆中的沉降速度 $v_0 \leqslant 0.20$m/s。因此,要使岩屑有效上返,冲洗液的上返速度必须大于岩屑的沉降速度,即

$$v = v_0 + u \tag{4-1}$$

式中:$v$ 为冲洗液上返速度(m/s);$v_0$ 为岩屑在冲洗液中的匀速沉降速度,或冲洗液使岩屑处于悬浮的临界速度(m/s);$u$ 为岩屑的上升速度(m/s),可取 $u=(0.1\sim0.3)v_0$,钻孔越深,钻进速度越快,$u$ 值应越大。

于是有

$$v = (1.1 \sim 1.3)v_0 \tag{4-2}$$

钻孔工程实践中,岩芯钻探冲洗液的上返流速经常采用以下经验数据:硬合金钻进 $v \geqslant 0.3$m/s;金刚石钻进 $v=0.3\sim0.5$m/s;油气钻井 $v=0.5\sim1$m/s。

确定所需的冲洗液上返流速 $v$ 后,即可计算出需要的冲洗液量。例如,在常用的全孔正循环洗孔中,冲洗液量 $Q$ 应为

$$Q = \beta F v = \beta \frac{\pi}{4}(D^2 - d^2)v \tag{4-3}$$

式中:$\beta$ 为上返速度不均匀系数,取 1.1~1.3;$F$ 为最大上返环状空间过流断面面积($m^2$);$D$ 为钻孔最大孔径或最大套管内径(m);$d$ 为钻孔最大孔径或最大套管内径孔段的最小钻杆外径(m)。

**2. 压力损失的确定**

钻孔洗孔过程中,冲洗液的流动必然产生阻力损失,在循环系统中的各种流动阻力损失之和即为冲洗液的总压力损失。要保证冲洗液循环的正常运行,泵的排出压力(亦称泵压)必须高于这一总压力损失。

在钻进中,由于孔内情况不稳定,冲洗液的压力损失是变化的。泵要保证前面选择确定的冲洗液量在循环中不变化,泵压就必须适应压力损失的变化。由于泵压是一个随孔内情况变化的参数,因此不将其列为钻进规程参数进行要求。

在常用的全孔正循环洗孔中,冲洗液在循环系统中的冲压力损失 $P$ 可由式(4-4)确定:

$$P = k(P_1 + P_2 + P_3 + P_4 + P_5 + P_6) \tag{4-4}$$

式中:$k$ 为附加阻力系数,取 1.3~1.5,包括岩屑使冲洗液重度提高等因素而导致的压力损失增加;$P_1$ 为泵出口至钻楔顶部流经高压胶管和水龙头等处的压力损失(Pa);$P_2$ 为在钻杆中流动的沿程压力损失(Pa);$P_3$ 为在钻杆接头中流动的局部压力损失(Pa);$P_4$ 为在岩芯管和钻头中流动的沿程压力损失(Pa);$P_5$ 为在钻头底冲洗液速度和方向变化导致的局部压力损失

(Pa);$P_6$为在环状空间上返流动的沿程压力损失(Pa)。上述各项压力损失都可应用流体力学中相关知识和公式计算求解。

### 3.洗孔功率

冲洗液量$Q$和循环系统总压力损失$P$确定以后,即可应用式(4-5)求出洗孔功率$N_e$:

$$N_e = PQ \tag{4-5}$$

式中,$N_e$是泵在单位时间内对通过泵的液体所做的功(W),称为泵的输出功率或有效功率,它也表示单位重量的液体从泵内所获得的能量大小。由于泵必须依靠动力机输入能量才能驱动液体,其在将能量转化给液体的过程中也有能量损失。因此,泵的输入功率$N$应为

$$N = \frac{N_e}{\eta} \tag{4-6}$$

式中,$\eta$为泵的能量转化效率或机械效率,$\eta<1$。

在此需要说明的是,本节所讨论的泵量、泵压力、泵功率等内容,都是以常规正循环取芯钻探工艺为前提的。如果采用其他特种工艺,如孔底动力机钻进、冲击回转钻进、喷射反循环钻进等,其确定泵量和泵压的基本原理与此大不相同。在这些钻进工艺中,冲洗液由于要起到传递能量的重要功能(如驱动螺杆马达或液动冲击器),其泵量、泵压和泵功率等就比仅仅携带岩屑上返要高许多。另外,泵如果还需承担高压液浆、高压水射流等施工任务,其泵量、泵压和泵功率等参数还需按施工要求确定。

# 第二节　往复泵

## 一、往复泵的工作原理及其分类

### 1. 往复泵的工作原理

往复泵是一种依靠活塞作直线往复运动而使缸内密闭容腔积发生循环变化,进而实现将机械能转换成液体压力能的水力机械。图 4-1 是常用往复泵的结构及工作原理图。

以图中的活塞 5 为界,可将泵分为动力端和液力端两大部分。在动力端(图中右侧),曲柄 1 在动力机驱动下以角速度 $\omega$ 回转,通过连杆 2 和十字头 3 将回转运动转换为活塞 5 的往复直线运动。

当曲柄 1 由 A 点经由 C 点顺时针转向 B 点的过程中,液力端(图中左侧)的活塞 5 向右端运动,由活塞 5、缸套 4、吸入阀 8、排出阀 9 以及泵头体组成的密闭容腔的容积逐渐增大,导致腔内压力逐渐降低。当腔内压力低于大气压力时,储液池中的液体就在压差作用下经过过滤器 6 和吸入管 7,顶开吸入阀 8,进入液缸内。这一过程是在活塞 5 由左端点运动到右端点的过程中发生的,称为泵的吸入过程。

当曲柄 1 继续从 B 点经由 D 点向 A 点顺时针旋转过程中,活塞 5 又由右端点向左端点运动,此时密闭容腔的体积不断减小。由于液体不可压缩,其压力很快升高。当缸内压力升

第四章 钻探用泵

高到一定时,吸入阀8在压力作用下关闭,缸内液体顶开排出阀9进入排出管路。这个过程称为泵的排出过程。

曲柄1以角速度$\omega$连续回转,上述吸入和排出过程也不断重复,从而实现液体的连续输送。

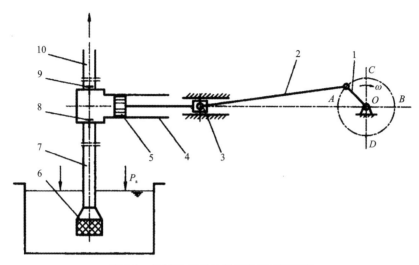

图 4-1　常用往复泵的结构及工作原理图

1-曲柄;2-连杆;3-十字头;4-缸套;5-活塞;6-过滤器;7-吸入管;8-吸入阀;9-排出阀;10-排出管

## 2. 往复泵的分类

往复泵结构各异,种类繁多,按不同的分类方法有如下类型:

(1)按推动液体运动的元件结构分类,往复泵可分为活塞泵、柱塞泵(图 4-2);

(2)按推动液体运动的工作面分类,往复泵可分为单作用泵、双作用泵(图 4-3);

(3)按液缸数量分类,往复泵可分为单缸泵、双缸泵、三缸泵、多缸泵;

(4)按液缸布置型式分类,往复泵可分为卧式泵、立式泵等。

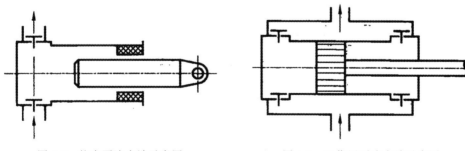

图 4-2　柱塞泵液力端示意图　　　图 4-3　双作用泵液力端示意图

在岩芯钻探中,目前浅孔钻机多配用单缸双作用活塞泵,中深孔和深孔钻机多配用三缸单作用活塞泵,水文水井以及油气钻井中多配用双缸双作用活塞泵。

## 二、往复泵的流量计算与分析

### 1. 理论平均流量

往复泵的理论平均流量是指在不考虑泵的元件加工误差和工作中泄漏等情况的条件下，单位时间内泵的密闭腔容积变化的总量。

由往复泵的工作原理可知，泵的理论平均流量应当为泵在单位时间内活塞有效工作面积所扫过的体积总和，因此有

$$\ddot{Q} = A_e S n i \tag{4-7}$$

式中：$\ddot{Q}$ 为泵的理论平均流量（L³/min）；$A_e$ 为活塞有效工作面积（dm²）；如果是单作用泵，则 $A_e = \frac{\pi}{4}D^2$，如果是双作用泵，则 $A_e = \frac{\pi}{4}(2D^2 - d^2)$［$D$ 为活塞直径（dm）；$d$ 为活塞杆的直径（dm）］；$S$ 为活塞的行程（dm）；$n$ 为泵的每分钟转数（r/min）；$i$ 为泵缸数量。

### 2. 理论瞬时流量及流量不均匀系数

上述求得的理论平均流量是泵在一段时间内排出液体的总量。实际上，往复泵在工作过程中，每一个瞬间泵的排量都是不一样的。如图 4-4 所示，虽然泵的曲柄以角速度 $\omega$ 做等速回转运动，但当曲柄连杆机构将回转运动转变为往复直线运动后，活塞却是做变速直线运动。以活塞在泵缸中运动行程的左端点位置为原点取坐标系，此时图中的 $\varphi$ 角和 $\beta$ 角都为 0。当曲柄顺时针回转时，活塞自左端点向右端点运动，在曲柄回转角为 $\varphi$ 时，活塞的位移为

$$x = (r+l) - (r\cos\varphi + l\cos\beta) = r(1 - \cos\varphi) + l(1 - \cos\beta) \tag{4-8}$$

式中：$r$ 为曲柄半径（m）；$l$ 为连杆长度（m）；$\varphi$ 为曲柄转角（°）；$\beta$ 为连杆与液缸轴线的夹角（°）。

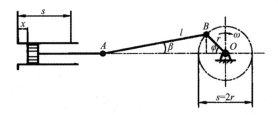

图 4-4　曲柄连杆机构及活塞运动示意图

在 $\triangle ABO$ 中，因为 $l\sin\beta = r\sin\varphi$，所以 $\sin\beta = \frac{r}{l}\sin\varphi$。令 $\lambda = \frac{r}{l}$，由 $\sin^2\beta + \cos^2\beta = 1$ 得 $\cos\beta = \sqrt{1 - \lambda^2\sin^2\varphi}$。将该式用牛顿二项式展开，由于级数收敛很快，故略去第二项以后各项，则有

$$\cos\beta = 1 - \frac{\lambda^2\sin^2\varphi}{2}$$

将其带入式（4-8），整理后得到

$$x = r(1 - \cos\varphi + \frac{\lambda^2}{2}\sin^2\varphi) \tag{4-9}$$

式(4-9)即是活塞运动距离的近似表达式,对其进行一次和二次微分,可得活塞运动的速度为

$$u = \frac{\mathrm{d}x}{\mathrm{d}t} = r\omega\left(\sin\varphi + \frac{\lambda}{2}\sin 2\varphi\right) \tag{4-10}$$

活塞运动的加速度为

$$a = \frac{\mathrm{d}^2 x}{\mathrm{d}t^2} = r\omega^2(\cos\varphi + \lambda\cos 2\varphi) \tag{4-11}$$

式中,$\omega$ 为曲柄回转的角速度(rad/s)。

$$\omega = \frac{\mathrm{d}\varphi}{\mathrm{d}t} = \frac{\pi n}{30}$$

在往复中,为了改善曲柄连杆机构的受力状况,通常曲柄半径 $r$ 对连杆长度 $l$ 的比值都较小,一般 $\lambda = \dfrac{r}{l} \leqslant 0.2$。因此,可以把连杆长度视为无限长,即令 $\lambda \approx 0$。这样,式(4-9)、式(4-10)和式(4-11)又可写为

$$\begin{cases} x = r(1-\cos\varphi) \\ u = r\omega\sin\varphi \\ a = r\omega^2\cos\varphi \end{cases} \tag{4-12}$$

式(4-12)说明,活塞的运动距离、运动速度和加速度都是随曲柄转角 $\varphi$ 的变化而发生改变的变量。运动距离和加速度近似按余弦曲线规律变化,运动速度则近似按正弦曲线规律变化。

设单缸往复泵在排出过程,活塞自某时刻 $t$ 起,经过一段时间 $\Delta t$ 后,在缸内移动了 $\Delta S$ 距离,则在 $\Delta t$ 时间内泵排出的液体体积量 $\Delta V = A_e \Delta S$。

根据流量的定义,在 $\Delta t$ 时间内泵的平均流量 $Q_t$ 为

$$Q_t = \frac{\Delta V}{\Delta t} = A_e\frac{\Delta S}{\Delta T} \tag{4-13}$$

取极限 $\Delta t \to 0$,则可求得在 $t$ 时刻的瞬时流量 $q$ 为

$$q = \lim_{\Delta t \to 0} A_e\frac{\Delta S}{\Delta t} = A_e\frac{\mathrm{d}S}{\mathrm{d}t} = A_e u \tag{4-14}$$

将(4-12)式中的速度公式 $u = r\omega\sin\varphi$ 代入式(4-14),可得到往复泵的理论瞬时流量近似表达式为

$$q = A_e r\omega\sin\varphi \tag{4-15}$$

对于单作用泵,式中 $A_e = \dfrac{\pi}{4}D^2$;对于双作用泵,无杆腔排出过程计算式同上,有杆腔排出过程 $A_e = \dfrac{\pi}{4}(D^2 - d^2)$。

式(4-15)说明,对某一确定的泵来说,因为 $A_e$、$r$、$\omega$ 均为常数,所以泵的瞬时流量 $q$ 的变化可近似地认为只与曲柄转角 $\varphi$ 有关,并完全按照 $\varphi$ 角的正弦曲线规律变化。

为更直观地理解泵的瞬时流量 $q$ 的变化规律,根据式(4-15),以横坐标轴表示曲柄的转角 $\varphi$,以纵坐标轴表示瞬时流量 $q$,可作出单缸单作用泵的流量变化图如图 4-5 所示。

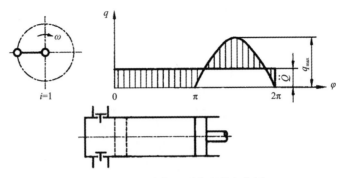

图 4-5　单缸单作用泵的流量变化图

从图 4-5 中可见,曲柄转角 $\varphi$ 从 0 至 $\pi$ 过程是泵的吸入过程,无流量输出;转角 $\varphi$ 从 $\pi$ 至 $2\pi$ 过程是泵的排出过程,这期间泵的瞬时流量 $q$ 是完全按正弦曲线规律变化的,其最大瞬时流量 $q_{max}$ 出现在 $3\pi/2$ 处。图中曲线下部所包围的面积即是单缸单作用泵在排出过程中(转角 $\varphi$ 从 $\pi$ 至 $2\pi$)输出的液体总量 $Q_q$。$Q_q$ 计算公式如下:

$$Q_q = \int_0^\pi q\mathrm{d}t = \int_0^\pi A_e r w \sin\varphi \mathrm{d}t = A_e r \int_0^\pi \sin\varphi \mathrm{d}\varphi \tag{4-16}$$

式中,$\omega = \dfrac{\mathrm{d}\varphi}{\mathrm{d}t}$。该液体总量 $Q_q$ 也可用泵在排出过程中的理论平均流量 $\ddot{Q}$(图中矩形所包围面积)来表示,即 $Q_q = \ddot{Q}$。

同理,作出双缸单作用泵、三缸单作用泵以及单缸双作用泵的流量变化图如图 4-6～图 4-8 所示,图中的 $q_{min}$ 为泵的瞬时最小流量。

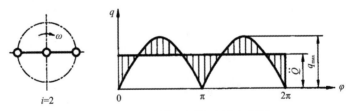

图 4-6　双缸单作用泵的流量变化图

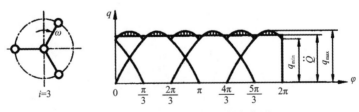

图 4-7　三缸单作用泵的流量变化图

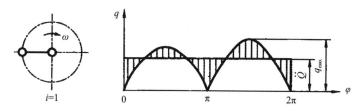

图 4-8　单缸双作用泵的流量变化图

从这些图中可看出,单作用多缸泵的理论瞬时流量是所有液缸在同一瞬时的理论瞬时流量的叠加值,其合成曲线也按正弦曲线规律变化。单缸双作用泵的流量变化类似于双缸单作用泵,只是它的有杆腔排出的流量稍小于无杆腔罢了。从图中还可看出,往复式泵的流量都存在着周期性的脉动,即泵的排出流量是不均匀的。这种不均匀性随着泵缸数量和泵的作用数增加而趋势于平缓。

钻孔工程中,往复泵的流量不均匀性可能会给钻进工作带来如下不良影响:

(1)在孔内各流通断面不变的情况下,流量不均匀会导致流速发生变化,致使冲洗液及其所携带岩屑的惯性反复变化,流态不稳定,冲洗液的排粉能力降低。

(2)流量的脉动会直接导致冲洗液的压力波动。这种周期性的压力波动可能会影响到孔壁的稳定性,引起孔壁坍塌或掉块,压力波动也会引起泵和管路发生振动,影响它们的工作寿命并导致噪声。

(3)流量的脉动会导致泵密闭腔内的液流惯性增大,使泵的吸水性能变差,缸内液体发生冲击,造成孔内依靠冲洗液传递动力的器具(如螺杆钻、涡轮钻、冲击器)工作性能不稳定。

为了评价各种往复泵的流量不均匀程度,此处引入流量不均匀系数的概念。所谓流量不均匀系数是指最大和最小理论瞬时流量之差与理论平均流量的比值,用公式可表示为

$$\delta_Q = \frac{q_{max} - q_{min}}{\ddot{Q}} \tag{4-17}$$

式中:$\delta_Q$ 为流量不均匀系数;$q_{max}$ 为最大理论瞬时流量($m^3/s$);$q_{min}$ 为最小理论瞬时流量($m^3/s$);$\ddot{Q}$ 为理论平均流量($m^3/s$)。

根据(4-17)式计算出的单作用泵流量不均匀系数列于表 4-1。

表 4-1　单作用泵流量不均匀系数表

| 液缸数 | 1 | 2 | 3 | 4 | 5 |
|---|---|---|---|---|---|
| $\delta_Q$ | 3.14 | 1.57 | 0.142 | 0.325 | 0.07 |

根据表 4-1 并结合流量图可知,往复泵的不均匀系数随着液缸的数量增加而减小,且奇数缸比偶数缸减小得更快,实践中多缸泵的液缸数目均使用奇数也是因为这个原因。由单缸双作用泵的流量变化类似于双缸单作用泵,可推知双缸双作用泵的流量变化也就类似于四缸单作用泵。因此,为了降低泵的流量不均匀系数,可采用增加液缸数量或增加活塞作用数的方法,但是这两者的增加都会受到泵的结构复杂性和使用维护困难的限制。

通常,为减轻泵的流量和压力波动的影响,采用在泵的吸入和排出管路上分别设置空气室的方法。空气室是一个盛有空气的容器,如图 4-9 所示,当泵的吸排系统安装了空气室之后,即可利用气体的可压缩性,依靠空气室内的压力变化来储存和释放"多余"的液体,以降低管路中的流量和压力波动。

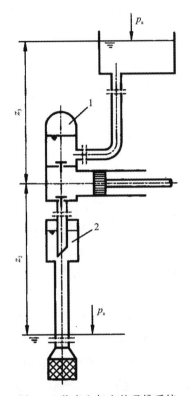

图 4-9  装有空气室的吸排系统

### 3. 实际流量及流量的调节

1)泵的实际流量

往复泵在单位时间内实际排出的液体体积总量称为实际流量,以 $Q$ 表示。实际流量 $Q$ 总是小于理论平均流量 $\ddot{Q}$,两者的比值称为流量系数 $\alpha$,用公式表示为

$$\alpha = \frac{Q}{\ddot{Q}} \quad \text{或} \quad Q = \alpha\ddot{Q} \tag{4-18}$$

显然,$\alpha$ 总是小于 1。造成 $\alpha < 1$ 的原因如下:

(1)泵吸入的液体可能含有气泡。气体在液体中呈乳化状微小气泡或较大气泡,或呈溶解状态。当液体被吸入液缸后,由于此时缸内压力较低,气泡会逸出占据一定空间,从而减少吸入的液体量。

(2)活塞换向时,泵阀关闭迟造成液体流失。如活塞由吸入转为排出时,吸水阀关闭滞后,会使已吸入液缸的部分液体倒流回吸入管路;活塞由排出转为吸入时,排水阀关闭滞后,会使已进入排出管路的部分液体倒流回液缸。

（3）密闭腔密封泄漏造成液体流失。在排出过程中，由于构成液力端密闭腔的缸套、活塞、活塞杆、泵阀等处密封不严，液体会随着腔内压力升高而产生泄漏，使已进入液缸内的液体流失。

通过以上分析可知，$\alpha$ 总是小于1，但不会是一个定值。随着泵的排出压力、各密封处密封性能、吸入性能和泵阀迟滞时间等因素的变化，流量系数 $\alpha$ 也会随之变化。这些因素自身是变量，而且会相互影响，因此流量系数 $\alpha$ 很难准确计算。根据经验，新泵的流量系数 $\alpha$ 一般为 $0.85 \sim 0.95$。钻孔工程使用的泥浆泵由于冲洗液具有较强的磨蚀性，使用中如不加强维护保养，流量系数 $\alpha$ 会下降很快。

2）流量的调节

根据式（4-7）可知，改变式中的某一项参数或同时改变几项参数，都可实现对往复泵流量的调节。

（1）改变泵的转速 $n$。有两种方法：①在泵与动力机之间增加变速装置（如齿轮变速箱、皮带轮传动副）；②采用变速驱动（如变速电机、变速液压马达）。目前岩芯钻探多采用齿轮变速箱方式。

（2）改变活塞面积 $A_e$。常用的方法是更换不同直径的缸套与活塞。目前油气钻井、地下水钻井多采用这种方式。

（3）改变活塞的行程 $S$。一般是借助各种机构改变曲柄的长度。由于行程改变后缸套会受到不均匀磨损，影响活塞与缸套的密封，故目前只用于计量泵或小型泵中。

（4）改变泵缸数量 $i$。由于此法会使泵的流量不均匀度增加，泵的设备利用率降低，目前在泵的结构设计上很少采用，只在一些施工现场对多缸泵采用临时停用某缸的方法来降低流量。

在钻孔工程中，为了满足不同工艺和工况的要求，常在泵出口加装三通阀分流部分泵流量，从而调节送入钻孔中的冲洗液量。如钢粒钻进就常采用此法来调节孔内钢粒的分选与更新状况。但是采用这种方法时，由于孔内冲洗液循环阻力受各种因素影响经常发生很大变化，故无法保证送入钻孔中的流量稳定，可能导致一些严重的后果发生。如金刚石钻进中，孔内压力剧升，导致送入孔底的流量严重不足甚至短暂中断，可能造成钻头微烧甚至严重烧钻事故的发生。

## 三、往复泵的压头计算及分析

往复泵的压头可参照流体力学中的有关计算方法进行计算。在往复泵中，输送的液体都具有一定的黏性，并且由于活塞运动速度是变化的，流量不恒定，流体的流动空间点上各水力运动要素（如速度和压力）不仅是位置的函数，也是时间的函数。因此，应当将往复泵的压头作为实际流体非恒定总流来处理。

### 1. 吸入过程液缸内压力头变化规律

图4-10是往复泵的吸排系统示意图。选取吸水池的液面为1-1断面，液缸内活塞端面为2-2断面，根据能量守恒原理可以列出这两个断面的能量平衡方程为

$$z_1 + \frac{p_1}{\rho g} + \frac{u_1^2}{2g} = z_2 + \frac{p_2}{\rho g} + \frac{u_2^2}{2g} + h_{u1-2} + \Delta h_{L1-2} + \Delta h_{XF} \tag{4-19}$$

式中:取吸水池液面(1-1 断面)为基准面,则 $z_1 = 0$;吸水池液面敞开,直通大气,液面压力即为大气压力,则 $p_1 = p_a$;设吸水池容量很大,吸入过程中液面变化速度可略去不计,则 $u_1 = 0$;$z_2$ 为液缸内液面(2-2 断面)的中心相对于 1-1 断面的高差(m),也即泵的吸入高度;$u_2$ 为 2-2 断面的流体流速(m/s),取其等于活塞的运动速度时,$u_2 = u$;$h_{u1-2}$ 为吸入过程中流体自 1-1 断面运动至 2-2 断面之间由于速度变化产生的惯性水头(m);$\Delta h_{L1-2}$ 为吸入过程中流体自 1-1 断面运动至 2-2 断面时管路流动阻力产生的水头损失(m);$\Delta h_{XF}$ 为吸入过程中流体流经吸入阀所受阻力产生的水头损失(m)。

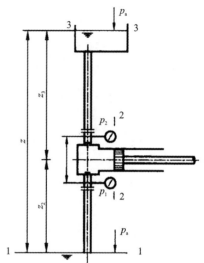

图 4-10 往复泵吸排系统示意图

将上述各项代入(4-19)式,整理后可得到吸入过程液缸内压头变化的关系式为

$$p_2 = p_a - \rho g \left( z_2 + \frac{u^2}{2g} + h_{u1-2} + \Delta h_{L1-2} + \Delta h_{XF} \right) \tag{4-20}$$

式(4-20)表明,往复泵吸入过程中,由于等号右边第二项始终大于 0,因此总有 $p_2 < p_a$,即缸内压力始终低于大气压力。正是在此压差的驱动下,吸水池中液体才能在克服液面高差 $z_2$、吸入惯性水 $h_{u1-2}$、流动阻力水头损失 $\Delta h_{L1-2}$ 和吸入阀水头损失 $\Delta h_{XF}$ 条件下,实现液体从吸水池进入液缸,并保持液缸内速度水头 $\frac{u^2}{2g}$。

由于往复泵活塞在液缸中的位移 $x$、速度 $u$ 和加速度 $a$ 都随时间变化,因此在整个吸入过程中,液缸内的压头将随着活塞的运动而变化。下面逐项分析(4-20)式中各项与活塞位移 $x$ 的变化关系。

(1) $\rho g$、$p_a$ 和 $z_2$ 值。当输送的液体性质和泵安装位置一定时,它们都为定值,与活塞位移 $x$ 无关。

(2)速度水头 $\frac{u^2}{2g}$。根据式(4-12),$\cos\varphi = 1 - \frac{x}{r}$,而 $\sin^2\varphi + \cos^2\varphi = 1$;因此 $\sin^2\varphi = 1 - \cos^2\varphi = 1 - (1 - \frac{x}{r})^2 = \frac{2x}{r} - \frac{x^2}{r^2}$;将其代入 $u = r\omega\sin\varphi$,则速度水头为

$$\frac{u^2}{2g} = \frac{(r\omega\sin\varphi)^2}{2g} = \frac{1}{2g} r^2 \omega^2 \left( \frac{2x}{r} - \frac{x^2}{r^2} \right) \tag{4-21}$$

(3)惯性水头 $h_{u1-2}$。与吸入管长度相比,液缸的长度很短,可忽略不计,这样就可采用吸入管中的惯性水头 $h_{uL}$ 近似地替代吸入过程中惯性水头 $h_{u1-2}$,即

$$h_{u1-2} = h_{uL} = \frac{a_L}{g} L_x = \frac{L_x}{g} \frac{du_L}{dt} \tag{4-22}$$

式中:$L_x$ 为吸入管长度(m);$a_L$、$u_L$ 分别为吸入管中液体的加速度(m/s$^2$)和速度(m/s)。根据流体的连续性假设有

$$A_L u_L = A_e u; u_L = \frac{A_e}{A_L} u \tag{4-23}$$

式中，$A_L$ 为吸入管内过流截面面积（$m^2$）。

将 $u_L$ 代入 $h_{u1-2}$，有

$$h_{u1-2} = \frac{L_x}{g} \frac{d}{dt} \left( \frac{A_e}{A_L} u \right) = \frac{L_x}{g} \frac{A_e}{A_L} \frac{d}{dt} r\omega \sin\varphi$$

$$= \frac{L_x}{g} \frac{A_e}{A_L} r\omega^2 \sin\varphi = \frac{L_x}{g} \frac{A_e}{A_L} r\omega^2 \left(1 - \frac{x}{r}\right) \tag{4-24}$$

（4）阻力水头 $\Delta h_{L1-2}$。同样，由于液缸长度较吸入管长度短得多，可忽略不计，采用吸入管中的阻力水头 $\Delta h_{LX}$ 近似地替代吸入过程中的阻力水头 $\Delta h_{L1-2}$。$\Delta h_{LX}$ 由沿程阻力水头 $\Delta h_{LX\lambda}$ 和局部阻力水头 $\Delta h_{LX\zeta}$ 组成，即有

$$\Delta h_{L1-2} = \Delta h_{LX} = \Delta h_{LX\lambda} - \lambda_X \frac{L_x}{d_X} \frac{u_L^2}{2g} + \zeta_X \frac{u_L^2}{2g}$$

$$= \left(\lambda_X \frac{L_x}{d_X} + \zeta_X\right) \frac{u_L^2}{2g} = \left(\lambda_X \frac{L_x}{d_X} + \zeta_X\right) \left(\frac{A_e}{A_L}\right)^2 \frac{u^2}{2g} \tag{4-25}$$

$$= K_X \frac{1}{2g} r^2 \omega^2 \left(\frac{2x}{r} - \frac{x^2}{r^2}\right)$$

式中：$\lambda_X$、$\zeta_X$ 分别为吸入管中流体的沿程和局部阻力系数；$d_X$ 为吸入管的内径（m）；$K_X = \left(\lambda_X \frac{L_x}{d_X} + \zeta_X\right) \left(\frac{A_e}{A_L}\right)^2$。

（5）吸入阀损失水头 $\Delta h_{XF}$。往复泵吸入过程中，吸入阀的水头损失可分为阀启动和阀保持开启两个阶段。阀启动阶段需克服阀的自重和阀簧张力引起的阻力水头，以及阀开启时的流体惯性水头。阀开启后，主要就是过阀局部阻力水头损失了。假设阀开启后，流体通过阀隙流速保持不变，因此可将流速看作常数。这样可以确定在吸入过程中的吸入阀水头损失，除开阀需短时克服较大阻力之外，其余过程水头损失 $\Delta h_{XF}$ 保持不变。

将以上分析的各项结果代入（4-20）式，可得到缸内压头与活塞位移的关系式为

$$p_2 = p_a - \rho g \left[ z_2 + \frac{1}{2g} r^2 \omega^2 \left(\frac{2x}{r} - \frac{x^2}{r^2}\right) + \frac{L_x}{g} \frac{A_e}{A_L} r\omega^2 \left(1 - \frac{x}{r}\right) + K_X \frac{1}{2g} r^2 \omega^2 \left(\frac{2x}{r} - \frac{x^2}{r^2}\right) + \Delta h_{XF} \right]$$

$$= p_a - \rho g \left[ z_2 + (1 + K_X) \frac{1}{2g} r^2 \omega^2 \left(\frac{2x}{r} - \frac{x^2}{r^2}\right) + \frac{L_x}{g} \frac{A_e}{A_L} r\omega^2 \left(1 - \frac{x}{r}\right) + \Delta h_{XF} \right]$$

$$\tag{4-26}$$

直接解算式（4-26）较为繁琐，可以采用图示的方法形象地表示出吸入过程缸内压头与活塞位移的变化规律。如图 4-11 所示，取横坐标代表活塞位移 $x$，纵坐标代表压力水头。将（4-26）式中的各项函数曲线分别绘制在该坐标图上，可见：①$p_a$ 不随活塞位移 $x$ 变化，图中是一条 $x$ 轴重合的水平直线；②$z_2$ 不随活塞位移 $x$ 变化，图中也是一条平行于 $x$ 轴的水平直线；③速度水头与吸入管内的阻力水头之和 $\frac{u^2}{2g} + \Delta h_{L1-2} = (1 + K_X) r^2 \omega^2 \frac{1}{2g} \left(\frac{2x}{r} - \frac{x^2}{r^2}\right)$ 是活塞位移 $x$ 的二次函数曲线。④惯性水头 $h_{u1-2} = \frac{L_x}{g} r\omega^2 \frac{A_e}{A_L} \left(1 - \frac{x}{r}\right)$ 是活塞位移 $x$ 的一次函数曲

线,图中为中点交于 $x$ 轴的一条斜直线,表明在吸入过程的前半段(活塞位移 $x=0\sim r$),惯性水头消耗能量;而在后半段(活塞位移 $x=r\sim 2r$),惯性水头则提供能量,使压头升高。由于在吸入全过程中,其消耗与提供的能量相等,故惯性水头的变化并不改变液体所具有的总能量。但是在吸入刚开始时,由于消耗的能量较大,为保证吸入的正常进行,还是应当将惯性水头作为能量损失对待。⑤吸入阀损失水头 $\Delta h_{XF}$ 不随活塞位移 $x$ 变化,图中是一条平行于 $x$ 轴的水平直线。但在阀启动时,其阻力较大,表现在吸入开始阶段出现短时的峰值水头。⑥将以上各项函数图形叠加后,即得到缸内压头的变化曲线。该曲线表示往复泵吸入过程中,缸内压头 $p_2$ 随活塞位移 $x$ 变化,是不稳定的。在吸入开始时,缸内压头受吸入阀损失水头 $\Delta h_{XF}$ 和惯性水头 $h_{u1-2}$ 的影响而存

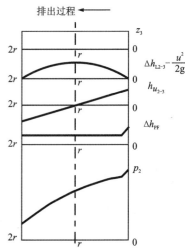

图 4-11 吸入过程缸内压头变化图

在最小值(即此时缸内真空度最大);随活塞位移 $x$ 的增加,缸内压头不断增大,只是由于速度水头与吸入管阻力水头影响,缸内压头的升高呈现出二次曲线形态;至吸入过程结束时,缸内压头达到最大值(即此时缸内真空度最小)。为了消除或减小缸内压头的波动,应当限制惯性水头 $h_{u1-2}$ 的变化幅度,在吸入管段上安装吸入空气室以进行改善。

**2. 往复泵的正常吸入条件**

往复泵要能正常吸入工作,必须满足以下 2 个条件:

(1)泵的缸内压力必须低于大气压力,即 $p_2<P_a$。

(2)泵的缸内最低压力 $P_{x\min}$ 必须小于等于饱和蒸气压力 $P_a$(或缸内真空度不得大于饱和蒸气真空度)。

从第 1 项条件看,要使往复泵能够正常吸入,$p_2$ 与 $p_a$ 的差值越大,似乎由大气压力驱动的吸入效果应当越好,但是不能忽略液体的汽化问题。例如,水在 1 个标准大气压力下,当温度升高到 100℃ 时就转变成了蒸气;在 0.2 个标准大气压力下,当温度升高到 60℃,也转变成蒸气;如果压力再降低至 0.043 个标准大气压力,在 30℃ 的常温下,水也会转变成蒸气。其他液体也具有类似的性质。

液体转变为气体的现象称为汽化。在一定温度下,液体开始汽化的压力称为饱和蒸气压力。表 4-2 列出了钻孔工程常用冲洗液在不同温度条件下的饱和蒸气压力值。

表 4-2 常用冲洗液在不同温度条件下饱和蒸气压力

| 液体种类 | 饱和蒸气压力/$mH_2O$ | | | | | | | | | | |
|---|---|---|---|---|---|---|---|---|---|---|---|
| | 0℃ | 10℃ | 20℃ | 30℃ | 40℃ | 50℃ | 60℃ | 70℃ | 80℃ | 90℃ | 100℃ |
| 水 | 0.02 | 0.12 | 0.24 | 0.43 | 0.75 | 1.26 | 2.03 | 3.18 | 4.83 | 7.15 | 10.33 |
| 泥浆 | — | 0.18 | 0.32 | 0.55 | 0.90 | 1.46 | | | | | |

往复泵吸入过程中如果不能满足第 2 项条件,则部分液体将在液缸内汽化。这种汽化的发生不但会导致泵的吸入充满程度降低,泵排量减小;而且会引起水击、汽蚀等一系列问题,影响泵的运转稳定性和零部件寿命。因此,泵要正常吸入工作,还必须满足第 2 项条件,即 $P_{x\min} \leqslant P_a$。

由泵的吸入过程缸内压力变化曲线可知,吸入开始时,液缸内压力最低,此时 $x=0$,将其代入(4-26)式,有

$$p_{x\min} = p_a - \rho g\left[z_2 + (1+K_x)\frac{1}{2g}r^2\omega^2\left(\frac{2x}{r}-\frac{x^2}{r^2}\right) + \frac{L_x}{g}\frac{A_e}{A_L}r\omega^2\left(1-\frac{x}{r}\right) + \Delta h_{XF}\right]$$

$$= p_a - \rho g\left(z_2 + \frac{L_x}{g}\frac{A_e}{A_L}r\omega^2 + \Delta h_{XF}\right) \geqslant p_a \tag{4-27}$$

为确保往复泵正常吸入工作,泵的实际使用中应注意以下几个问题:

(1)控制泵的转速 $\omega$。不能为增大泵的流量而盲目增加泵的转速。

(2)尽量降低泵的吸入高度 $z_2$,即应降低泵的安装位置,使其尽量接近吸水池的水面。

(3)尽量缩短泵的吸入管路长度 $L_x$,增大吸入管路直径 $A_e$,以减小冲洗液在吸入管路中流动的阻力。

(4)尽量减小阀的开启阻力。应尽量减轻阀的重量,增大阀孔直径。

(5)注意冲洗液的汽化压力。不同种类的冲洗液汽化压力不同,尤其在高温环境钻进,冲洗液的汽化压力会大升高。

(6)注意海拔高度增大,大气压力会下降,不利于泵的正常工作。

此外,在泵的设计中,还可通过减小吸入阀的重量等措施来降低吸入阀的损失水 $\Delta h_{XF}$。

由式(4-27)还可得往复泵的最大允许吸入高度(安装高度)为

$$z_2 \leqslant \frac{p_a - p_v}{\rho g} - \frac{L_x}{g}\frac{A_e}{A_L}r\omega^2 - \Delta h_{XF} \tag{4-28}$$

### 3. 排出过程液缸内压头变化规律

往复泵排出过程中,活塞的运动使液缸容积减小、液体压力升高,从而克服液体在排出管路中的各种阻力,进而排出液缸。与泵的吸入过程类似,参见图 4-10,在图中选取液缸内活塞端面为 2-2 断面,选取排出管路末端断面为 3-3 断面(排水池液面)。根据能量守恒原理,可列出这两个断面的能量平衡方程为

$$z_2 + \frac{p_2}{\rho g} + \frac{u_2^2}{2g} = z_3 + \frac{p_3}{\rho g} + \frac{u_3^2}{2g} + h_{u2-3} + \Delta h_{L2-3} + \Delta h_{PF} \tag{4-29}$$

式中:取液缸中心线(2-2 断面)为基准面,则 $z_2=0$;$u_2$ 为 2-2 断面的流体流速,取其等于活塞的运动速度(m/s),则 $u_2=u$;$z_3$ 为排水池液面(3-3 断面)的相对于 2-2 断面的高差,也即泵的排出高度(m);设排水池液面敞开,直通大气,3-3 断面液面压力即为大气压力,即 $p_3=p_a$;设排水池容量很大,排出过程中液面变化速度可略去不计,则 $u_3=0$;$h_{u2-3}$ 为排出过程中流体自 2-2 断面运动至 3-3 断面之间由于速度变化产生的惯性水头(m);$h_{L2-3}$ 为排出过程中流体自 2-2 断面运动至 3-3 断面时管路流动阻力产生的水头损失(m);$\Delta h_{PF}$ 为排出过程中流体流经排出阀所受阻力产生的水头损失(m)。

将上述各项代入(4-29)式,整理后可得到排出过程液缸内压头变化的关系式为

$$p_2 = p_a + \rho g \left( z_3 - \frac{u^2}{2g} + h_{u2-3} + \Delta h_{L2-3} + \Delta h_{PF} \right) \tag{4-30}$$

采用与处理吸入过程类似的方法,可将式(4-30)转换为活塞位移 $x$ 相关的函数关系式,并可绘制出泵在排出过程中液缸内压头与活塞位移关系的变化规律曲线图,如图 4-12 所示。

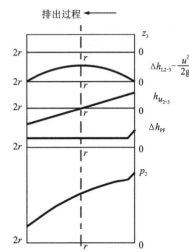

图 4-12　排出过程缸内压头变化图

由图 4-12 可知:

(1) $p_a$ 和 $z_3$ 不随活塞位移 $x$ 变化,图中是平行于 $x$ 轴的水平直线。

(2)速度水头与排出管路流动阻力水头之和是活塞位移 $x$ 的二次函数曲线。

(3)惯性水头 $h_{u2-3}$ 是活塞位移 $x$ 的一次函数曲线,图中为中点交于 $x$ 轴的水平直线,但在阀启动时,其阻力较大,表现在排出开始阶段出现短时的峰值水头。

(4)排出阀损失水头 $\Delta h_{XF}$ 不随活塞位移 $x$ 变化,图中是一条平行于 $x$ 轴的水平直线,但在阀启动时,其阻力较大,表现在排出开始阶段出现短时的峰值水头。

(5)将以上各项函数图形叠加后,即得到缸内压头的综合变化曲线。该曲线表示由于惯性水头的影响,泵在排出过程中的缸内压力变化是不均匀的。因惯性水头与排出管路长度成正比,管路越长,压头的波动也就越大。在排出过程刚开始时,惯性水头消耗液体能量,使排出压头形成峰值。该峰值可作为泵的强度设计理论依据。此后,随着加速度减小,惯性水头降低。当加速度变为负值,惯性水头则增加液体能量,使缸内压头进一步降低。在排出过程终了时,缸内压头也降到最小值。

泵在排出过程中的这种压力波动,使泵和动力机负荷不均匀,工作条件恶化,尤其当排出压力变化的频率与排出管路自振频率相同或成整倍数时,将出现共振,对管路和机械造成严重损坏。因此,泵使用中应注意限制曲柄的转速,并在泵的出口加装空气室,以减小液流的惯性作用,降低压力波动程度。

**4. 往复泵的有效压头**

往复泵的有效压头(扬程或全压头)是指单位重量的液体从泵中所获得的能量增量,常用 $H$ 表示,其单位为米液注。参见图 4-10,分别取 1-1 断面和 3-3 断面,根据能量守恒原理可以列出这两个断面的能量平衡方程为

$$z_1 + \frac{p_1}{\rho g} + \frac{u_1^2}{2g} + h = z_3 + \frac{p_3}{\rho g} + \frac{u_3^2}{2g} \sum h_L \tag{4-31}$$

式中:取吸水池液面(1-1 断面)为基准面,则 $z_1 = 0$;吸、排水池液面敞开,直通大气,液面压力即为大气压力,则 $p_1 = p_3 = p_a$;假设吸、排水池容量很大,吸、排过程中液面变化速度可略去不

计,则 $u_1 = u_3 = 0$;$z_3$ 为排水池液面（3-3 断面）相对于吸水池液面（1-1 断面）的高差（m）；$\sum h_L$ 为泵的吸、排管路中各种水头损失之和（m），它不包括惯性水头，因为惯性水头并不改变泵的能量输出，与有效压头无关。

因此，式（4-31）可写为

$$H = z_3 + \sum h_L \tag{4-32}$$

式（4-32）表明，泵的有效压头应为吸、排水池液面高差与吸、排管路中各种水头损失之和。

在钻孔工程中，吸、排水池往往为同一液面，也即 $z_3 = 0$。这样泵的有效压头又可表示为

$$H = \sum h_L \tag{4-33}$$

式（4-33）表明，在钻孔工程中，泵传递给冲洗液的全部能量都消耗于克服循环系统管路的各种阻力。

以上讨论了泵的有效压头意义及其表达式。然而，若想用上述方程来求解有效压头的数值还是非常复杂，要准确计算出循环系统中各种管路阻力损失之和 $\sum h_L$，是一件极其困难的事，实践中操作起来也非常不便。因此，有必要寻求一种新方法，以方便快捷地确定泵的有效压头。

如图 4-10 所示，在图中泵的入出口处各安装一只压力表，用以指示这两点处液体的表压力。根据有效压头的定义，往复泵的有效压头可表示为

$$H = h + \frac{u_c^2 - u_r^2}{2g} + \frac{p_c - p_r}{\rho g} \tag{4-34}$$

式中：$h$ 为泵入出口处两只压力表之间的高差（m）；$u_c$ 为泵出口处液体的流速（m/s）；$u_r$ 为泵入口处液体的流速（m/s）；$p_c$ 为泵出口处的表压力（Pa）；$p_r$ 为泵入口处的表压力（Pa）。

由于两表之间距离很近，$h$ 值很小；泵的入、出口管径一般也相差不多，在同一流量下，$u_c^2 - u_r^2$ 的差值也很小。因此，略去这两项，式（4-34）可写为

$$H = \frac{p_c - p_r}{\rho g} \tag{4-35}$$

式（4-35）表明，往复泵有效压头的复杂计算问题可以简化为泵的入、出口压力测量问题。

在钻孔工程中，当孔很浅时，泵的出口表压不高，随着孔深的增加，循环系统中的各项阻力损失 $\sum h_L$ 也随之增加，故泵的出口表压会越来越高。在实际工作中，当泵的排出压力很高时，即 $p_c \gg p_r$ 时，还可将上式进一步简化为

$$H = \frac{p_c}{\rho g} \tag{4-36}$$

在实际工作中往往仅采用泵的出口表压代表泵的有效压头。这也是钻孔工程中常采用泵出口压力表值来表征钻孔循环系统，特别是孔内阻力损失的原因。

## 四、往复泵的功率和效率

往复泵的功率和效率是往复泵的重要技术性能参数，可综合表征往复泵的能力和利用率。

**1. 往复泵的功率**

(1)泵的输出功率 $N_e$。计算公式如下：

$$N_e = \rho g Q H \quad 或 \quad N_e = p_e Q \tag{4-37}$$

式中，$Q$ 为泵的实际流量（$m^3/s$）。

(2)泵的输入功率 $N$。指泵在单位时间内从动力输入轴上获得的机械功称为泵的输入功率，也称泵的轴功率。计算公式如下：

$$N = \frac{N_e}{\eta} \tag{4-38}$$

式中，$\eta$ 为往复泵的总效率。

**2. 往复泵的效率**

(1)泵的容积效率 $\eta_v$。指泵的实际流量 $Q$ 与泵内接受能量的液体量 $Q_i$ 之比，计算公式如下：

$$\eta_v = \frac{Q}{Q_i} = \frac{Q}{Q + \Delta Q_v} \tag{4-39}$$

式中，$\Delta Q_v$ 为泵排出过程中液缸内各密封处的泄漏流量（$m^3/s$）。

此处需要说明的是，泵的理论平均流量 $\ddot{Q}$ 并不等于泵内接受能量的液体量 $Q_i$。因为泵在实际工作中吸入过程也有流量损失，如因气泡的存在造成吸入充满度不足，吸入阀关闭滞后造成已吸入液缸的部分液体倒流回吸入管路。

(2)泵的水力效率 $\eta_h$。指单位重量的液体从泵中所获得的能量增量为有效压头 $H$ 与活塞对单位重量液体所做的功为转化压头 $H_i$ 的比值，计算公式如下：

$$\eta_h = \frac{H}{H_i} = \frac{H}{H + \Delta H_v} \tag{4-40}$$

式中，$\Delta H_v$ 为液体在泵内流动中（流经泵缸、泵阀）的水力损失（m）。

(3)泵的转化效率 $\eta_i$。指泵的有效功率与泵内由活塞传给液体的功率（即转化功率 $N_i$）之比，计算公式如下：

$$\eta_i = \frac{N_e}{N_i} = \frac{QH}{Q_i H_i} = \eta_v \eta_h \tag{4-41}$$

(4)泵的机械效率 $\eta_m$。泵从动力输入轴上获得的机械功传递到活塞对液体做功，传递中各运动摩擦副会消耗一部分能量。泵的转化功率 $N_i$ 与泵的输入功率 $N$ 之比称为泵的机械效率，计算公式如下：

$$\eta_m = \frac{N_i}{N} \tag{4-42}$$

(5)泵的总效率 $\eta$。指泵的有效功率与输入功率之比，计算公式如下：

$$\eta = \frac{N_e}{N} = \frac{N_e}{N_i} \frac{N_i}{N} = \eta_v \eta_h \eta_m \tag{4-43}$$

泵的总效率可以用试验的方法测定，一般情况下取 $0.6 \sim 0.9$。

**3. 泵的驱动功率**

泵的驱动功率指泵所需的动力机的功率,用 $N_m$ 表示。钻探工程现场常用柴油机、电动机和液马达作为泵的动力机。动力机与泵之间一般有两种驱动方式:①采用联轴节直接驱动;②采用皮带轮传动副或变速装置间接驱动。当使用前者时,动力机的输出功率就是泵的输入功率;使用后者时,还需考虑传动装置的效率。

在设计选用泵的动力机时,必须要考虑留有一定的功率储备,即有

$$N_m = K_m N \tag{4-44}$$

式中,$K_m$ 为功率储备系数,当 $N \leqslant 4kW$ 时,可取 $K_m = 1.2 \sim 1.5$;当 $N \geqslant 4kW$ 时,可取 $K_m = 1.05 \sim 1.2$。

## 五、往复泵的工作特性及其运行工况

往复泵广泛用于各工业部门,其结构各异、种类繁多、通用化低、配套性强。往复泵工作中,其主要性能参数之间存在着一定的相关关系。泵的工作特性就是指这些参数间的相互关系及其变化规律。

泵在实际工作中受多种因素影响,因此实际流量与理论流量存在差异。由于这些影响因素均概括在流量系数 $\alpha$ 中,而 $\alpha$ 又与泵压有关,故泵量与泵压具有一定的关系。这种关系的实质是泵压与泵的泄漏量相关,表现为泵量随着泵压的增加而有所减小。图 4-13 中的线段 2 就即为这种关系的曲线(可近似视为直线关系)。然而,线段 2 仅为泵量受泵压影响的关系曲线,实际上,泵的实际流量还应受包括在流量系数 $\alpha$ 中的所有因素的影响。因此,泵的实际流量

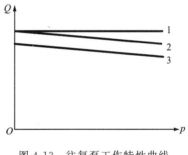

图 4-13 往复泵工作特性曲线

曲线应如图 4-13 中的线段 3 所示。线段 3 应是一条与线段 2 平行的直线,它也就是往复泵的实际工作特性曲线。

### 1. 往复泵的运行工况

式(4-33)表明,在钻孔工程中,泵传递给冲洗液的全部能量都消耗于克服循环系统管路的各种阻力。因此,泵压的大小是由管路阻力的大小所决定的。该式可表述为如下形式:

$$H = \beta Q^2 \tag{4-45}$$

式中,$\beta$ 为与管路直径、长度、形态和雷诺数有关的系数,可称为管路阻力系数。

假设冲洗液在循环管路中流动时没有泄漏,则管路中的流量就应当等于泵量。式(4-45)表明,管路阻力与管路阻力系数成正比,也与流量的平方成正比。如果管路的直径、长度和形态不变,雷诺数也会因流量的改变而改变,从而使 $\beta$ 值发生变化。如果忽略流量的影响(紊流时,$\beta$ 值与流量无关),那么式(4-45)决定的管路阻力与流量的关系就称为管路阻力特性。

根据式(4-45)绘制的曲线称为管路阻力特性曲线,如图 4-14 所示,它是一条从坐标原点

开始的二次曲线,图中 $L_1$、$L_2$、$L_3$…各条曲线分别表示不同管路长度(即不同 $\beta$ 值)的管路阻力特性曲线。把泵的工作特性曲线与管路阻力特性曲线绘制在同一张坐标图上,就形成了泵的联合工作特性曲线,如图 4-15 所示。该联合工作特性曲线可表明泵的工况,图中每两条线的交点就是泵的工况点。当泵的流量一定时,随着管路阻力的变化,泵压也发生变化,其工况点将沿着 $a_1$、$a_2$、$a_3$…或 $b_1$、$b_2$、$b_3$…点变化。当管路一定时,随着流量的变化,泵压也变化,其工况点如图中的 $a_1$、$b_1$…,或 $a_2$、$b_2$…,或 $a_3$、$b_3$…。

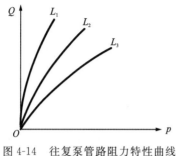

图 4-14 往复泵管路阻力特性曲线

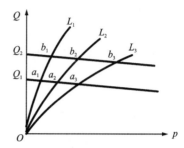

图 4-15 往复泵联合工作特性曲线

由此可见,钻孔施工过程中,如果泵量不变,随着孔深的增加,泵压也会增高。在某一回次钻进中,如果改变泵量,泵压也会随之变化;泵量越大,泵压也就会越高。

**2. 往复泵的临界工况**

往复泵的临界工况是指泵在有效功率输出条件下输送液体时的流量压力特性。它的表达式为

$$N_e = pQ = 常数 \qquad (4-46)$$

式中,$N_e$ 为泵在额定输入功率运转时的输出功率,称为泵的有效功率。该功率是水力功率,表现为泵量 $Q$ 和泵压 $p$ 的乘积。由于泵的有效功率是一个定值,因此两者的乘积是一个常数。如果泵量可以调节,其值为 $Q_1$、$Q_2$、$Q_3$…,按等功率条件,泵压对应值为 $p_1$、$p_2$、$p_3$…,则泵的临界特性式应写为

$$p_1 Q_1 = p_2 Q_2 = p_3 Q_3 = \cdots = 常数 \qquad (4-47)$$

式(4-47)表明,泵在临界工作条件下,泵量和泵压互为倒数关系,即泵量越大,泵压就越小;反之亦然。这种关系表示在 $p$-$Q$ 坐标图上是一条双曲线,即恒功率曲线,如图 4-16 所示。这条曲线被称为往复泵的临界工作特性曲线。如果把泵的工作特性曲线和管路阻力特性曲线绘制在泵的临界工作特性曲线上,则图 4-16 中 3 条曲线的交汇点 2 就是泵的临界工况点,或称极限工况点。

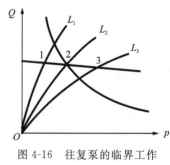

图 4-16 往复泵的临界工作
特性曲线

钻孔施工中,根据钻孔冲洗要求调定泵量之后,在图 4-16 上即可绘制出泵的工作特性曲线。随着钻孔的加深,管路阻力逐渐增大,因而泵的管路阻力特性曲线将连续变化,现取其中的 $L_1$、$L_2$、$L_3$ 3 条曲线进行讨

论,此时泵的工况点分别为1、2、3。其中,点2是泵的临界工况点,它是泵在有效功率运转时的工况。但是这一工况是短暂的,也是难以遇到的工况。点1是小于临界工况的工况点,是泵在洗孔时常见的工况。点3是泵的超临界工况点,或称泵的超负荷工况点,这种工况是不允许出现的,它会导致泵的机件损坏或动力机超载而不能正常工作。为了避免这种工况的出现,通常在泵的输出管路上安装安全阀予以限制。在变量泵上,如果安全阀仅用来限制最高泵压,仍会出现泵的超负荷工况。因此,还需要根据泵的临界特性关系式调节安全阀的调定压力值。

此外,如果以点1为代表的工况点经常远离临界工况点2,或经常出现以点3为代表的超负荷工况点,这就说明所选的泵是不适宜的,是应当更换的。虽然可用调节泵量的方法来调节泵的工况,但是泵量仅应当由钻进工艺的需要确定,绝不能为了泵的工况而放弃钻进工艺要求。

## 第三节 离心泵

离心泵属于涡轮式泵,依靠旋转叶轮进行能量转换。除离心泵外,常用的涡轮式泵还有轴流泵、混流泵、旋涡泵等。离心泵广泛用于工业、农业和生活之中,如工厂管网供水、农田灌溉和城市给排水。在钻孔工程中,施工现场的生产及生活供水、泥浆制作及净化系统的浆液输送、大口径钻孔的泵吸反循环钻进、水文水井钻井的抽水试验(潜水泵、深井泵)等,都需要使用离心泵。

### 一、离心泵工作原理及结构类型

#### 1.离心泵的工作原理

图4-17是离心泵中最普通的一种结构型式,称为蜗壳泵。它主要由带有许多弯曲叶片的叶轮7、蜗壳6(泵室)和扩压管5等组成。当叶轮7受到传动轴4输入的机械能驱动,在充

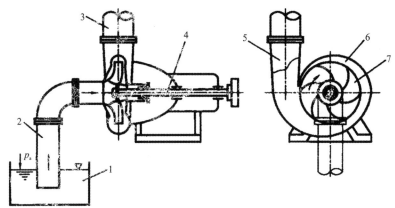

图4-17 离心泵结构及工作原理图

1-水池;2-吸入管;3-排出管;4-传动轴;5-扩压管;6-蜗壳;7-叶轮

满液体的蜗壳 6 中高速旋转时，液体在叶片圆周线速度和离心力的作用下获得动能；同时，由于液体沿叶轮径向流动，叶轮中心部分形成低压，水池 1 中的液体又在大气压差的驱动下，沿吸水管 2 不断补充进蜗壳 6 内。获得动能的液体经过蜗壳 6 和扩压管 5 时，动能大部分被转换为液体的势能（扬程），使液体能够克服排出管路 3 的阻力，连续不断地向外输送。

蜗壳泵的核心部件是叶轮，其结构如图 4-18 所示。叶轮中心通孔用于安装传动轴。弯曲的叶片（一般 5～10 片）沿径向均布在两块圆形盖板之间，盖板与叶片间的空间就形成液体运动通道，使液体沿径向流动，因此又称为径流式叶轮。叶轮外圆的线速度越大，离心泵传递给液体的能量也越大，排出的扬程也就越高。叶轮外圆的线速度取决于叶轮的直径和转速。

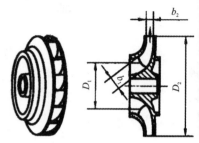

图 4-18　叶轮结构图

离心泵在开始工作时是没有自吸能力的。当泵室内有空气存在时，无论叶轮转速多高，其中心部分都不可能形成低压。因此，离心泵必须在泵内和整个吸入管路中都充满液体时才能启动工作。

**2.离心泵的结构类型**

离心泵的结构类型多样，可按下列结构特征进行分类。

1）按泵体形式分

（1）蜗壳泵。如图 4-17 和图 4-19 所示，其结构特征是叶轮的外圆周上有螺旋形泵壳，通常用于单级扬程要求不高的泵。

（2）导叶式泵。如图 4-20 所示，其结构特征是在叶轮的外圆周上装有固定在螺旋形泵壳 2 中的导轮 3。导轮中也有径向叶片，称为导叶。液体从叶轮流出后，先经导轮导流和能量转换，然后再进入泵壳。它的单级扬程较高。

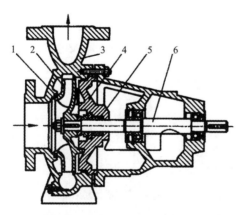

图 4-19　单级单吸悬臂式蜗壳泵

1-密封环；2-叶轮；3-泵壳；4-泵壳盖；

5-填料密封；6-泵轴

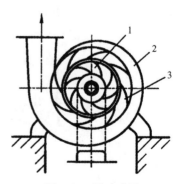

图 4-20　导叶式泵

1-叶轮；2-蜗壳；3-导轮

2)按吸入方式分

（1）单吸式泵。如图 4-17 和图 4-19 所示,叶轮只有一侧有吸入口,流量较小,单级扬程也不高。

（2）双吸式泵。如图 4-21 所示,叶轮的两侧都有吸入口,可同时吸入液体,故流量较大。

3)按级数分

（1）单级泵。如图 4-17 和图 4-19 所示,每台泵只有一个叶轮。

（2）多级泵。如图 4-22 所示,每台泵在同一根传动轴上安装有 2 个及 2 个以上的叶轮。液体通过级间过渡流道从前一级排出口流入下一级吸入口,逐级获取能量,直到最后一级排出。泵的总扬程为各级扬程之和。一般级数为 2～3 级,高扬程泵可达 20 级。

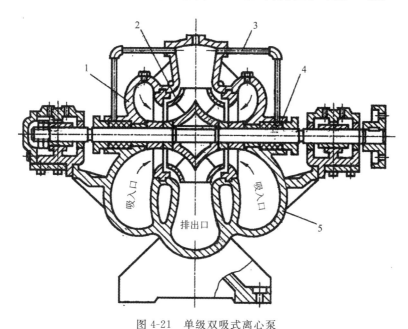

图 4-21 单级双吸式离心泵
1-上壳;2-叶轮;3-引水管;4-填料密封;5-下壳

4)按泵壳型式分

（1）节段式泵。如图 4-22 所示,包括泵壳在内,把每一级叶轮沿垂直泵轴的平面分成各段,每段可顺着泵轴方向按次序装配在一起。大多数的多级泵都采用这种型式。

（2）筒式泵。泵的外壳是一个圆柱形整体。

（3）中开式。如图 4-21 所示,泵壳沿泵轴的中心线分成两个部分,一般沿水平面分开,个别沿斜面和垂直面分开,多用在大型泵上,拆装方便。

综合上述分类,将常见的几种典型离心泵结构介绍如下。

（1）单级单吸悬臂式蜗壳泵。泵的结构如图 4-19 所示,叶轮悬壁式安装在泵轴的一端,通常吸入口沿着轴向,排出口向上。为防止从叶轮排出的液体又返回吸入口,在旋转的叶轮 2 和固定的泵壳 3 之间,安装有靠间隙密封的刚性密封环 1。该部位的密封难度大,泄漏是影响泵容积效率的主要因素。在泵壳盖 4 和泵轴 6 之间的防漏装置采用软填料密封 5,是直接接触密封。

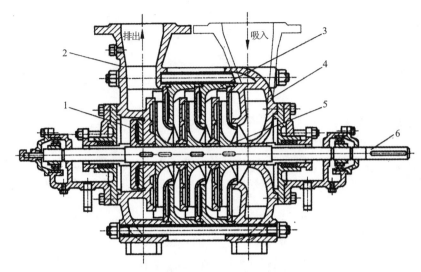

图 4-22 节段式单吸多级泵

1-平衡盘；2-排出盘；3-节段；4-吸入盘；5-叶轮；6-传动轴

在单吸式离心泵中，由于叶轮的前盖板上有吸入口，前、后盖板上的液压作用力不同，因而产生了指向吸入口一侧的轴向力（图 4-23）。为了平衡这个力，采用在后盖板上开平衡孔的方法，使后盖板与泵壳间的泵腔与吸入口连通（图 4-24），达到平衡效果。这种方法简单易行，但降低了泵的容积效率。

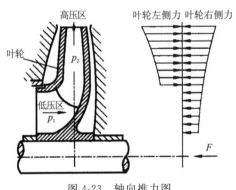

图 4-23 轴向推力图

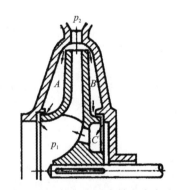

图 4-24 平衡孔平衡轴向力方法

（2）单级双吸式离心泵。如图 4-21 所示，叶轮是双吸式，一般水平吸入、水平排出。壳体多采用水平中开式，也有采用单端盖或双端盖结构。这种泵由于叶轮的构造和液流状态对称，从理论上来说并不产生轴向力，因而不用设置平衡装置。但是它容易从吸入口两侧的填料密封处吸进外界空气，防止措施是用引水管将高压腔的液体引向填料密封处进行水封。

（3）节段式单吸多级泵。如图 4-22 所示，该泵是三级泵。右侧是吸入盖，中间有两个节段（每个节段内有一个叶轮），左侧是排出盖（内有一级叶轮），这四者用传动轴对穿连紧。液体由吸入盖进入，经过三级液轮换能，最后由排出盖排出。叶轮都按相同方向布置，用末级叶轮后的平衡盘平衡轴向力。

## 二、离心泵的工作参数

**1. 液体在叶轮中的运动规律**

液体在叶轮中沿流道运动的同时，又随着叶轮转动，为了便于研究液体在叶轮中的运动规律，首先作出如下假设：

（1）把通过叶轮的液流看作是无数层流面的总合，各层流面的流动互不干扰，液体质点运动迹线——流线都在流面上；

（2）叶轮具有无限多的叶片，液体质点完全按照叶片形状规定的轨迹运动；

（3）液体在叶片间的流动呈轴对称，即在同一叶轮半径圆周上的液体质点运动速度完全相同，每层流面上的流线形状完全相同。

液体在叶轮中运动规律可以用液体在叶轮进出口的速度图来反映。如图 4-25（a）所示，叶片进口半径为 $r_1$，出口半径为 $r_2$。液体以绝对速度 $v_1$ 流入叶片进口，当叶轮以角速度 $\omega$ 旋转时，半径为 $r_1$ 的叶片进口处的圆周线速度（即液体的牵扯连速度）等于 $u_1$（$u_1 = r_1\omega$），则 $v_1$ 和 $u_1$ 的矢量差 $v_1 - u_1$ 等于液体对叶轮进口的相对速度 $w_1$（方向与叶片进口相切）。随后，液体沿叶轮流道运动。在叶轮出口，液体以与叶片出口切线方向的相对速度 $w_2$ 流出叶轮，其与叶轮出口的圆周线速度 $u_2$（$u_2 = r_2\omega$）的矢量和 $w_1 - u_2$ 等于叶轮出口的绝对速度 $v_2$。由上述速度矢量组成的进口和出口速度四边形，分别称为叶轮进口和出口速度图，通常都采用如图 4-25（b）和图 4-25（c）的三角形矢量图表示。这样的矢量图也称为叶轮进出口速度图或叶轮进出口速度三角形。利用该速度三角形和余弦定理，可以方便地解出各个速度矢量。

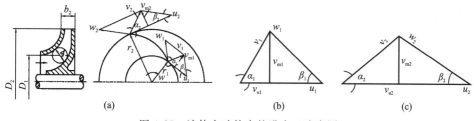

图 4-25　液体在叶轮中的进出口速度图

**2. 离心泵的流量**

1）理论流量

根据前面的假设，叶轮具有无限多的叶片，即叶片厚度为无限薄，则离心泵的理论流量 $Q_{th}$ 为

$$Q_{th} = 2\pi r_2 b_2 v_{m2} \tag{4-48}$$

式中：$b_2$ 为叶轮出口处宽度（m）；$v_{m2}$ 为液体在叶轮出口处的径向流动速度（m/s），如图 4-25 所示，它是液体在叶轮出口的绝对速度 $v_2$ 的径向分量。

2）实际流量

由于叶片厚度不可能无限薄，加之泵在排出流量时也存在泄漏，因此离心泵的实际流量

$Q$ 总是小于理论流量 $Q_{th}$：

$$Q = \eta Q_{th} \tag{4-49}$$

式中，$\eta$ 为流量效率，一般取 $0.8 \sim 0.9$。

3）离心泵扬程

为简化研究，还需假设在叶轮中流动的液体是理想流体，即液体没有黏性、不可压缩、流动中没有能量损失。

就整个叶轮来说，用 $\rho Q$（$\rho$ 为液体密度）表示每秒钟通过叶轮的液体质量。根据图 4-25 的叶轮进出口速度三角形，液体在叶轮进口的绝对速度 $v_1$ 的圆周线速度（切向分速度）为 $v_{u1}$（$v_{u1} = v_1 \cos\alpha$）；在叶轮出口的绝对速度 $v_2$ 的圆周线速度（切向分速度）为 $v_{u2}$（$v_{u2} = v_2 \cos\alpha_2$）。

根据动量矩守恒定理，通过叶轮的流体对旋转轴的动量矩的时间变化率，等于给液体施加外力的叶轮对同一旋转轴的旋转力矩。叶轮的旋转力矩为

$$M = \rho Q(r_2 v_2 \cos\alpha_2 - r_1 v_1 \cos\alpha_1) = \rho Q(r_2 v_{u2} - r_1 v_{u1}) \tag{4-50}$$

式（4-50）说明，叶轮作用于液体的力矩 $M$ 等于单位时间内液体流过叶轮的动量矩的增量，它与流体的密度 $\rho$、流量 $Q$、流体在叶轮进出口绝对速度的切向分速度 $v_{u1}$ 和 $v_{u2}$ 以及叶轮的几何尺寸 $r_1$ 和 $r_2$ 有关。

据此，叶轮得到的外加轴功率为

$$N = M\omega = \rho Q(u_2 v_{u2} - u_1 v_{u1}) \tag{4-51}$$

假设泵没有损失，则由式（4-51）表示的外加轴功率将全部供给液体，于是有

$$\gamma Q H_{th\infty} = \frac{\gamma}{g} Q(u_2 v_{u2} - u_1 v_{u1}) \tag{4-52}$$

式中，$\gamma$ 为液体的重度（N/m³）。

式（4-52）左边表示的功率与液体的有效功率 $\gamma Q H$ 有所不同，这里的 $H_{th\infty}$ 指的是外加功率全部给了液体时液体的扬程。从式中消去 $\gamma Q$ 后，得到

$$H_{th\infty} = \frac{1}{g}(u_2 v_{u2} - u_1 v_{u1}) \tag{4-53}$$

## 三、离心泵功率、效率及工作特性

### 1. 离心泵的功率和效率

离心泵的有效功率，即水力功率，用 $N_e$ 表示，计算公式如下：

$$N_e = \gamma Q H \tag{4-54}$$

式中，$Q$ 为泵的实际流量（m³/s）；$H$ 为泵的有效扬程（m）；$\gamma$ 为液体的重度（N/m³）。

当泵的轴功率为 $N$，则泵的总效率为

$$\eta = \frac{N_e}{N} \tag{4-55}$$

泵的总效率包括水力效率 $\eta_h$、容积效率 $\eta_v$ 和机械效率 $\eta_m$，即

$$\eta = \eta_h \eta_v \eta_m \tag{4-56}$$

水力效率 $\eta_h$ 是指泵的有效扬程 $H$ 与有限多叶片泵的理论扬程 $H_{th}$ 之比,如果用 $h_u$ 代表泵内的水力损失,则水力效率为

$$\eta_h = \frac{H}{H_{th}} = \frac{H_{th} - h_u}{H_{th}} \tag{4-57}$$

容积效率 $\eta_v$ 是指泵的实际流量 $Q$ 和叶轮真正输送的流量 $Q + q$($q$ 为泵内泄漏量)之比,即

$$\eta_v = \frac{Q}{Q + q} \tag{4-58}$$

机械效率 $\eta_m$ 是指泵的转化功率 $N_i$ 与轴功率 $N$ 之比,计算公式如式(4-59)所示。转化功率是由轴功率去除各种机械摩擦损失之后转化成的水力效率,即 $N_i = \gamma(Q + q)H_{th}$。

$$\eta_m = \frac{N_i}{N} = \frac{\gamma(Q + q)H_{th}}{N} \tag{4-59}$$

**2.离心泵的工作特性**

离心泵的主要性能参数有扬程 $H$、流量 $Q$、转速 $n$、功率 $N$ 和效率 $\eta$。表示这些参数之间相互关系的函数曲线,称为性能曲线或特性曲线。其中,应用最普遍的是在一定转速下的 $H$-$Q$、$N$-$Q$、$\eta$-$Q$ 等曲线,统称特性曲线(图 4-26)。

扬程曲线($H$-$Q$)是讨论泵的性能最有用的曲线。该曲线表明,随着扬程 $H$ 的增加,泵的流量 $Q$ 会相应减小。这可以用泵的扬程提高则泵内损失随之增大来解释。

效率曲线($\eta$-$Q$)表征泵的流量 $Q$ 与泵效率 $\eta$ 的相关关系。该曲线上的最高位置对应于扬程曲线上的点即是泵的最佳工况点。

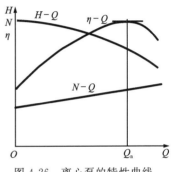

图 4-26  离心泵的特性曲线

扬程曲线与纵坐标轴的交点,即 $Q=0$ 时的扬程,称为关死扬程。离心泵属于叶片式泵,其 $H$-$Q$ 曲线与往复泵的 $H$-$Q$ 曲线有着本质的不同。离心泵不能用于深孔岩芯钻探,但由于泵量大,可用于大口径浅孔的水井及桩孔钻进。

# 第四节  螺杆泵

螺杆泵依靠密闭容腔的容积变化进行能量转换,它与往复泵一样,也属于容积式泵。两者的不同在于往复泵作直线往复运动使容积发生变化,而螺杆泵做旋转运动使容积发生变化。依靠旋转运动使容积变化的还有齿轮泵等。

在钻孔工程中,螺杆泵适用于向孔内输送冲洗液,也可用于供水、灌浆和输送其他浆液,由于它的橡胶件定子寿命不长、能量转化效率不高,目前现场用量还不大。但是螺杆泵原理的逆向应用——螺杆钻,在钻孔工程钻进,特别是定向钻进中得到了非常广泛的应用。

螺杆泵根据螺杆的波齿数(或螺杆螺纹的头数)分为单波齿螺杆泵和多波齿螺杆泵,钻孔工程目前主要应用的是前者,故以下主要以单波齿螺杆泵为例介绍螺杆泵的结构及性能。

## 一、螺杆泵的结构及特点

### 1. 螺杆泵的结构

图 4-27 是螺杆泵的结构示意图。它的液力端由转子(钢质螺杆 2)和定子(铸在筒形金属壳体内的橡胶衬套 3)组成。当转子在定子中做旋转运动时,两者之间的螺旋形密闭容腔会不断发生变化。

在吸入端,密闭容腔容积不断由小变大,吸入液体;液体吸入后又不断被螺旋运动带往排出端;在排出端,密闭容腔容积不断由大变小,将液体排至排出管路,实现能量转换,完成液体的输送。

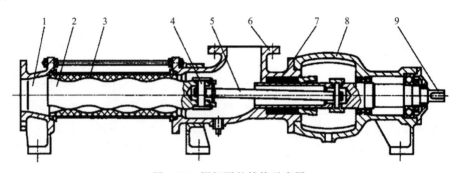

图 4-27　螺杆泵的结构示意图

1-排出口;2-钢质螺杆;3-橡胶衬套;4-万向联轴器;5-万向轴;6-泵体;7-密封圈;8-轴承箱;9-传动轴

在动力端,由于螺杆转子旋转时几何中心相对于定子衬套的轴线做摆线运动,因此,动力输入的传动轴 9 与钢质螺杆 2 之间通常采用万向轴 5 或挠性轴传动。

螺杆泵只有一种调节流量的方法,就是改变螺杆的转速。因此,可在动力端的传动轴与动力机之间设置变速机构,以实现变量。有的螺杆泵为启动和停车方便,还在变速机构之前加装了离合器。为防止液体进入轴承箱损坏轴承,在泵体 6 与轴承箱 8 之间,采用了密封圈 7 进行严格的密封隔离。

### 2. 螺杆和衬套的形状

螺杆与衬套的形状形成几何原理如图 4-28 所示,半径为 $e$ 的小圆在半径为 $2e$ 的大圆内滚动时,小圆上任一点的轨迹为通过大圆圆心的直线。设有一条与轴线 $O_2O_2$ 成偏心距 $e$ 的螺旋曲线 $O_1O_1$,其螺旋导程为 $t$。设想将直径为 $d$ 的无限多的薄圆片圆心穿在螺旋曲线 $O_1O_1$ 上,其连续薄圆片外圆所组成的螺旋轮廓面即为螺杆转子的形状(图 4-29),它的几何中心是 $O_1O_1$,而质心则为轴线 $O_2$-$O_2$。

螺杆转动时,其任一横截面(圆心为 $O_1$、直径为 $d$ 的圆)扫过的平面图形为长圆形,如图 4-30 所示,不同截面,其 $O_1O_1$ 方向不同。螺杆是在衬套内转动的,衬套内截面形状和方向必须与螺杆运动轨迹一致,故衬套内截面为图 4-31 所示的空间形状,是螺距为 $t$、导程为 $2t$ 的双头螺旋空腔。

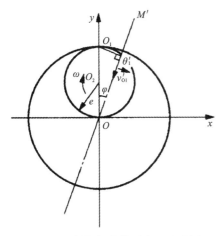

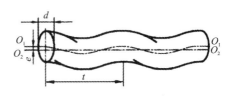

图 4-28 螺杆任意截面中心运动图    图 4-29 螺杆外形图

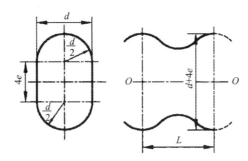

图 4-30 定子腔形成原理图

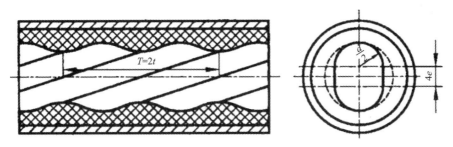

图 4-31 定子腔的剖面图

## 3. 螺杆泵的特点

与往复泵相比,螺杆泵具有以下特点:

(1)结构简单。零件总数为相同工作参数往复泵的 55%,易损件总数为往复泵的 17%。

(2)体积小、重量轻。重量为相同工作参数往复泵的 20%。

(3)流量均匀,压力稳定,无脉动。

(4)造价低,为相同工作参数往复泵的 30%。

(5)衬套螺杆副的制造工艺较复杂,使用寿命低。

（6）启动困难，效率低（为 $50\% \sim 70\%$）。

## 二、螺杆泵的工作原理

### 1. 螺杆泵任意横向截面的装配状态

螺杆与衬套的外形不同，当把它们两者组装在一起后，其横向截面的形状如图 4-32 所示。衬套定子的形心为 $O$，螺杆转子的形心为 $O_1$，质心为 $O_2$。设以螺杆转子的质心 $O_2$ 为圆心、$O_2O_1 = e$ 为半径画出小圆，设作动圆；再以衬套定子的形心 $O$ 为中心、$2e$ 为半径画出大圆，作为定圆，定圆与动圆相切于 $O_1$ 点。当螺杆绕 $O_2$ 顺时针方向旋转时，则 $O_1$ 点可视作滚圆上的一点，并以 $O$ 点为起点绕大圆作纯滚动。图 4-32(a) 为 $z=0$ 的截面（$z$ 坐标轴 $Oz$ 由纸面指向上），在此截面上，$p=0$，衬套的长轴 $OM$ 与 $y$ 轴重合。

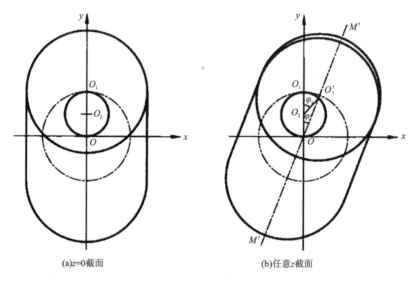

(a)$z=0$截面　　　　　　(b)任意$z$截面

图 4-32　螺杆衬套副的装配状态

图 4-32(b) 为任意 $z$ 截面（衬套和螺杆的形状不变）。在该截面上，衬套长轴相对于 $a=0$ 的截面转动了任意夹角 $\varphi$，$\varphi$ 与 $z$ 的关系为 $\varphi = \dfrac{z}{T} \cdot 2\pi$。由于螺杆在衬套定子中处于静止状态，$O_2$ 位置不变，动中心圆的位置也不变。但是在该截面上螺杆转子的形心位置变为 $O_1'$（仍在动中心圆的圆周上），相对于 $z=0$ 截面上的 $O_1$ 转动了夹角 $\varphi_1$，$\varphi_1$ 与 $z$ 的关系为 $\varphi_1 = \dfrac{z}{t} \cdot 2\pi$。显然，$O_1'$ 只有在衬套长轴 $OM'$ 上才具有意义。因为只有这样，衬套才能容纳螺杆，并用螺杆将衬套腔室两边隔开。否则，螺杆就要在任意 $z$ 截面侵入衬套，那就意味着螺杆不能装入衬套。

从图 4-32(b) 中的几何关系还可看出，由于 $O_1O_1'$ 圆弧对应动中心圆的圆心角是 $\varphi_1$，对应定中心圆的圆心角是 $\varphi$，且 $\varphi_1 = 2\varphi$，从而证明 $O_1'$ 在动中心圆与长轴 $OM'$ 的交点处。由此可见，在画衬套螺杆副的任意 $z$ 截面图时，只要画出衬套的截面，其长轴与动中心圆在 $O$ 点以外的交点(动中心圆与长轴相切则为 $O$ 点)就是螺杆的截面中心。

**2. 纵向各截面容腔容积变化过程**

图 4-33 是螺杆泵工作时的某瞬时状态沿 $z$ 轴截面图。从图中可以看出,沿螺杆泵轴向有一个个的空间容腔。这些空间容腔并不一定都是密闭的容腔,因为螺杆本身是螺旋形状,螺旋可能使容腔相互连通。按照上述研究螺杆泵任意横截面装配状态的方法,可以绘制出某瞬时沿螺杆泵轴向($z$ 轴)等间距的各个横截面图形,如图 4-34 所示。

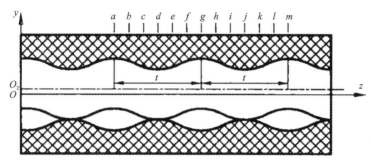

图 4-33 螺杆泵工作时的某瞬时状态沿 $z$ 轴截面图

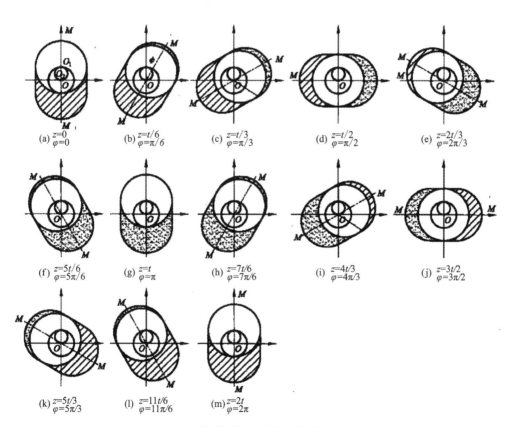

图 4-34 螺杆泵工作某瞬时状态沿 $z$ 轴等间距的各个截面图

图 4-34 分别是 $z=0(\varphi=0)$；$z=t/6(\varphi=\pi/6)$；$z=t/3(\varphi=\pi/3)$；…；$z=2t(\varphi=2\pi)$ 等各截面图形。将各截面按 $z$ 值大小依次在 $z$ 轴上叠加起来，就构成了某瞬时螺杆衬套副的空间形状。图中的(a)至(g)各截面短线阴影部分表示相互连通，是半个密闭腔，其长度等于 $t=T/2$；(a)至(m)各截面麻点阴影部分亦相互连通，是一个完整的密闭腔，其长度等于 $2t=T$；(g)至(m)各截面短线阴影部分表示相互连通，是另外半个密闭腔，其长度也等于 $t=T/2$。

由此可以看出，在 $z$ 轴上的 $2T$ 长度内，两端为开口容腔，中间为密闭容腔，这 3 个腔室互不相通，吸入端和排出端被隔离，就可形成高压和低压工作腔，这是容积式泵工作的必要条件。

**3. 螺杆泵的吸排水过程**

根据图 4-34，将不同 $z$ 值截面上螺杆和衬套的轮廓线与 $y$ 轴的交点坐标移到图 4-35(a)中 $Oxy$ 坐标平面上，然后将各自的坐标点相继连成曲线，就形成了某瞬时螺杆衬套副空间形状的纵向剖面图。从图中可看出，螺杆和衬套的成形曲线并无重合的线段，只有峰点和谷点相切，这就是密封线。在衬套的一个导程 $T=2t$ 中，将各点密封线画在一个平面上[图 4-35(b)]，即可清楚看出一个完整密闭腔和两个半密闭腔的形成。

螺杆泵工作过程中，螺杆转子绕质心 $O_2$ 作自转时，其形心 $O_1$ 作上下直线运动，同时其质心 $O_2$ 又绕定子衬套的形心 $O$ 做公转运动，且公转与自转方向

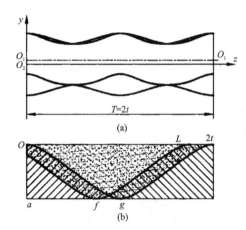

图 4-35　螺杆衬套纵向剖面及密封示意图

相反。随着螺杆转子的转动，各截面处的密封线都作相应的移动，转子转动一周，密封线平移一个导程 $T=2t$ 距离。这样，在密封线移动的同时，螺杆泵的右侧吸水，左侧排水，实现吸排水过程。转子连续不断转动，泵的吸排水过程就连续不断地进行。

## 三、螺杆泵的工作参数

### 1. 流量

单波齿螺杆泵的理论流量等于螺杆每转一周的理论排量乘以螺杆的转速。螺杆的理论排量等于衬套密封腔的截面积乘以衬套的导程。如图 4-30 所示，衬套密封腔的截面积为 $4d$，如以 $q$ 代表理论排量，则有

$$q=4edT=8eR \cdot 2t=16eRt \tag{4-60}$$

式中：$e$ 为偏心距(m)，即螺杆的质心 $S$ 与衬套的形心 $O_2$ 之间的距离；$d$ 为衬套定子槽的宽度(m)，亦即螺杆的直径；$R$ 为衬套定子槽的圆弧半径(m)，即螺杆的截面半径；$t$ 为螺杆的螺距(m)；$T$ 为衬套的导程(m)。

用 $Q_t$ 表示理论流量,有

$$Q_t = \frac{qn}{60} = 0.27eRTn \tag{4-61}$$

式中,$q$ 为理论排量($m^3$);$n$ 为螺杆的转速(r/min)。

螺杆泵工作中,由于螺杆和衬套之间的密封线两侧液体存在压力差,密封线处也存在间隙,所以会有所谓"内漏"现象产生,即会有流量的损失。以 $\eta_v$ 代表容积效率,则螺杆泵的实际流量 $Q$ 为

$$Q = \eta_v Q_t = 0.27\,\eta_v eRtn \tag{4-62}$$

式(4-62)表明,螺杆泵的实际流量与螺杆衬套副的几何尺寸与螺杆转速有关,也与容积效率有关。影响容积效率的因素很多,如衬套的材质、螺杆的惯性离心力、螺杆与衬套配合的表面质量、液体的压力差等。因此,容积效率是一个难以准确确定的变量,一般参考已有螺杆泵的数据和实验数据确定。

**2. 压力**

螺杆泵的排出压力是从输入端逐级建立起来的,每一个导程为一级。在每个导程中,由密封线数(或螺杆头数)和密封线间能承受的压力差来确定每一级的压力增值。设密封线间的压力差为 $\Delta p_0$,其值可用下式计算:

$$\Delta P_0 = \frac{\Delta p}{\left(\frac{L}{T}-1\right)Z_1 + 1} \tag{4-63}$$

式中:$\Delta p$ 为泵的排出压力,或泵的吸入端和排出端液体总压力差(Pa);$L$ 为螺杆衬套副的总长度(m);$T$ 为衬套的导程(m),单波齿螺杆泵 $T = 2t$;$Z_1$ 为衬套的波齿数,单波齿螺杆泵 $Z_1 = 2$。

对于单波齿螺杆泵,液体通过每个导程的压力增至约为 0.6MPa。由于螺杆副的总长度不宜过长,因此,目前单波齿螺杆泵只适用于输送低压液体。从式(4-63)中可以看出,要提高泵的排出压力,采用多波齿螺杆式是种较好的方法。

**3. 功率和效率**

泵的输出功率(有效功率)为

$$N_e = Q\Delta p \tag{4-64}$$

泵的输入功率(泵的轴功率)为机械功率:

$$N = M\omega \tag{4-65}$$

式中:$M$ 为泵传动轴的转矩(N·m);$\omega$ 为泵传动轴的角速度(rad/s);泵的转化功率,即是机械功率转化成液压功率,两者完全相等。以 $N_i$ 表示转化功率,则有

$$N_i = M_i\omega = Q_i\Delta p \tag{4-66}$$

式中:$M_i$ 为螺杆的转化转矩(N·m);$Q_i$ 为转化流量($m^3/s$),$Q_i = Q_t$。

泵的总效率按下式计算：

$$\eta = \frac{N_e}{N} = \frac{N_e}{N_i} \cdot \frac{N_i}{N} = \frac{Q\Delta p}{Q\Delta p_i} \cdot \frac{M_i\omega}{M\omega} = \eta_v \, \eta_m \tag{4-67}$$

式中：$\eta_v$ 为容积效率；$\eta_m$ 为机械效率。

机械效率反映机械传动中的转矩损失。除机械传动副的摩擦损失，主要是螺杆衬套副的摩擦损失，包括克服过盈配合产生的摩擦力矩、克服螺杆旋转惯性离心力而增大的摩擦阻力矩、克服液体动力作用产生的摩擦阻力矩等。因此，机械效率也是一个难以准确确定的变量，一般通过实测数据确定。

### 四、螺杆泵的工作特性

螺杆泵工作时，其工作参数（排出流量与排出压力）间的关系为螺杆泵的工作特性。根据螺杆泵的流量公式(4-62)可知，螺杆泵的排出流量与排出压力无关。考虑泵的容积效率后，随着排出压力的提高，泵的排量有所下降，如图 4-36 所示。

螺杆泵的效率曲线如图 4-37 所示。由图可知，螺杆泵的排出压力在 2MPa 左右时，工作效率较高，故螺杆泵适合于小扬程的场合工作。由前述分析可知，螺杆泵工作时，质心公转会产生惯性离心力。惯性离心力的大小可由下式计算：

$$I = \frac{G}{g}\omega^2 e \tag{4-68}$$

式中：$I$ 为惯性离心力(N)；$G$ 为螺杆的重量(N)；$g$ 为重力加速度($\text{m/s}^2$)；$\omega$ 为螺杆泵的转速(rad/s)；$e$ 为螺杆质心的转动半径或偏心距(m)。

螺杆泵转动的惯性离心力会引起螺杆泵整个机组的振动，从而产生噪声，并影响泵的工作寿命。因此，设计螺杆泵时应尽量减小螺杆转动的惯性离心力，采用的方法是将螺杆做成空心，以减小质量。同时，考虑螺杆转动时，液体作相对的反向流动，此时的惯性离心力计算公式为

$$I' = \frac{G' - V\rho_1}{g}\omega^2 e \tag{4-69}$$

式中：$I'$ 为惯性离心力(N)；$G'$ 为中空螺杆的重量(N)；$V$ 为螺杆泵中液体的体积($\text{m}^3$)；$\rho_1$ 为液体的密度($\text{kg/m}^3$)；其他符号同式(4-68)。良好的螺杆泵设计可使上式中的惯性离心力几乎等于零。

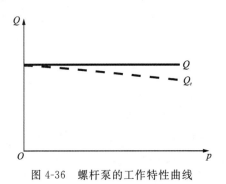

图 4-36　螺杆泵的工作特性曲线

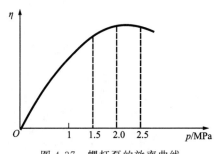

图 4-37　螺杆泵的效率曲线

# 第五章　空气压缩机

空气压缩机是气源装置中的主体,它是将原动机(通常是电动机)的机械能转换成气体压力能的装置,是压缩空气的气压发生装置。空气压缩机在岩土钻掘工程中有着非常广泛的应用,主要包括以下几个方面:

(1)提供压缩气体(干空气或其他气体)作为钻孔冲洗介质。在空气钻进、泡沫钻进和充气泥浆钻进中,压缩空气是必需的钻孔冲洗介质。在干旱缺水地区、永冻层地区、不允许用水地区(如地质灾害崩滑体上)钻进施工时,压缩空气更是唯一可用的钻孔冲洗介质。

(2)为气动机具提供驱动动力。在岩土钻掘工程中,广泛使用钻孔气动冲击器(潜孔锤)、风镐、凿岩机、混凝土喷射机等气动机具,它们都需要压缩空气作为驱动动力。

(3)为安全和环保提供气源。在坑道掘进工程中,井巷内的通风换气、爆破排烟、地下水压力平衡等,都必须使用空气压缩机作为气源设备。在一些干岩的空气钻孔施工中,也需要采用空气压缩机作为孔口除尘或岩样采集的气源。

(4)其他应用,如钻孔抽水试验等。

## 第一节　空气压缩机的类型和特点

### 一、空气压缩机的类型

空气压缩机的种类很多,按工作原理可分为容积式压缩机和速度式压缩机。容积式压缩机的工作原理是压缩气体的体积,使单位体积内气体分子的密度增加,以提高压缩空气的压力;速度式压缩机的工作原理是提高气体分子的运动速度,使气体分子具有的动能转化为气体的压力能,从而提高压缩空气的压力。现在常用的空气压缩机有活塞式空气压缩机、螺杆式空气压缩机(又分为双螺杆空气压缩机和单螺杆空气压缩机)、离心式空气压缩机、滑片式空气压缩机、涡旋式空气压缩机。

空气压缩机按工作原理的分类如图 5-1 所示;

按排气量和排气压力分类表 5-1 和表 5-2 所示。

按压缩单元分类,空气压缩机又可分为初级空气压缩机和增压空气压缩机。初级空气压缩机直接从大气环境获取空气,将空气压缩到所需的压力即提供使用,或提供给增压空气压缩机。容积式和速度式空气压缩机都可作初级空气压缩机,并且空气压缩机自身可以是单级或多级压缩的。增压空气压缩机接受初级空气压缩机提供的压缩空气,将其加压到更高压力。目前,增压式空气压缩机都采用往复活塞式,其自身也可以是单级或多级压缩的。增压空气压缩机与初级空气压缩机可做成成套的空气压缩机机组,也可相互独立,两者之间采用管道连接。

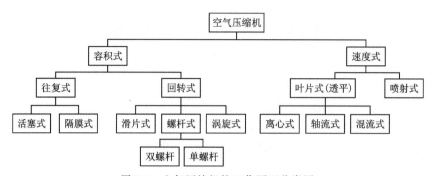

图 5-1 空气压缩机按工作原理分类图

表 5-1 空气压缩机按排气量分类表

| 分类名 | 排气量/(m³·min⁻¹) |
|---|---|
| 微型空气压缩机 | ≤1 |
| 小型空气压缩机 | 1～10 |
| 中型空气压缩机 | 10～100 |
| 大型空气压缩机 | >100 |

表 5-2 空气压缩机按排气压力分类表

| 分类名 | 排气压力/MPa |
|---|---|
| 低风压空气压缩机 | 0.2～1 |
| 中风压空气压缩机 | 1～10 |
| 高风压空气压缩机 | 10～100 |
| 超高风压空气压缩机 | >100 |

## 二、空气压缩机的特点

### 1. 容积式空气压缩机的特点

一般来说,容积型空气压缩机压缩比较高,体积流量有限,在排出压力变化较大的情况下可以保持较为稳定的排出流量,因此通常用于对体积流量要求高且压力比易改变的工程作业中。如钻孔工程的钻孔冲洗和潜孔锤钻进,需要的正是这样的性能。因此容积式空气压缩机,特别是直线往复活塞式、旋转螺杆式和滑片式空气压缩机在钻孔工程中应用最为广泛。

容积式空气压缩机的实际流量总是比机械置换容量要小,这主要是受到下列因素的影

响:吸入端压力降低使空气膨胀、吸入的空气被加热而膨胀、内外泄漏损耗和排出时积留在间隙容积中的气体膨胀。

**2.速度式空气压缩机的特点**

速度式空气压缩机的流量可以很大,但压力变化范围有限,流量对压缩比的敏感程度高,排出压力时产生的很小变化,都会引起排出流量的剧烈改变。因此,速度式空气压缩机通常用于流量和压力比相对稳定的工程作业中,如天然气等气体管道输送、坑道排烟和通风等。速度式空气压缩机都是依靠高速回转的叶片对气体施加动力,使其获得较高的速度再转换为压力,它的结构简单,易损件少,机器的体积与排出流量相关,流量越大,体积也就越大。

## 第二节 空气压缩机的工作原理

**1.活塞式空气压缩机**

图5-2是往复活塞式空气压缩机的结构及工作原理图。工作时,曲柄7在动力机驱动下旋转,通过连杆6和滑块5带动活塞3在气缸2中做往复直线运动。当活塞向右运动时,气缸内容积增大而形成真空,外界空气在大气压力的作用下推开吸气阀8进入缸内,这个过程称为吸气过程。当活塞向左运动时,吸气阀8关闭,缸内气体受到压缩,压力升高,这个过程称为压缩过程。当气缸内压力升高到高于排出管路的压力时,排气阀1打开,压缩空气排出,这个过程称为排气过程。曲柄旋转一周,活塞往复一次,吸气、压缩和排出3个过程即完成一个工作循环。

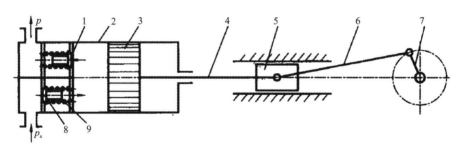

图5-2 往复活塞空气压缩机的结构及工作原理图
1-排气阀;2-气缸;3-活塞;4-活塞杆;5-滑块;6-连杆;7-曲柄;8-吸气阀;9-阀簧

与液体活塞泵一样,活塞式空气压缩机也有单作用(图5-2)与双作用两种,其工作原理也与液体泵相同,此处不再赘述。活塞式空气压缩机也可通过采用多缸结构而使排气量或排气压力增大。与液体泵不同的是,其多缸排列方式多种多样。按照气缸轴线空间排列方式分类的常用活塞式空气压缩机型式见图5-3。

单级活塞式空气压缩机的压力范围一般在0.3~0.7MPa之间,工作中当压力超过0.6MPa后,各项性能指标将急速下降。因此,大多数活塞式空气压缩机采用多缸多级压缩方式。采用这种方式可以提高输出压力,并可通过中间冷却降低空气温度,提高工作效率。如

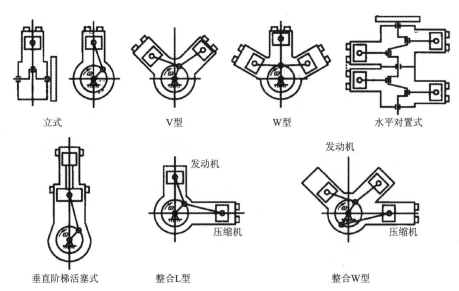

| | | | |
|---|---|---|---|
| 立式 | V型 | W型 | 水平对置式 |

垂直阶梯活塞式　　　　　整合L型　　　　　整合W型

图 5-3　往复活塞式空气压缩机的气缸排列型式

图 5-4 所示为两级活塞式空气压缩机示意图,图中第一级活塞与气缸容积较大,直接从大气环境获取空气,气体经压缩后直接进入第二级活塞,进行再次压缩。由于气体已经被压缩,第二级活塞与气缸的容积相应减小。活塞式空气压缩机应用最早,结构成熟。

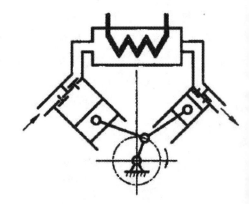

图 5-4　两级活塞式空气压缩机示意图

活塞式空气压缩机优点:

(1)适用压力范围广,不论流量大小,均能达到所需压力;

(2)热效率高,单位耗电量少;

(3)适应性强,即排气范围较广,且不受压力高低影响,能适应较广阔的压力范围和制冷量要求;

(4)可维修性强;

(5)对材料要求低,多用普通钢铁材料,加工较容易,造价也较低廉;

(6)技术上较为成熟,生产使用上积累了丰富的经验;

(7)装置系统比较简单。

活塞式空气压缩机缺点:

(1)转速不高,机器大而重;

(2)结构复杂,易损件多,维修量大;

(3)排气不连续,造成气流脉动;

(4)运转时有较大的震动。

活塞式空气压缩机在各种用途,特别是在中小制冷范围内,已经成为了制冷机中应用最广、生产批量最大的一种机型。

## 2. 螺杆式空气压缩机

如图 5-5 所示为常用的双螺杆空气压缩机结构图。两根螺杆转子的螺旋外轮廓分别是凹凸形状,相互形成阴阳啮合且与壳体内壁构成封闭的空间。两根螺杆中,一根与动力输入端相连,称为主转子(图中公螺杆 3),另一根(称为副转子,图中母螺杆 4)在螺杆啮合及同步齿轮的带动下,做反向旋转运动。每根螺杆的两端都有轴承支撑和严格的轴向密封。

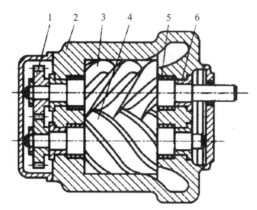

图 5-5　双螺杆空气压缩机结构图

1-同步齿轮;2-壳体;3-公螺杆;4-母螺杆;5-密封圈;6-轴承

图 5-6 是双螺杆空气压缩机的工作原理图。工作中,主转子在动力驱动下带动副转子一起回转。在进气口一侧,阴阳啮合的螺杆逐渐脱开啮合,形成齿间容积,并且该容积随转子的转动而不断增大,从而形成真空负压,气体在负压下开始吸入。当转子继续旋转时,容积腔体位移这一齿间容积在即将与进气口断开时达到最大,吸气过程结束,压缩过程开始。随着转子的旋转,公母螺旋凹凸形轮廓进入相互啮合,气道与壳体之间齿间容积不断减小。此时的齿间容积完全封闭,容积内空气受到压缩,压力不断升高。直到该容积即将与排出口连通之前,容积内空气被压

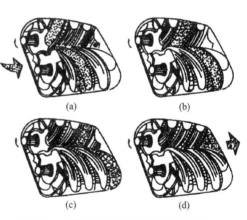

图 5-6　双螺杆空气压缩机工作原理图

(a)吸气;(b)压缩开始;(c)压缩终了;(d)排气

缩到极点,压力升到最高,随后进入排气过程。由于空气在压缩下变热,为了冷却空气,压缩过程开始后即向齿间容积喷入冷却油,冷却油同时起润滑、密封作用。当容积腔体位移到与排出口连通后,齿间容积也进一步缩小,具有一定压力的空气逐渐通过排出口排出。排出过程结束,螺杆末端完全啮合,齿间容积变为零。这就完成了一个工作循环。由于螺杆转速很高,气体的吸入、压缩和排出过程连续不断进行,吸、排气都很平稳,因此流量和压力都不存在活塞式空气压缩机的脉动现象。

除这里介绍的双螺杆之外,螺杆式空气压缩机也有采用单螺杆的,其又称为蜗杆式空气

压缩机。它的主机由一根螺杆(或称蜗杆)和两个平面对称布置的星轮组成,星轮一般由耐磨的非金属材料(如聚四氟乙烯)制成,螺杆上的螺旋槽与星轮的齿面及机壳内壁形成封闭的容积,其工作原理与双螺杆空压力类似。

螺杆式空气压缩机可以分级压缩,通常有两级、三级和四级 3 类。由于螺杆式空气压缩机的压缩比及其体积流量大小主要由每级的两根螺杆转子的几何尺寸和转速决定,因此,螺杆式空气压缩机最典型的特点就是每级压缩比都相对固定,转速一定,排出的流量也就一定,而且排出压力等于入口压力与压缩比的乘积。

螺杆式空气压缩机的优点:

(1)可靠性高。螺杆式空气压缩机零部件少,没有易损件,因而它运转可靠,寿命长,大修间隔期可达 4～8 万小时。

(2)操作维护方便。操作人员不必经过专业培训,可实现无人值守运转。

(3)动力平衡性好。没有不平衡惯性力,机器能平稳地高速工作,可实现无基础运转。

(4)适应性强。螺杆式空气压缩机具有强制输气的特点,排气量几乎不受排气压力的影响,在大范围内能保证较高的效率。

(5)多相混输。螺杆式空气压缩机的转子齿面实际上留有间隙,因而能耐液体冲击,可压送含液气体,含粉尘气体,易聚合气体等。

螺杆式空气压缩机的缺点:

(1)造价高。螺杆式空气压缩机转子齿面是一空间曲面,需利用特制的刀具,在价格昂贵的专用设备上进行加工。另外,螺杆式空气压缩机气缸的加工精度也有较高的要求。

(2)不适用于高压场合。由于受到转子刚度和轴承寿命等方面的限制,螺杆式空气压缩机只能适用于中、低压范围,排气压力一般不能超过 3MPa。

(3)不能制成微型。螺杆式空气压缩机依靠间隙密封气体,目前一般只有容积流量大于 0.2m³/min 才具有优越的性能。

### 3. 离心式空气压缩机

离心式空气压缩机与液体离心泵类似,其对气体的压缩不是通过容积变化来实现,而是通过提高气体的运动速度,使气体的动能转化为压力能来实现的。因此又称为速度式空气压缩机。图 5-7 是离心式空气压缩机的结构及工作原理图。它主要由叶轮和内部安装有许多导流叶片的机壳组成。工作时,动力机通过传动轴驱动叶轮高速旋转,气体在叶轮线速度和离心力作用下沿径向叶片流动,从而在叶轮中心处形成低压,吸入气体。壳体内壁安装的导流叶片使流向此处的气体流速降低,压力升高,随后从排出口排出。这种能量转换方式的压缩比通常都不高,一般为 2 左右。为了使空气压缩机的压力满足使用要求,大部分离心

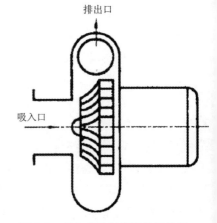

图 5-7 离心式空气压缩机结构及工作原理图

式空气压缩机都采用多级升压方式。这种方式就是在同一根传动轴上安装两组或两组以上的叶轮,气体从前一级叶轮的导流叶片出来后,立即引入下一级叶轮进行进一步压缩,经过多级压缩直至达到要求压力后排出。为了有效工作,离心式空气压缩机的转速都很高,一般为2000~30 000r/min。在这种转速下,只要空气压缩机的几何尺寸足够,很大的气体流量也能压缩。离心式空气压缩机是最早出现的速度式空气压缩机,其流量可以很大,但压力有限,结构简单,易损件少,操作维护方便。然而,它的流量在排出压力易变的工况下非常不稳定,故多用于气体的管道输送和密闭空间或地下空间的通风换气等方面。

## 第三节  空气压缩机的工作参数及选用原则

空气压缩机的工作参数主要是指空气压缩机的排气流量(风量)和排气压力(风压),它们是岩土钻掘工程选用空气压缩机设备的主要依据。各种类型的空气压缩机一经做定,其工作参数就是一个定值。不同类型的空气压缩机可能有相同或相近的工作参数,但是根据其工作原理的不同,所适用的工程范围也不相同。依据空气压缩机的体积流量和总的压缩比考虑,容积式空气压缩机和速度式空气压缩机各有优缺点。如图5-8所示为不同类型空气压缩机的工作参数范围及使用范围。从图中可见,容积式空气压缩机,特别是多级往复活塞式空气压缩机可以达到很高的压缩比(最大为200),但是它们的体积流量有限(最大为30m/min);而速度式空气压缩机的体积流量可达到很高(最大为30 000m/min),但它们的压缩比却不高(最大为20)。因此,在岩土钻掘工程中,对钻孔冲洗和潜孔锤等气动工具这类流量需求不大、压力要求却较高的应用,应当选用容积式空气压缩机;对坑道排风换气这类压力需求不高、流量较大的应用,应当选用速度式空气压缩机。

如图5-9所示为不同类型空气压缩机的工作性能特性曲线。从图中可见,容积式空气压缩机对输出压力不敏感,压力的大幅度波动一般也不会引起流量的较大变化。这个特性也正是钻孔冲洗所需要的。速度式空气压缩机,特别是离心式空气压缩机对压力非常敏感,较小的压力波动都会使其流量发生很大的改变,因此不适用于钻孔冲洗。

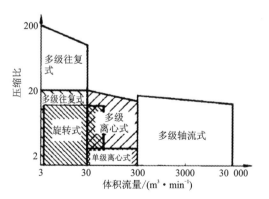

图 5-8  不同类型空气压缩机的工作参数及
使用范围

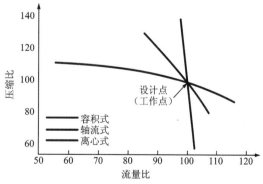

图 5-9  不同类型空气压缩机的工作性能
特性曲线

**1. 排气流量(风量)**

与液体不可压缩不同,气体是可以压缩的,空气压缩机的排气流量通常是指其吸入的最大体积流量。以容积式空气压缩机中的往复活塞式空气压缩机为例,其理论排气流量 $Q_{th}$ 应当等于活塞在单位时间内扫过的体积。实际工作中,为防止活塞撞击气缸盖或气阀,活塞在排气终了时与气缸盖仍留有一定间隙。当活塞完成排气,反向运动又进入吸气过程后,在这一间隙中留存的压缩空气首先膨胀,占据一定的空间;加上吸入端压力降低而使空气膨胀、吸入的空气被加热而膨胀、内外泄漏损耗等,其实际排气流量 $Q$ 应为

$$Q = \eta_v Q_{th} \tag{5-1}$$

式中, $\eta_v$ 为往复活塞式空气压缩机的容积效率。

空气压缩机出厂铭牌上标称的排气流量,一般是指其在海平面标准大气条件下的实际流量。如果空气压缩机使用地点的大气参数与标准条件差异很大,如气温过高或过低、海拔过高或过低,则应当进行相应折算。按理想气态方程有如下计算公式:

$$Q' = Q_0 \frac{p' T_0}{p_0 T'} \tag{5-2}$$

式中: $p_0$、$T_0$、$Q_0$ 分别为海平面标准大气条件的标准大气压力(Pa)、标准温度(K)和空气压缩机标称流量($m^3/s$); $P'$、$T'$、$Q'$ 分别为空气压缩机在当地标准大气条件下的大气压力(Pa)、温度(K)和空气压缩机实际流量($m^3/s$)。

按照海拔高度确定的地面大气标准状态指标参数如表 5-3 所示。

表 5-3　按照海拔高度确定的地面大气标准状态指标参数表

| 海拔高度/m | 空气压力/mmHg | 空气温度/K | 空气相对密度/ ($kg \cdot m^{-3}$) | 空气中的声速/ ($m \cdot s^{-1}$) |
|---|---|---|---|---|
| 0 | 760.0 | 288.00 | 1.000 | 340.2 |
| 500 | 716.0 | 284.75 | 0.953 | 338.3 |
| 1000 | 674.1 | 281.50 | 0.907 | 336.4 |
| 1500 | 634.2 | 278.25 | 0.864 | 334.4 |
| 2000 | 596.2 | 275.00 | 0.822 | 332.5 |
| 2500 | 560.1 | 271.75 | 0.781 | 330.5 |
| 3000 | 525.8 | 268.50 | 0.742 | 328.5 |
| 3500 | 493.3 | 265.25 | 0.705 | 326.5 |
| 4000 | 462.2 | 262.00 | 0.669 | 324.5 |
| 4500 | 432.9 | 258.75 | 0.634 | 322.5 |
| 5000 | 405.1 | 255.50 | 0.601 | 320.5 |

在岩土钻掘工程中,根据风量的需求选择空气压缩机,主要应遵循以下原则:

(1)当使用空气作为冲洗介质用于钻孔工程时,主要应当以空气在环状空间的上返流速确定所需的空气压缩机风量。对正循环钻进,硬合金取芯钻进最低上返流速一般可采用8~10m/s,无岩芯全面钻进最低上返流速一般可采用15m/s。

(2)当使用空气作为驱动潜孔锤等气动工具的动力时,主要应当以该气动工具所需的风量确定空气压缩机风量。

(3)当使用空气作为坑道内排风换气的气源时,主要应当根据井巷的通风方式、断面面积和井巷长度确定空气压缩机风量。

**2. 排气压力(风压)**

空气压缩机的排气压力通常是根据其最大输出压力来确定的。空气压缩机工作时,它的排气压力实际上取决于出口管路的阻力大小,标称的排气压力参数只是表明其在达到额定工作状态时所具有的输出压力能力。

一般,空气压缩机的标称额定压力也是指其在海平面标准大气压力条件下所能达到的压力。当工地大气条件差异较大时,空气压缩机能达到的实际压力可按下式进行计算:

$$p' = \left(1 - \frac{0.005\,6}{T_0}H\right)^{6.1} \tag{5-3}$$

式中,$H$ 为当地的海拔高度(m)。其余符号意义同式(5-2)。

在岩土钻掘工程中,根据风压的需要选择空气压缩机,主要应遵循以下原则:

(1)使用空气作为冲洗介质用于钻孔工程时,应当对钻孔循环全过程的阻力损失进行计算。例如,对正循环钻进的计算主要应包括地面管路阻力损失、钻杆中心下降气流的流动阻力损失、钻头出口局部阻力损失、钻孔环状空间上升气流的流动阻力损失、钻孔出风管路阻力损失等。为简化计算,可将压缩空气在钻进循环中的状态作为一个气体等温扩散过程来处理。

(2)当使用空气作为驱动潜孔锤等气动工具的动力时,主要应当以该气动工具所需的风压来确定空气压缩机风压。

(3)当使用空气作为坑道内排风换气的气源时,主要应当根据井巷的通风方式、断面面积和井巷长度确定空气压缩机风压。

最后,上述风量及风压确定后,一般还应当考虑压缩空气的漏失损耗和预留一定的超载能力,在计算或初选确定的量上再乘以 $K=1.2\sim1.6$ 的保留系数。

# 第四节 典型空气压缩机介绍

LUY 型空气压缩机目前广泛应用于我国锚固钻孔施工。该型空气压缩机是一种移动式螺杆空气压缩机,有柴油机驱动和电动机驱动两种型式,其主要技术性能参数能够较好地满足各类空气潜孔锤钻进的需要。

LUY 型空气压缩机主要具有以下特点:

(1)动力机和螺杆主机采用了直连接构,弹性联轴器、连接筒、齿轮箱一体化,连接简便,对中性好,有利于确保压缩机长期可靠运行。

(2)采用了全中文信息显示 PLC 电脑控制器,具有电机过载保护、排气温度过高保护、超压保护、电源错相与缺相保护,以及空气过滤器堵塞显示、油气分离器堵塞显示、油过滤器堵塞显示等较为齐全的保护功能。

(3)应用配置的 C 控制器还可设定各种保养计划,及时提示用户,如更换空气过滤器、油过滤器、油气分离器等,既可提高压缩机的使用率,又可使用户有效地安排保养时间。

(一)空气压缩机特点与主要技术参数

LUY 型空气压缩机的主要技术性能参数分别见表 5-4 和表 5-5。

表 5-4　LUY 型空气压缩机主要技术性能参数表(柴机油驱动)

| 空气压缩机型号 | 排气量/ $(m^3 \cdot min^{-1})$ | 排气压力/ MPa | 外形尺寸/ mm | 机组质量/ kg | 轮胎规格 | 柴油机 | | | |
|---|---|---|---|---|---|---|---|---|---|
| | | | | | | 型号 | 功率/ kw | 转速/ $(r \cdot min^{-1})$ | 缸数冷却方式 |
| LUY079-7 | 7.9 | 0.7 | 2800×1785×2035 | 1650 | 6.5-16×2 | 4BT3.9-C80 | 60 | 2000 | 4缸水冷 |
| LUY100-10 | 10.0 | 1.0 | | | | | | 2150 | |
| LUY120-14 | 12 | 1.4 | | | | | | | |
| LUY202-10 | 21 | 1.0 | | 1690 | 7.0-16×4 | 4BTA3.9-C130 | 97 | 2300 | |
| LUY208-14 | 21.8 | 1.4 | | | | | | | |
| LUY230-12 | 23.0 | 1.2 | | | | | | | |

表 5-5　LUY 型空气压缩机主要技术性能参数表(电动机驱动)

| 空气压缩机型号 | 排气量/ $(m^3 \cdot min^{-1})$ | 排气压力/ MPa | 外形尺寸/ mm | 机组质量/ kg | 轮胎规格 | 柴油机 | | | |
|---|---|---|---|---|---|---|---|---|---|
| | | | | | | 型号 | 功率/ kW | 转速/ $(r \cdot min^{-1})$ | 电源 |
| LUY090DA | 9 | 0.7 | 3235×1690×1655 | 1850 | 6.5-16×2 | Y280-2 | 65 | 2970 | 380V/ 3/ 50Hz |
| LUY090DB | 9 | 1.0 | | 1920 | | Y280-2 | 75 | | |
| LUY139DB | 13.9 | 1.0 | | 2900 | | YLF315S-4E | 90 | | |
| LUY170DA | 17 | 0.7 | 4055×1880×2345 | 3000 | | YLF315S-4E | 90 | | |
| LUY203DB | 20.3 | 1.0 | | 3430 | | YLF315S-4E | 132 | | |
| LUY280DB | 28 | 1.0 | | 3490 | | YLF315S-4E | 160 | | |

(二)空气压缩机结构与工作原理

该型空气压缩机的结构见图 5-10 所示,主要由机架 1、管路系统 2、油气分离器 3、最小压

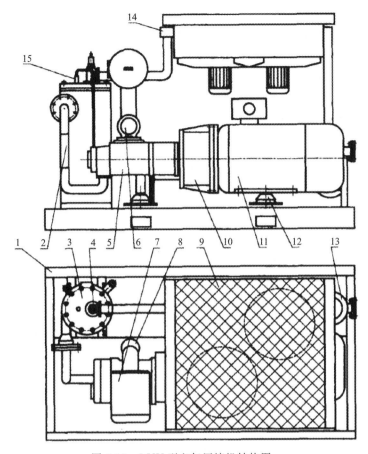

图 5-10　LUY 型空气压缩机结构图

1-机架；2-管路系统；3-油气分离器；4-最小压力阀；5-压缩机主机；6-减荷阀；7-空气过滤器；8-油过滤器；
9-冷却器；10-联轴器；11-电动机；12-减振器；13-气水分离器；14-温控阀；15-节流单向阀

力阀 4、压缩机主机 5、减荷阀 6、空气过滤器 7、油过滤器 8、冷却器 9、联轴器 10、电动机 11、减震器 12、气水分离器 13、温控阀 14 和节流单向阀 15 组成。

压缩机主机 5 是喷油单级螺杆压缩机。电动机 11 与主机 5 之间采用联轴器 10 直联传动，驱动主机转动；吸入的空气先经过空气过滤器 7 的净化，然后进入主机进行压缩。空气在压缩过程中产生大量的热，通过喷油方式对主机内的压缩空气进行冷却。主机排出的油、气混合气体通过管路系统 2 送到油气分离器 3，经过粗、精两道分离，将压缩空气中的油分离出来。分离出的热油被泵送到冷却器 9 中，由风扇进行风冷散热；分离出的压缩空气经管路送到气水分离器 13，将其中的水分分离出来，得到洁净的压缩空气，从排出口直接排入压气管道送入钻机使用。压缩机主机和全部附件都整装在一个拖挂式底盘机架 1 上，便于运输和使用。

空气压缩机工作中，空气和用于冷却及润滑的油液经过不同的流动路径，分析其流程可以进步了解压缩机的工作原理。图 5-11 为空气和油液流程示意图。

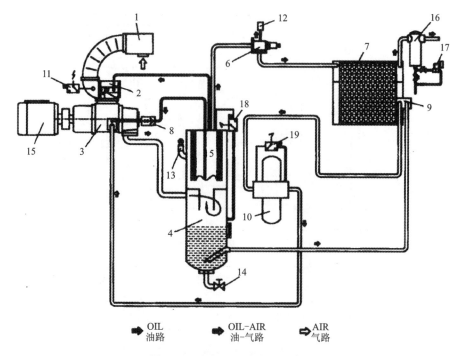

图 5-11　空气和油液流程示意图

1-空气过滤器；2-减荷阀；3-压缩机主机；4-分离油罐；5-油精分离器；6-最小压力阀；7-冷却器；8-节流单向阀；
9-温控阀；10-油过滤器；11-空气过滤器压差发讯器；12-压力传感器；13-安全阀；14-放油阀；15-电动机；
16-气水分离器；17-排污电磁阀；18-油精分离器压差发讯器；19-油过滤器压差发讯器

## 1. 空气流程

空气流程如下：空气→空气过滤器 1→减荷阀 2→压缩机主机 3→分离油罐 4、油精分离器 5→最小压力阀 6→冷却器 7→气水分离器 16→出口（供气）；气水分离器 16 分离出来的冷凝水经过排污电磁阀 17 排出。

## 2. 润滑油流程

润滑油流程如下：润滑油→分离油罐 4→温控阀 9→冷却器 7（或旁通）→油过滤器 10→压缩机主机 3。

空气与油的混合气体在分离油罐内经过离心作用，大部分油被分离出来，剩余的小部分经油精分离器 5 分离，然后经节流单向阀 8 流入主机的低压部分。节流单向阀 8 的节流作用是使被分离出来的油全部被及时抽走，而又不放走太多的压缩空气。如果节流孔被堵，油精分离器内将积满油，会严重影响分离效果。节流单向阀的单向作用是防止停机时主机内的润滑油倒流入油精分离器内。

分离油罐内的热油流入温控阀 9，温控阀根据流入油的温度控制流到冷却器和旁通油路的油量比例，以控制排气温度不至于过低。过低的排气温度会使空气中的水分在分离油罐内析出，并使油乳化而不能继续使用。最后，油经过油过滤器 10 的净化后再喷入主机。

润滑油循环由分离油罐与主机低压腔之间的压差维持,为了在机器运行过程中保持油的循环,必须保证分离油罐内始终有 0.2～0.3MPa 的压力,最小压力阀 6 就是起这一作用。

## (三)主要附件的功能及其使用

### 1. 空气过滤器

空气过滤器主要由纸质滤芯与壳体组成。空气经过纸质滤芯的微孔,使灰尘等固体杂质过滤在滤芯的外表面,不进入压缩机主机内,以防止相对运动件的磨损和润滑油加速氧化。因此,应根据使用环境和使用时间,及时清洁或更换纸质滤芯。

### 2. 减荷阀

减荷阀主要由阀体、阀门、活塞、气缸、弹簧、密封圈等组成,其端面设有集成控制块,上面有放气阀及控制电磁阀,集成了通断调节和停机放空等功能。当压缩机起动时,减荷阀门处于关闭位置,以减少压缩机的起动负荷;当压力超过额定排气压力时,微电脑控制器发出信号使电磁阀断电,减荷阀门关闭,从而使压缩机处于空载状态,直至压力降低到规定值时,阀门打开,压缩机又正常运转,此过程称为通、断调节。减荷时有小部分气体通过阀内的小孔放掉,以平衡减荷阀小孔的吸入气量,使分离油罐内的压力保持在 0.2～0.3MPa,维持正常的润滑油循环;减荷阀的开启和关闭动作是由控制系统的电子调节器和装在减荷阀端面的电磁阀自动控制的,减荷阀的开启、关闭动作是否灵活,对压缩机的工作可靠性非常重要。因此,减荷阀应定期保养,以维持良好的工作状态。

### 3. 油气分离器

油气分离器主要由分离油罐和油精分离器组成。来自主机排气口的油气混合物进入分离油罐体空间,经过改变方向和旋转的离心作用,大部分油聚集于罐体的下部。含有少量润滑油的压缩空气经过油精分离器使润滑油获得充分的回收。油精分离器收集到的润滑油被插入油精分离器内的管子抽出,经节流单向阀流入主机的低压部分。分离油罐上部装有安全阀,当容器内压力过高,通过该安全阀释放空气,确保压缩机的安全使用。分离油罐的下部设有加油口和油位指示器,开机后油面必须保持在油位指示器的中间位置。压差发讯器用于检测油精分离器的堵塞情况,当油精分离器堵塞严重时,压差发讯器动作,油精分离器堵塞指示灯亮,此时应及时更换。压缩机工作一段时间停机后,空气中的水分会冷凝沉积在分离油罐的底部,因此应经常通过装在分离油罐底部的放油阀排出水分,延长润滑油的使用寿命。

### 4. 最小压力阀

最小压力阀由阀体、阀芯、弹簧、密封圈、调整螺钉等组成,使用中安装在油精分离器的出口,它的作用是保持油分离罐内的压力不至于降到 0.3MPa 以下,这样才能使含油的压缩空气在分离器内得到较好的分离,减少润滑油的损耗;同时,它还用于保证建立油压所需的气体压力。最小压力阀也有单向阀的作用,可防止停机时系统中的压缩空气倒流。最小压力阀保持压力在出厂时已经调定,如由于使用时间过长,保持压力变化时,可通过该阀上的调整螺钉调节。

### 5. 冷却器

冷却器的作用是冷却压缩机排出的压缩空气及润滑油。风冷机组中使用的是板翅式冷却器,全部由铝合金材料焊接制成;水冷机组中使用的是高效铜质列管式冷却器。压缩机产生的绝大部分热量由润滑油带走,并在油冷却器中通过强制对流的方式由冷却风(水冷型为水)带走。在风冷型热交换过程中,空气的热阻起主导作用,因此要经常保持散热片和板管表面的清洁,如有大量的油污和尘垢(水冷机组为水垢),应定期进行清理。

### 6. 气水分离器

压缩空气中的水分经气水分离器分离后,由装在气水分离器底部的排污电磁阀定时排出。当需要对排污电磁阀进行维修时,应关闭维修球阀,适度打开手动排污球阀,保证不浪费太多压缩空气。

### 7. 温控阀

温控阀控制压缩机的最低喷油温度。因为较低的喷油温度会使压缩机主机的排气温度偏低,从而在分离油罐内析出冷凝水,恶化润滑油的品质,缩短其使用寿命。当控制喷油温度高于一定温度时,排出的空气和润滑油的混合气始终会高于露点温度。

### 8. 油过滤器

油过滤器的作用是在润滑油循环过程中,滤去其中的颗粒、粉尘和其他杂质,保证压缩机正常工作。在油过滤器上部装有压差发讯器,如油过滤器阻塞时压差发讯器报警指示,应更换油过滤器。

### (四)空气压缩机的控制及保安系统

### 1. 控制系统

LUY 型空气压缩机具有较为完善的控制系统,它的操作控制面板外形如图 5-12 所示,主要由全中文信息显示的 PLC 电脑控制器(含 NEZA 显示屏)、指示灯和控制按钮等组成,由 PLC 电脑控制器对空气压缩机的启动、运行及各故障点进行智能化监测和控制;急停按钮只在紧急情况下使用。在 NEZA 显示屏上共有 ESC 键(退出或清除)、ENTER 键(确认)、↑键(数字增加或向上移项)、↓键(数字减少或向下移项)、→键(光标向左移动)、▲键(往上翻页)、▼键(往下翻页)和 ALARM 键(复位)共 8 个按键,使用它们可方便地对空气压缩机运行参数和工况进行设定。

控制系统的工作原理是:系统主要由压力传感器、电磁阀、减荷阀等组成,能根据压缩空气的消耗量来自动控制压缩机的排气量,保持压缩机在预定的最高和最低排气压力范围下工作。控制系统是靠压缩空气的压力变化来达到自动控制的。空气压缩机刚启动时,压缩机处于空载运转(减荷阀关闭状态)。当油压升高到约 0.2MPa 且运行时间达到 1～3min 后,按下加载/减荷按钮,压缩机开始吸气工作(减荷阀全开状态),分离油罐内的压力逐渐升高。当工作压力高于最小压力阀设定的开启压力时,压缩机排出压缩空气,进入全荷运行状态。

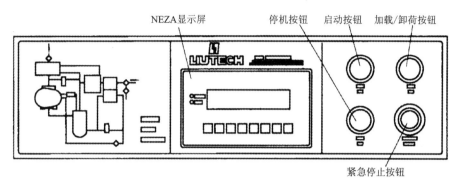

图 5-12　LUY 型空气压缩机操作控制面板

当用气量小于额定排气量时,系统压力升高;当压力达到系统调定的上限值时,PLC 输出信号,减荷阀上的电磁阀断电,减荷阀吸气口关闭,压缩机卸载运转。如压力下降到系统调定的下限值时(上限值与下限值之差可调,一般为 0.05～0.15Pa),减荷阀上的电磁通电,减荷阀吸气口开启,压缩机全负荷运行。

**2. 保安系统**

保安系统由多个安全装置组成,它们的功能如下:

(1)安全阀。安全阀装在分离油罐上,当调节系统发生故障,排气压力上升达到安全阀开启压力时,气体顶开阀芯向大气喷射,使分离油罐的压力下降。当压力下降到安全阀关闭压力时,安全阀自动关闭。安全阀开启压力一般比压缩机的额定排气压力高 0.1～0.2MPa。

(2)超压保护。当压缩机的实际排气压力高出设定的额定排气压力 0.07MPa 时,微电脑控制器自动切断电动机电源,使压缩机停机,控制器屏幕显示压力超高故障信息。

(3)高温保护。当压缩机排气温度超过调定值(115℃)时,由接在主机排气孔口处的温度传感器将信号传到微电脑控制器,自动切断电动机电源,使压缩机紧急停机。

(4)冷却水流量不足保护。使用水冷方式的机型在冷却水流量过低时,水流量开关动作。如果压缩机排气温度超过 100℃,则自动切断电动机电源,使压缩机停机。

(5)油过滤(精油分离)器堵塞报警。当油过滤(油精分离)器堵塞,压差达到 0.1～0.15MPa 时,压差发讯器动作,控制器屏幕显示故障信息,压缩机不停机。

(6)进气过滤器堵塞报警。当进气过滤器堵塞,压差发讯器动作,控制器屏幕显示故障信息,压缩机不停机。

(7)电气保护。电驱动机型采用 Y－△ 启动方式。电气保护功能有相序保护(防止压缩机反转)、缺相保护、电机过载保护等功能。

# 第六章　钻塔及其他岩土钻掘设备

## 第一节　钻　塔

钻塔主要用于安装升降系统中的天车、游动滑车、大钩、提引器或者动力头等工具来升降钻具，也用于升降过程中临时存放钻杆、套管、粗径钻具等，还可用于钻进过程的给进及其控制。

钻塔需要具备的条件：

(1)应有足够的承载能力。能够起下或悬挂全部孔内钻杆柱、套管柱，也能支撑一般的孔内事故处理载荷。

(2)应有足够的操作空间。操作空间包括钻塔的有效高度和横截面尺寸，前者是确保起下钻效率的重要因素，后者是满足钻进设备和升降工具的安装、运行及操作的必要条件。

(3)应有合理的结构。钻塔结构应当简单轻便，便于拆装、运移和维修。

(4)应有合理的制造和使用成本。应尽量采用高强度轻型材料，简化制造工艺，尽可能采用整体起放方式。

### 一、钻塔的类型

大多数钻塔是采用单件截面尺寸小、重量轻的杆件，搭设成一定的空间桁架结构，以形成承载力大、稳定好、底部横断面尺寸大的刚性结构体系。

钻塔的类型很多，一般可按力学方法，根据钻塔在支撑面的支撑点数量(即塔腿数量)分为以下几类：

(1)四脚钻塔。空间桁架结构为封闭的四面锥形体结构，横断面形状一般为正方形或矩形。四脚钻塔的杆件材料一般采用截面尺寸小的角钢或钢管，杆件在空间相互连接，分层搭设，其特点是内部空大、承载力高、稳定性好。一般用于中深孔以上的钻孔施工。

(2)三脚钻塔。空间桁架结构一般为开放的三面锥形体结构，横断面形状一般为等边三角形或等腰三角形。三脚钻塔的杆件一般仅为3根钢管或3根木柱，采用整体起放方式搭设，其特点是结构简单、重量轻、使用方便，但承载力有限。一般用于浅孔施工。

(3)两脚钻塔。空间桁架结构为开放的平面，一般为A字型、门字型。两脚钻塔的杆件一般是小尺寸金属型材焊接构成的小断面桁架结构，杆件可分段连接组装，采用整体起放方式搭设。这种钻塔的特点是自重系数小、承载能力高、可整体运移和起放、使用方便，但一般需要自身的前后支架或绷绳使之获得整体稳定性。目前,A 字型钻塔广泛用于石油、天然气钻井和地热钻进,门字型钻塔一般用于浅孔大口径转盘式钻机施工桩基础钻孔。

(4)桅杆钻塔。空间结构为独杆式,杆件一般也是小尺寸金属型材构成的小断面桁架结构,杆件断面形状有半圆形、三角形、矩形和双圆柱形等。这种钻塔的特点是重量轻、整体性好、起放方便,一般也需要自身的支架或绷绳使之稳定。这类钻塔一般用于浅孔的车载式钻机或全液压动力头式钻机。

另外,钻塔还可根据使用的材料分为木质塔、金属塔;根据主要杆件的截面形状分为角铁塔、管子塔;根据塔架轴线形式分为直塔、斜塔等。

## 二、钻塔的基本参数

钻塔的基本参数有钻塔高度、顶部尺寸与底部尺寸、钻塔自重等。

### 1.钻塔高度

钻塔高度是指塔腿支撑面到开车轴线的距离。回转钻进用钻塔高度 $H$ 可由以下公式计算(图 6-1):

$$H = L + h_1 + h_2 + h_3 + h_4 + h_5 = L + \sum h \qquad (6\text{-}1)$$

式中:$L$ 为立根长度(m);$h_1$ 为孔口装置的高度及垫叉厚度(m),由所采用的拧管方式及装置确定;$h_2$ 为卸开立根所必需的最小距离(m),由钻杆接头的螺纹长度确定;$h_3$ 为提引器高度(m),一般为 0.5~0.6m;$h_4$ 为大钩及动滑车高度(m),一般为 0.8m;$h_5$ 为过提安全高度(m),一般取 2~4m,塔高为 12m 时取 3m,塔高为 22m 时取 4m。

分析式(6-1)各参数可知,钻塔高度 $H$ 主要受立根长度 $L$ 这一可在较大尺寸范围内改变的参数的影响。

从钻孔施工过程来说,增大立根长度可以缩短起下钻辅助时间,增加纯钻进时间,从而提高钻进生产效率,降低成本,但是增大立根长度势必要求增加钻塔高度,从而增加钻塔的制造和使用成本。同时,增大立根长度还增大了立根的长细比,使其刚度变小、稳定性降低。因此,应从经济的和安全的观点综合考虑,合理地确定立根长度,从而达到正确选用钻塔高度的目的。

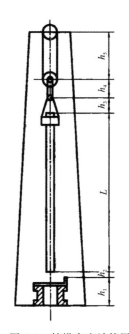

图 6-1 钻塔高度计算图

实际工作中,选择立根长度还受到出厂的钻杆单根定尺长度等因素的制约。在岩芯钻探中,推荐按照表 6-1 确定立根长度,从而合理地选择钻塔高度。

表 6-1 根据孔深推荐的立根长度

单位:m

| 孔深 | <100 | 100~300 | 300~600 | >600 |
|---|---|---|---|---|
| 立根长度 | 6~9 | 9~12 | 12~15 | 15~18 |

我国生产的钻塔,对塔高按一定的系列尺寸进行分类。对于二脚、三脚、四脚钻塔,一般按照其名义高度进行尺寸参数分类。常用岩芯钻探的钻塔名义高度(系列参数)有 13m(17.5m)、18m(22.5m)、23m 的直塔和 12m、13m、17m 的斜塔。对桅杆钻塔的长度目前尚无确切的系列分类,一般是根据钻机的用途和钻孔深度确定,尺寸范围为 2～12m。

**2. 钻塔的顶部尺寸与底部尺寸**

钻塔一般呈柱状的空间锥体或截锥体,顶部需安装天车,底部需安装钻机等设备,因此其顶、底尺寸非常重要。

四脚钻塔的顶部尺寸取决于天车的尺寸及其布置方法。天车轮的直径 $D$ 一般可根据钢丝绳直径 $d$ 确定,两者之间有如下关系:

$$D = (25 \sim 30)d \tag{6-2}$$

考虑到对天车的维修保养需要和操作安全要求,天车轮缘至钻塔顶框边缘的距离不应小于 0.4～0.6m。三脚钻塔高度和承载力都不大,定滑轮(天车轮)一般悬挂在顶部,其横截面尺寸不作要求。钻塔的底部尺寸应根据设备的布置、操作、维修及安全堆积的要求确定,并充分考虑存放钻杆立根的需要。两脚钻塔及桅杆钻塔的设备不是安装在底框内,因此不受设备安装限制。钻塔的顶部尺寸与底部尺寸相互关联,两者之间的合理配合关系到钻塔的整体稳定性和经济性。

**3. 钻塔自重**

钻塔自重与钻塔的类型、结构、天车负荷及材料等因素有关。常用钻塔的自重系数 $K$ 来衡量钻塔设计的优劣。自重系数 $K$ 是一项技术经济指标,可用下式表达:

$$K = \frac{G}{HQ_{max}} \tag{6-3}$$

式中:$G$ 为钻塔的自重(N);$H$ 为钻塔高度(m);$Q_{max}$ 为钻塔的最大大钩起重量(kN)。

在保证钻塔有足够的强度和刚度前提下,尽量降低自重系数具有重大意义。它对于节约金属材料、降低制造成本,节省钻塔的拆卸、迁移、安装费用,都有着直接的推动作用。

## 三、钻塔的结构

### 1. 四脚钻塔

图 6-2 是一种典型的 17m 角钢四脚钻塔的结构图。它是由 4 个空间桁架面构成的四方锥台体,其前桁架面为了便于将粗径钻具和钻杆从塔外拖入,设有大门,其他 3 个面的桁架面结构相同。该塔各杆件的连接节点采用了与图中局部放大处 A 节点相似的结构,即下层塔腿短节 6 上焊有连接板 5;上层塔腿短节 4、横拉手 2、上层斜拉手 3 和下层斜拉手 1 均采用螺钉固定在连接板 5 上。

图 6-3 为 18m 管子四脚钻塔的结构图,其桁架结构面与角钢塔类型,只是塔腿和横拉手都采用了钢管杆件,斜拉手采用了钢筋杆件。每组斜拉手中的一根是定距斜拉手,另一根是

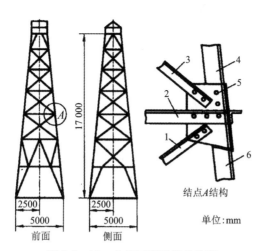

图 6-2　17m角钢四脚钻塔结构图

1-下层斜拉手;2-横拉手;3-上层斜拉手;4-上层塔腿短节;5-连接板;6-下层塔腿短节

安装有调距器的调距斜拉手。因为根据力学计算,十字形桁架结构中的两根斜拉手在钻塔承受水平风载时,其中一根为受压杆,而另一根为受拉杆。该塔采用调距斜拉手,就是为了通过调整杆件的长度,对斜拉手施加一定的预应力,从而确保钻塔的结构刚度。如果斜拉手不做预拉紧,将降低钻塔的负荷能力。

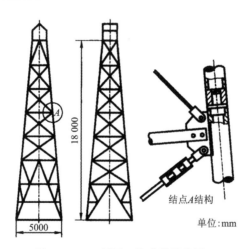

图 6-3　18m管子四脚直塔结构图

## 2.三脚钻塔

三脚钻塔一般适用于深度300m以内的浅孔施工。它由3根塔腿组合成一个三棱锥体,一般都按双前腿布置。该塔不用对形式作任何改变就能施工70°~90°的钻孔。三脚钻塔过去多采用木材制造,图6-4为其塔顶结构图。3根塔腿1均用圆木制成,并在顶部包有铁皮4,通过穿钉3穿接起来;在穿钉3上装置"U"形环5以悬挂天车。3根塔腿在底座上呈等边或等腰三角形放置。根据塔高的不同,可设置1组或2组横拉手及斜拉手,以提高钻塔刚度。

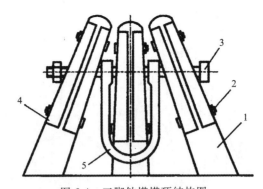

图 6-4　三脚钻塔塔顶结构图

1-塔腿；2-螺栓；3-穿钉；4-铁皮；5-"U"形环

近年来，随着木材的供应量减少和价格提高，由金属管（常用 $\phi$73mm 或 $\phi$89mm 岩芯管）制成的三脚钻塔使用越来越广泛。

**3. 两脚钻塔**

在两脚钻塔中，A 字型钻塔主要用于水文水井钻进和石油天然气钻井钻进；门字形钻塔主要用于桩基础冲击钻孔。两脚钻塔结构轻便，易于起放，近年来应用更加广泛。

A 字型钻塔的两根塔腿有管式和桁架式两种。图 6-5 是一种桁架式 A 字型金属钻塔的结构图。该钻塔的塔腿是由 3 根 $\phi$73×3.25mm 的岩芯管组成的结构件，其截面呈等腰三角形，管子之间用圆钢作为横拉手焊接构成一个整体。每根塔腿分成 3 节，相互之间由法兰盘 5连接。当用 3 节组合时，构成一个塔高 16.5m 的钻塔；当用 2 节组合时，则构成一个塔高 12.5m 的钻塔。

塔腿的底脚铰支在底座 2 的轴 1 上，底座又固定在机台木上。当钻塔在地面上组装完毕后，可绕轴 1 旋转进行整体竖立。钻塔竖立后用斜撑杆 10 支撑，斜撑杆 10 的长度可调，以改变塔腿的倾角（70°～90°），因此，该钻塔既可用于直孔钻进，也可用于斜孔钻进。此外，钻塔用4 根钢绳对角绷住，绷绳是钻塔整体稳定的关键，固定必须牢靠。

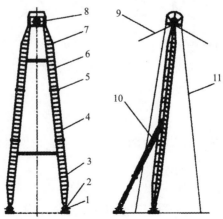

图 6-5　桁架式 A 字型金属钻塔结构图

1-轴；2-底座；3-下腿；4-中腿；5-法兰盘；6-上腿；7-横拉手；8-天车；9-绷绳；10-斜撑杆；11-绷绳

### 4. 桅杆钻塔

随着钻机的不断发展进步,整装自行式钻机越来越多,作为这类钻机重要组成部分的桅杆式钻塔使用也日益广泛。

桅杆式钻塔的结构大致可分为小断面桁架式、板结构封闭式和适应动力头运行的前面敞开式等。无论哪种结构型式,均可用于钻进不同深度的 $0\sim90°$ 倾角的钻孔。桅杆式钻塔均采用整体起放方式,按照立塔形式可分为整体竖立式、折叠式和伸缩式 3 种(图 6-6)。

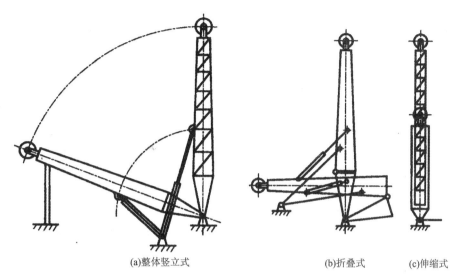

(a)整体竖立式　　　　(b)折叠式　　(c)伸缩式

图 6-6　桅杆式钻塔的结构及竖立形式

驱动桅杆式钻塔起落的方法有油缸起落、卷扬机起落(QZ 和 CZ 系列钻机)、动力头给进机构起落(图 6-7)。

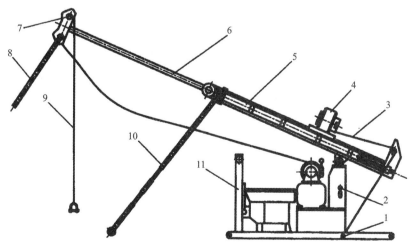

图 6-7　动力头给进机构起落钻塔示意图

1-穿销;2-操作手柄;3-起落钢绳;4-动力头;5-主钻塔;6-副钻塔;7-滑轮;8-长拉杆;

9-卷扬机钢绳;10-短拉杆;11-钻机支架

## 第二节　凿岩机

**1. 凿岩机的分类**

凿岩机按驱动动力的不同,分为风动、电动、液压、内燃等各种型式。在工程中最常见的能表征凿岩机用途、特点和设备技术性能的分类方法是按凿岩机推进及支承方式进行分类,一般分为以下 4 种机型:

(1)手持式凿岩机。这类凿岩机质量较小,一般在 25kg 以下,工作时用手握着机器进行操作。它适用于钻凿小直径、深度不大的浅眼,属于这种类型的凿岩机有 Y24、Y26 等。

(2)气腿式凿岩机。这类凿岩机安装在气腿上进行作业,利用气腿提供支承及推进力。它可以钻凿深度为 2~4m 的水平或倾斜炮孔,机重一般在 30kg 以内。国产 7655、YT24、YT28 等型号属于这种类型。

(3)向上式凿岩机。这类凿岩机的气腿与主机在同一纵轴线上,并且连成一体,因而有伸缩式凿岩机之称。它是天井掘进与回采作业中常用的凿岩设备,机重为 40~50kg。国产 YSP45 型凿岩机属于这种类型。

(4)导轨式凿岩机。这类凿岩机质量较大,一般为 30~100kg。在使用时,安设在带有推进装置的导轨上,可钻凿水平及各种倾斜角度的炮眼,炮眼最大深度可达 20m。国产 YC40、YG80 和 YGZ90 等型号即属于这种类型。

**2. 凿岩机的结构与工作原理**

以 7655 型气腿式凿岩机为例介绍凿岩机的结构与工作原理,7655 型气腿式凿岩机是一种被动阀式凿岩机,它的缸体内无推阀孔道,依靠活塞在缸体内往复运动压缩废气而产生的压力差来变换配气阀的位置。

此型凿岩机还具有操纵手把集中、气水联动、气腿快速缩回、重量轻、扭矩大、结构简单、凿岩效率高等特点,图 6-8 是凿岩机的外貌及推进图,图 6-9 是凿岩机结构图。凿岩机包括 7655 型凿岩机本体、T60 型气腿和 Y200A 型注油器 3 个部分。凿岩机本体又可分解成柄体、气缸和机头 3 个部分,这 3 个部分用连接螺栓连在一起,把连接后的整体架设在气腿上就组成了气腿式凿岩机。气腿式凿岩机由主要机构(冲击配气机构、转钎机构、推进机构)、辅助机构(排粉机构、润滑机构、消声装置)和操纵机构(操纵阀、调压、换向阀)组成。

1)冲击配气机构

气动凿岩机对钎子的冲击都是由活塞在气缸中作往复运动来完成的。活塞能在气缸中往复运动,主要是依靠配气装置的作用。冲击配气机构由活塞、气缸、导向套及配气装置组成,配气装置包括配气阀、阀套和阀框。冲击配气机构的动作原理如图 6-10 所示。

活塞冲击行程:此时活塞位于气缸左腔,配气阀 10 在极左位置。从柄体操纵阀气孔 1 来的压缩气体,经气路 2、3、4、5 进入气缸左腔 6,而气缸右腔 8 经排气孔 7 与大气相通。故活塞在压缩气体压力的作用下,迅速向右运动,冲向钎尾。活塞在向右运动的过程中,先封闭排气

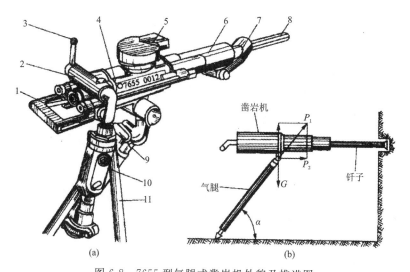

图 6-8　7655 型气腿式凿岩机外貌及推进图

1-手把；2-柄体；3-操纵阀手把；4-缸体；5-消声罩及推进；6-机头；7-钎卡；8-钎杆；9-气腿；

10-自动注油器；11-水管

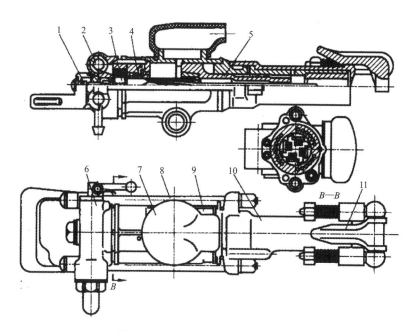

图 6-9　7655 型气腿式凿岩机结构图

1-排粉机构；2-操作机构；3-转钎机构；4-配气机构；5-冲击机构；6-柄体；7-消音罩；8-螺栓；

9-气缸；10-机头；11-钎卡

孔 7，而后活塞左侧越过排气孔。这时气缸右腔的气体受压缩，压力升高，经返程气道 9 和阀柜径向孔 11 作用在气阀的左面。气缸左腔已通大气，故作用在气阀右面的压力小，气阀便向右移动，封闭阀套气孔 5，使阀柜轴向气路 4 和阀柜径向孔 11 联通，于是活塞冲击行程结束，返回行程开始。

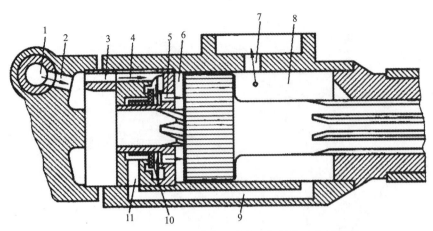

图 6-10　7655 型气腿式凿岩机冲击配气机构动作原理图

1-操纵阀气孔；2-柄体气道；3-棘轮气道；4-阀框轴向气孔；5-阀套气孔；6-气缸左腔；7-排气孔；

8-气缸右腔；9-返程气道；10-配气阀；11-阀框径向孔

活塞返回行程：此时活塞位于气缸右腔，配气阀 10 处于极右位置。压气经气路 1、2、3、4、11、9 进入气缸右腔，作用在活塞右端。因气缸左腔连通大气，故活塞向左运动。在运动过程中，先是活塞左侧封闭排气孔，而后活塞右侧越过排气孔。这时气缸左腔的气体受到压缩，压力升高，而气缸右腔已通大气。气阀左面经气路 11、9、8、7 与大气相通，由于压缩废气的作用，气阀在气缸左腔移至极左位置，由操纵阀气孔 1 输入的压气再次进入气缸左腔。于是第二次冲击行程开始。

显然，活塞运动的速度与活塞受压气作用面积有关。活塞冲击频率的高低，除与活塞运动速度有关外，还取决于活塞运动行程的长短、配气阀的结构型式及其运动灵活程度等因素。

2）转钎机构

7655 型气腿式凿岩机的转钎机构如图 6-11 所示。它由棘轮 1、棘爪 2、螺旋棒 3、活塞 4（大头一端装有螺旋母）、转动套 5、钎尾套 6 等组成。整个转钎机构贯穿于气缸及机头中。由图 6-11 可以看出，螺旋棒插入螺旋母中，其头部装有 4 个棘爪。这些棘爪在塔形弹簧（图中未画出）的作用下抵住棘轮内齿。棘轮用定位销固定在气缸和柄体之间，不能转动。转动套的左端有花键孔，与活塞上的花键相配合，其右端固定有钎尾套。钎尾套内有六方孔，六方形的钎子插入其中。

由于棘轮机构具有单方向间歇旋转的特性，故当活塞冲击行程时，可利用活塞大头上螺

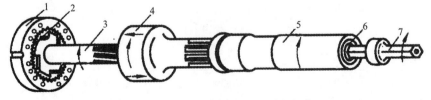

图 6-11　7655 型气腿式凿岩机转钎机构

1-棘轮；2-棘爪；3-螺旋棒；4-活塞；5-转动套；6-钎尾套；7-钎子

旋母的作用,带动螺旋棒沿图中虚线箭头所示的方向转动一定的角度。棘爪在此情况下处于顺齿位置,它可压缩弹簧而随螺旋棒转动。当活塞返回行程时,由于棘爪处于逆齿位置,棘爪在塔形弹簧的作用下,顶住棘轮内齿,阻止螺旋棒旋转。这时由于螺旋母的作用,活塞被迫在返回行程时沿螺旋棒上的螺旋槽依图中实线所示的方向转动,从而带动转动套及钎子转动一定角度。这样,活塞每冲击一次,钎子就转动一次。钎子每次转动的角度与螺旋棒螺纹导程及活塞运动的行程有关。

这种转钎机构的特点是合理地利用了活塞返回行程的能量来转动钎子,具有零件少、结构紧凑的优点。不足之处是转钎扭矩受到一定限制,螺旋母、棘爪等零件易磨损。

3)排粉机构

凿岩机钻孔过程中会在孔底形成大量岩粉。岩粉滞留孔底,使凿岩效率不断降低,并最终使凿岩机无法作业。凿岩机排粉机构的作用就是及时排出孔底的岩粉。7655 型气腿式凿岩机的排粉装置由注水加吹风和强力吹风两部分组成。

(1)水加吹风机构。7655 型气腿式凿岩机的排粉机构具有气水联动的特点。凿岩机一经开动,注水机构即可自动向凿孔内供水,排除凿岩过程中形成的岩粉。凿岩机停止工作时,又能自动关闭水路,停止向孔内供水。显然,这是一种湿式排粉装置,可以减轻粉尘对人体呼吸器官的危害。图 6-12 为 7655 型气腿式凿岩机的气水联动注水机构。凿岩机开动时,压缩气体由柄体气室经柄体端大螺母 1 上的气道 2 到达注水阀 3 的前端面,克服弹簧 6 的阻力,推阀后移,开启水路。水经水针 9 进入钎子中心孔,再由钎头出来注入眼底。水与岩粉形成的浆液经钎杆和炮眼壁之间的间隙排出。凿岩机停止运转时,柄体气室压气消失,弹簧推动注水阀关闭水路,停止注水。水压应比压缩气体压力低一个大气压左右,否则,水会渗入凿岩机内,洗掉润滑油,使零件生锈。水量影响钻速和润湿效果,既不能过大,也不能过小。为提高钻速和改善润湿效果,水中可加入少量表面活性剂,例如环烷酸皂、12～14 烷基苯磺酸钠等,以降低水的表面张力。

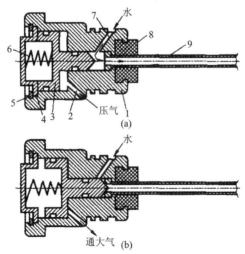

图 6-12  7655 型气腿式凿岩机气水联动注水机构

1-柄体端大螺母;2-气道;3-注水阀;4-弹簧压盖;5-挡圈;6-弹簧;

7-水道;8-密封垫;9-水针

（2）强力吹风机构。当炮孔较深或向下打眼时，聚集在孔底的岩粉较多，如不及时排除就会影响凿岩机的正常工作。打眼结束时，为了使眼底干净，提高爆破效果，也必须强力吹风，以便将眼底岩屑和泥水排除。强力吹扫炮眼系统如图 6-13 所示，将操纵把手扳至强吹位置时，凿岩机停止运转。这时，压气经过强吹气道 2 和转动套筒 3 上的气孔，进入钎子中心孔，再通过钎子送往眼底，吹出岩粉。

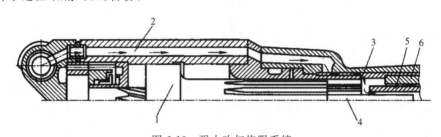

图 6-13　强力吹扫炮眼系统

1-活塞；2-强吹气道；3-转动套筒；4-水针；5-钎尾；6-钎套筒

4）支承及推进机构

为了克服凿岩机工作时产生的后坐力，并使活塞冲击钎尾时钎刃抵住眼底，以提高凿岩效率，必须对凿岩机施加适当的轴推力。轴推力是由气腿发出的，同时气腿还起着支承凿岩机的作用。图 6-8（b）表示打水平炮眼时气腿式凿岩机的推进及支承原理，凿岩时，随着炮眼的延伸和凿岩机的前进，气腿的支承角 $\alpha$ 逐渐减小。从图 6-8（b）力的分解中可以看出，气腿对凿岩机的支承力逐渐减小，对凿岩机的轴推力则逐渐增大。因此，在凿岩过程中，要调节气腿的角度及进气量，使凿岩机在最优轴推力下工作，以充分发挥其机械效率。

7655 型气腿式凿岩机采用 FTI60 型气腿，该型气腿的最大轴推力为 1600N，最大推进长度为 1362mm。这种气腿有 3 层套管，气腿用连接轴与凿岩机铰接在一起，连接轴上开有气孔与凿岩机上的相应气路相连。从凿岩机来的压缩气体由连接轴气孔进入，经柄体 2（图 6-8）上的气道到达气腿上腔，迫使气腿作伸出动作。

5）操纵机构

7655 型气腿式凿岩机有 3 个操纵手柄，分别控制凿岩机的操纵阀、气腿的调压阀及换向阀。3 个操纵手柄都装在柄体上，可集中控制，操作方便。

（1）操纵阀。它是控制凿岩机运转的开关，构造如图 6-14 所示。Ⅰ-Ⅰ 剖面中 A 孔是通往配气装置并到气缸的气孔，Ⅱ-Ⅱ 剖面中的 B 孔作用是当机器停止冲击时进行小吹风；Ⅱ-Ⅱ 剖面中的 C 孔是凿岩机停止工作时进行强力吹风的气孔，其断面大于 B 孔断面。

图 6-15 表示操纵阀的 5 个操纵位置，介绍如下。

0 位：停止工作，停风停水；

1 位：轻运转，注水、吹洗（图 6-14 中的 A 孔部分被接通）；

2 位：中运转，注水、吹洗（A 孔接通的面积稍大一些）；

3 位：全运转，注水、吹洗（A 孔全部接通）；

4 位：停工作，停水，强吹扫（图 6-14 中的 A 孔不通，C 孔接通强力吹扫气路）。

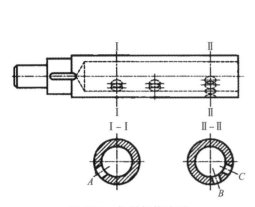

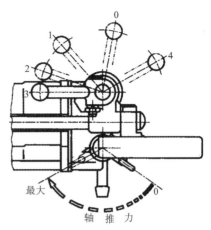

图 6-14　操纵阀构造图　　　　　　　　　图 6-15　操纵阀的操纵位置

(2)气腿调压阀和换向阀。这两个阀组合在一起,分别用两个手柄控制,它们都是用来控制气腿运动的,两者相互配合,但又互相独立。调压阀控制气腿的运动,调节气腿的轴推力,以适应凿岩机在各种不同条件下对轴推力的不同要求。换向阀则用来配合调压阀使气腿运动,并控制气腿快速缩回动作。图 6-16 为气腿的调压阀和换向阀工作原理图。

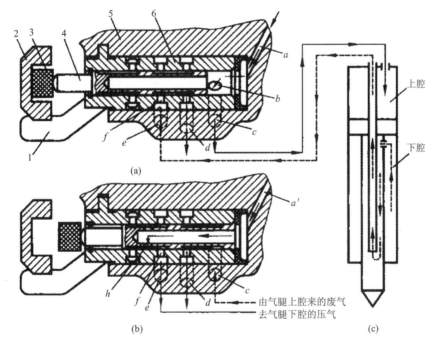

图 6-16　气腿调压阀和换向阀工作原理图

(a)气腿伸出时位置;(b)气腿快速缩回位置;(c)气腿

1-调压阀手柄;2-手把;3-扳机;4-换向阀;5-柄体;6-调压阀

气腿伸出:如图 6-16(a)所示,转动调压阀手柄 1,使调压阀气孔 $b$ 与柄体气孔 $c$ 相通,此时由操纵阀和柄体孔 $a$ 来的压缩气体,经气孔 $b$ 和 $c$ 进入气腿上腔,气腿伸缩管伸出,气腿下

腔空气则经柄体孔 $e$、调压阀孔 $f$ 和柄体 $d$ 排入大气。

气腿快速缩回：图 6-16(b) 为气腿快速缩回位置。扳动扳机 3 时，将换向阀 4 推至最右位置，此时由孔 $a$ 进入的压缩气体，经换向孔 $h$、调压阀孔 $f$ 和柄体孔 $e$ 进入气腿下腔，使气腿快速缩回。

气腿轴推力调节：腿伸出后，扳动调压阀的手柄使之处于不同位置，即可调节气腿轴推力的大小，如图 6-16(c) 所示。

## 第三节　风　镐

风镐可以用来击碎岩石、摧毁砖石墙等结构物，在道路施工中常用于路基的石方工程，而在路面的翻修工程中主要用来破碎需要翻修的混凝土路面。

**1. 风镐的主要构造及其功用**

风镐由杆身机构和配气装置两部分组成，其构造如图 6-17 所示。在中间环 7 的上端压入阻阀箱，阻阀内有带弹簧的阻阀阀芯 13。阻阀中部有小槽，阻阀下部支承在弹簧 15 上，上端则顶在钢片 17 上。钢片位于把手 8 的底部。把手安装在中间环上，并为位于中间环小槽中的弹簧 14 所支承。把手上有通孔，带有过滤网 16 的气门管 9 即穿过此孔拧在中间环上。过滤网的作用是防止灰尘和脏物进入风镐内部。气门管上连接有供气橡皮管。

活塞 3 在筒身 4 中移动。空气由管形气阀 5 分配。气阀箱 6 安装在筒身 4 的环槽内并用中间环 7 压紧。在外面送入的压缩空气的作用下，管形气阀 5 就在气阀箱中移动，气阀行程受平板 11 的限制。筒身的下部装着轴套 2，钎尾就装在轴套内。弹簧 1 用以抵住钎尾以防止钎子掉出。

在一般情况下，弹簧 14 将把手柄顶至最上面位置，这时阻阀阀芯 13 在弹簧 15 的作用下，也被挤到最上面的位置，并以其粗大部分关闭气路，在这种情况下，风镐不工作。按动把手时，阻阀阀芯向下移动，使其中部小槽逐渐与进气通路相合，压缩空气即可进入气缸推动活塞 3 运动。当活塞向下运动时，冲击位于钎中的钎尾，使钎子粉碎路面。

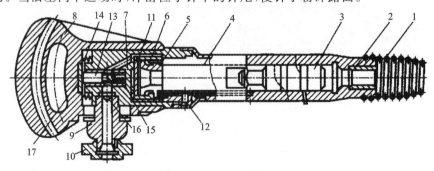

图 6-17　风镐构造图

1-弹簧；2-轴套；3-活塞；4-筒身；5-管形气阀；6-气阀箱；7-中间环；8-把手；9-气门管；
10-连接螺栓；11-平板；12-螺钉；13-阻阀阀芯；14、15-弹簧；16-过滤网；17-钢片

**2. 管式气阀的配气原理**

活塞的上下运动靠管式气阀配气实现,管式气阀的配气原理如图 6-18 所示。管式气阀 I 可在压缩空气的作用下在气阀 II 内自由移动。在工作开始时,管式气阀 I 处在下面位置,而活塞 III 则处在上面位置,压缩空气经过通道 1 进入环形空腔 2 并沿气道 3 进入活塞上部的空间,从而迫使活塞很快地向下移动,活塞下部的空气经孔口 5 沿气道 4 排入大气。当活塞闭塞住孔口 5 时,活塞下部的空气将经过气道 6 和气阀上的凹槽 7 继续排至大气中,这样使得活塞在冲击钎尾时没有余气存在,以增加对钎尾的冲击力。当活塞向下移动致使其上面的边缘打开气道 8 的孔口 9 和气道 10 的孔口 11 时,压缩空气进入环形空腔 12,推动气阀由下向上运动,此时,压缩空气即由环形空腔 2、气道 6 进入活塞的下部,推动活塞很快向上运动,完成空程。在活塞打开气道 4 的孔口 5 后,气阀 1 又下降,压缩空气又推动活塞下行,如此循环往复。

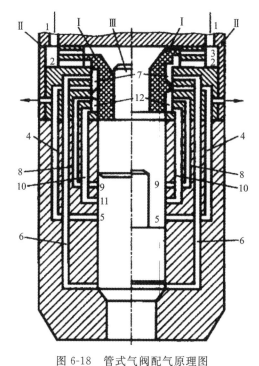

图 6-18 管式气阀配气原理图

1-通道;2、12-空腔;3、4、6、8、10-气道;5、9、11-孔口;7-凹槽

## 第四节 预应力钢筋张拉机械

预应力钢筋张拉机械是对预应力混凝土构件或预应力锚杆中的预应力钢筋施加张拉力的专用设备,包括预应力钢筋张拉机械、预应力钢筋墩头机和预应力筋锚具等。目前常用的预应力钢筋张拉机械有液压式拉伸机、机械式张拉机和电热张拉设备。液压拉伸机由预应力

千斤顶、高压油泵及连接油管等部分组成。预应力千斤顶是预应力张拉机的工作装置,也是一种专用的液压工作油缸。预应力液压千斤顶的机型可分为拉杆式、穿心式、锥锚式和台座式4种。

**1. 拉杆式千斤顶**

拉杆式千斤顶即是一般所称的拉伸机,以活塞杆作为拉力杆件,适用于张拉带有螺丝端杆的粗钢筋、带有螺杆式锚夹具或粗墩头锚夹具的钢筋束,并可用于单根或成组模外先张和后张自锚工艺中。拉杆式千斤顶构造简单,操作容易,应用较广,有40t、60t和80t等几种。

拉杆式千斤顶主要由大缸(主缸)、活塞、活塞杆、小缸(副缸)、套碗及顶脚等组成,如图6-19所示为60t拉杆式千斤顶的构造原理图。大缸1和大缸活塞2是拉杆式千斤顶的主要工作部件。活塞上有大缸油封圈3,小缸4位于活塞杆7的一端,小缸活塞5是一个空心的圆柱体,当钢筋张拉后,通过它的作用,可将大缸活塞及活塞推回到张拉前的位置。

拉杆式千斤顶可用电动油泵供油,也可用手动油泵供油。电动油泵可以同时供应两台或两台以上千斤顶共同操作。当高压油泵供给的高压油液从前油嘴8进入大缸时,推动大缸活塞及活塞杆,连接在活塞杆末端套碗10中的钢筋即被拉伸,其拉力的大小,由高压油泵上的压力表读数表示出来。回程时,将前油嘴8打开,从后油嘴9进油,活塞杆7被油液压回原位。拉杆式千斤顶张拉时的安装方法如图6-20所示。张拉后的钢筋用工具锚锁定。

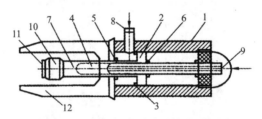

图6-19　60t拉杆式千斤顶构造原理图

1-大缸;2-大缸活塞;3-大缸油封圈;4-小缸;5-小缸活塞;6-小缸油封圈;7-活塞杆;8-前油嘴;
9-后油嘴;10-套碗;11-拉头;12-顶脚

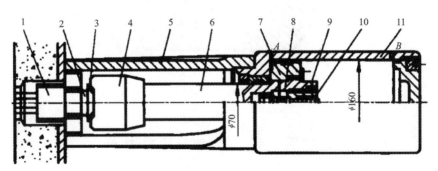

图6-20　拉杆式千斤顶张拉时的安装示意图

1-DM锚具;2-连接杆;3-连接头;4-张拉头;5-撑脚;6-拉杆;7-活塞;8-锥阀;9-差动阀体;
10-差动阀活塞;11-油缸

### 2. 穿心式千斤顶

穿心式千斤顶的构造特点是沿千斤顶轴线有一穿心孔道,供穿预应力筋或张拉杆用。这种千斤顶主要用于张拉带有夹片式锚具的单根钢筋、钢筋束及钢绞线束,如配置一些附件,也可以张拉带有其他型式锚具的预应力筋,它是一种通用性强、应用较广的张拉设备。张拉吨位有 20t、60t、90t 等数种。

图 6-21 所示为 YC60 型穿心式千斤顶,它的张拉力为 60t,适用于张拉钢筋束或钢绞线束。它主要由张拉油缸 1、顶压油缸 2、顶压活塞 3 和弹簧 4 等组成。在张拉油缸上装有前油嘴 9 和后油嘴 8,顶压油缸上也有一油嘴 13。钢筋束或钢绞线束穿入后,在千斤顶尾部用工具式锚具 10 锚固。

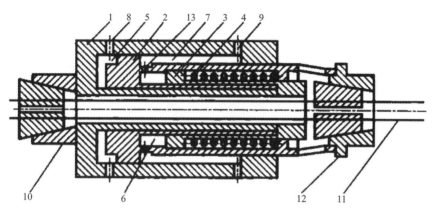

图 6-21 YC60 型穿心式千斤顶

1-张拉油缸;2-顶压油缸;3-顶压活塞;4-弹簧;5-张拉工作油室;6-顶压工作油室;
7-张拉回程油室;8-后油嘴;9-前油嘴;10-工具式锚具;11-钢丝;12-锚具;13-油嘴

千斤顶张拉时,从后油嘴 8 进高压油,前油嘴 9 回油,张拉油缸 1 便向后移动,利用装在千斤顶尾部的工具式锚具 10 将钢筋张拉。张拉到需要吨位后,后油嘴关闭油阀,从前油嘴进油,油液进入顶压油室内,使顶压活塞 3 向前推出,顶压锚塞,使钢筋锚固。

回程时,打开后油嘴回油,张拉油缸向前移动。紧接着把前油嘴也打开,使顶压油室内的油液流回,顶压活塞靠弹簧 4 的作用回位。YC60 型穿心式千斤顶安装如图 6-22 所示。

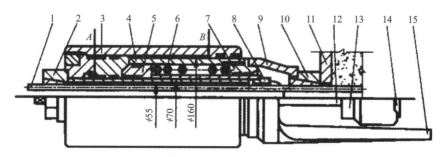

图 6-22 YC60 型穿心式千斤顶安装示意图

1-预应力筋;2-工具锚;3-油缸;4-张拉活塞;5-顶压活塞;6-回程活塞;7-连接套;8-顶压头;
9-撑套;10-工作锚;11-锚具垫板;12-拉杆;13-张拉头;14-连接头;15-撑脚

# 主要参考文献

安达径治,庞馨萍,1999.基础工程机械的现状与展望[J].国外地质勘探技术(4):32-38.

陈宝义,鄢泰宁,石永泉,等,2014.岩土钻掘工艺学[M].长沙:中南大学出版社.

陈高栋,2019.便携式中心孔专用钻机设计[J].设备管理与维修(9):77-78.

陈佳玉,2011.立轴式与全液压动力头式地质岩心钻机使用比较[J].中国石油和化工标准与质量,31(7):138.

董洪波,姚宁平,马斌,等,2020.煤矿井下坑道钻机电控自动化技术研究[J].煤田地质与勘探,48(3):219-224.

董蔷,刘保余,李淑梅,等,2003.可控向水平螺旋钻机的研制与应用[J].石油工程建设(5):37-39+4-5.

高玉林,张新,姚坚毅,等,2022.全液压直推式土壤取样钻机设计与实验研究[J].机床与液压,50(14):27-33.

郭军海,2022.旋挖钻机在施工泥浆护壁钻孔桩时桩位偏差的控制[J].科技创新与应用,12(31):115-118.

韩晓明,2018.XR220D型旋挖钻机结构分析及优化[D].秦皇岛:燕山大学.

郝少楠,2022.ZYWL-6500DS多方位定向钻机设计研究[J].煤矿机械,43(5):20-22.

何磊,马福江,沈怀浦,等,2011.全液压岩心钻机给进机构及其控制分析[J].地质装备,12(3):11-14.

江南,1999.预制桩施工工艺选择和质量控制[J].建筑工人(8):22-23.

蒋国盛,李红民,管典志,等,2000.基坑工程[M].武汉:中国地质大学出版社:152.

康嘉杰,2019.深空钻探采样机具关键技术及其应用[D].北京:中国地质大学(北京).

雷宇,2020.基于Solidworks二次开发的采油螺杆泵参数化建模程序编制[J].采油工程(1):42-45+81.

李曼迪,2017.钢筋预应力初张拉机的设计与研究[D].辽宁:东北大学.

李茂富,2020.桥梁桩基建设中的工程机械技术[J].设备管理与维修(20):156-157.

李明星,雷统平,陈法安,2014.中深孔钻探配套用泵[J].地质装备,15(01):11-13.

李仁海,2013.工程机械技术在桥梁桩基施工上的应用[J].黑龙江科技信息(4):240.

李亚辉,侯文辉,刘志林,等,2015.7000m快速移运拖挂钻机设计[J].石油机械,43(9):37-41.

李源,黎起富,滕召金,等,2022.基于入岩状态的旋挖钻机动力头系统优化设计[J].工程机械,53(9):145-148+13.

李宗义,王安平,文宏,等,2015.BW380/8型往复式泥浆泵的研制[J].装备制造技术(1):112-114.

刘灿恩,2015.地下连续墙施工工艺研究[J].中小企业管理与科技(上旬刊)(12):101.

刘建魁,扶跃华,唐裔振,等,2021.影响液压凿岩机凿孔成效的因素分析[J].凿岩机械气动工具,47(2):51-54.

刘娇,2014.铁路路基加固用轻型高压旋喷注浆钻机的设计[D].北京:中国地质大学(北京).

刘艳丽,2016.水文水井钻机转盘的结构设计分析[J].地质装备,17(1):15-19.

刘洋,2020.岩石特性对碎岩开挖方法的影响研究[D].石家庄:石家庄铁道大学.

牟介刚,谷云庆,张韬,等,2018.离心泵设计通用技术[M].北京:机械工业出版社.

潘云雨,梅金星,徐静,等,2022.ZHDN-SDR 150A型高频声波钻机设计[J].钻探工程,49(2):135-144.

盘昭盛,2013.地下连续墙多头钻成槽机施工[J].建筑知识(学术刊)(0):358,365.

裴吉,袁寿其,2014.离心泵非定常流动特性及流固耦合机理[M].北京:机械工业出版社.

彭福,2021.旋挖钻机动力头多挡位液压系统的设计及试验研究[D].长沙:湖南农业大学.

司丹,林宋,彭兴礼,等,2011.盾构机驱动外壳密封位特种修复技术对裂纹的控制研究[J].机械设计与制造(12):140-142.

宋小青,沈玺,2016.立轴式钻机负载反馈液压系统设计[J].装备制造技术(5):56-57.

孙丙伦,孙友宏,张敏,等,2013.深部找矿钻探技术与实践[M].北京:地质出版社.

孙友宏,2018.地质岩心钻探工作方法[M].北京:地质出版社.

唐经世,唐元宁,2008.掘进机与盾构机[M].北京:中国铁道出版社.

田奇,2005.混凝土搅拌楼及沥青混凝土搅拌站[M].北京:中国建材工业出版社.

王恩远,吴迈,2005.工程使用地基处理手册[M].北京:中国建材工业出版社.

王福平,2002.岩土工程施工机械[M].北京:地质出版社.

王进,2002.施工机构概论[M].北京:人民交通出版社.

王兴达,袁丛祥,2020.煤矿井下坑道钻机的应用与研究分析[J].内蒙古煤炭经济(15):51-52.

谢杰,2021.ZYWL-4000高位履带式全液压联动钻机设计[J].煤矿机械,42(10):115-118.

邢志伟,苏欣平,王立文,2009等.往复泵并联系统流量叠加的计算及仿真研究[J].机床与液压,37(5):77-78+122.

熊明强,赵娟娟,凡知秀,等,2022.SWDM1280型超大直径深孔入岩型旋挖钻机[J].工程机械,53(10):12-16+7.

许刘万,曹福德,葛和旺,2007.中国水文水井钻探技术及装备应用现状[J].探矿工程(岩土钻掘工程)(1):33-38+43.

杨民强,2022.盾构机液压系统研究进展综述[J].液压与气动,46(10):170-181.

叶建良,蒋国盛,窦斌,2000.非开挖铺设地下管线施工技术与实践[M].武汉:中国地质大学出版社.

佚名,2020.武汉轨道交通 7 号线北延线首台盾构机成功始发[J].市政技术,38(5):77-77.

殷琨,赵大军,陈宝义,等,2012.探矿工程技术发展报告[M].长春:吉林大学出版社.

张国忠,2004.现代混凝土泵车及施工应用技术[M].北京:中国建材工业出版社.

张建明,刘桂芹,刘庆修,2012.煤矿井下坑道钻机数字化设计技术[J].煤田地质与勘探,40(1):89-92.

张伟,2008.关于我国地质岩心钻机发展方向的分析[J].探矿工程(岩土钻掘工程)(8):1-5.

张祖培,殷琨,蒋荣庆,等,2003.岩土钻掘工程新技术[M].北京:地质出版社.

赵大军,索忠伟,2004.岩土钻凿设备[M].长春:吉林大学出版社.

赵大军,2010.岩土钻掘设备[M].长沙:中南大学出版社.

赵大军,2013.全国危机矿山接替资源找矿专项钻探技术应用[M].北京:地质出版社.

赵康峰,赵云辉,杨兴亚,等,2022.盾构施工空压机典型故障分析[J].建筑机械化,43(2):83-85.

郑书雄,2012.立轴式钻机智能化的思考[J].福建质量管理(9):59.

郑伟,王利芳,浮怀辅,等,2008.分体式堤防工程挖槽机的推广与运用[J].人民黄河(7):22.

LYONS W C,GUO B Y,SEIDEL F A,2006.空气和气体钻井手册[M].曾义金,攀洪海,译.北京:中国石化出版社.